新时代·新文科×新工科·数字化紧缺人才培养系列

科技论文写作
（排版篇）

◆ 杜春涛 著

电子工业出版社
Publishing House of Electronics Industry
北京·BEIJING

内 容 简 介

本书以案例方式系统介绍了目前科技论文排版所需的主要先进软件及其使用方法。软件类型主要包括参考文献管理软件、图形绘制软件和排版软件。全书共分为 7 章；第 1 章演示了利用 Citavi 软件进行文献管理的方法和技巧；第 2 章演示了利用 Zotero 软件进行文献管理的方法和技巧；第 3 章演示了利用 Origin 软件进行数据分析和图形绘制的方法和技巧；第 4 章演示了利用 XMind 软件绘制思维导图的方法和技巧；第 5 章演示了利用 LaTeX 软件进行文档排版的方法和技巧；第 6 章演示了利用 Markdown 软件进行文档排版的方法和技巧，包括 Markdown 环境配置、标题和段落、强调、分割线、转义字符、列表、引用、图片、超级链接、程序代码、表格、任务列表、流程图、甘特图、UML 图、文件引用、数学公式等；第 7 章演示了利用 Word 软件进行排版的方法和技巧，包括标题编号、样式设置、页面分割、页码和页眉设置、题注与交叉引用、图像与表格、目录生成等。

本书适合作为高等院校本科生或研究生论文排版及写作的教材，也适合作为科技工作者论文排版的用书。

未经许可，不得以任何方式复制或抄袭本书之部分或全部内容。
版权所有，侵权必究。

图书在版编目（CIP）数据

科技论文写作：排版篇/杜春涛著.—北京：电子工业出版社，2021.9
ISBN 978-7-121-42007-8

Ⅰ.①科… Ⅱ.①杜… Ⅲ.①科学技术-论文-写作-高等学校-教材 Ⅳ.①G301

中国版本图书馆 CIP 数据核字（2021）第 188225 号

责任编辑：章海涛　　特约编辑：张洪军
印　　刷：大厂聚鑫印刷有限责任公司
装　　订：大厂聚鑫印刷有限责任公司
出版发行：电子工业出版社
　　　　　北京市海淀区万寿路 173 信箱　邮编 100036
开　　本：787×1 092　1/16　印张：20.75　字数：464.8 千字
版　　次：2021 年 9 月第 1 版
印　　次：2021 年 9 月第 1 次印刷
定　　价：66.00 元

凡所购买电子工业出版社图书有缺损问题，请向购买书店调换。若书店售缺，请与本社发行部联系，联系及邮购电话：(010)88254888，88258888。
质量投诉请发邮件至 zlts@phei.com.cn，盗版侵权举报请发邮件至 dbqq@phei.com.cn。
本书咨询联系方式：192910558（QQ 群）。

前　　言

论文排版是每个大学生和研究生撰写毕业论文时都要面临的问题，前不久，三部委联合提议将论文写作指导作为必修课，这将极大推动论文排版的需求。此外，论文排版也是每个科技工作者必须具备的一种技能。工欲善其事，必先利其器，掌握先进的文献管理、知识管理、数据分析、图形绘制和论文排版等软件的使用方法和技能对提高论文写作、效率和水平具有重要意义。

本书基于作者多年对大学生和研究生"毕业论文排版"课程的教学经验以及自身论文写作和排版的经验撰写而成。全书分7章，共95个案例。

第1章：Citavi 文献管理工具，共设计了12个案例。第1个案例演示 Citavi 软件的下载、安装、注册账号，以及利用 Citavi 创建项目的方法和过程；第2~8个案例演示了添加文献的方法和技巧，包括人工录入文献信息、利用剪贴板导入"中国知网"文献、利用文件导入"百度学术"文献、利用 Picker 添加网页文献、从 PDF 文件获取文献信息、利用 ISBN 和 DOI 添加文献信息、利用在线搜索工具获取文献信息等；第9个案例演示了利用 Citavi 建立论文框架、设计论文各级标题及规划每个文献所在的标题范围等；第10个案例演示了将 Citavi 中的分类作为论文标题插入 Word 中、将 Citavi 中的文献按照其所在的分类插入到 Word 版本论文所在标题的正文或脚注位置、在 Word 中搜索参考文献样式并将该样式设置为论文参考文献样式的方法；第10~11个案例演示了利用 Citavi 管理重点内容标记、直接引用、间接引用、总结、评论等知识，以及将这些内容插入 Word 文档中的方法。

第2章：Zotero 文献管理工具，共设计了10个案例。第1个案例演示了 Zotero 软件的下载、安装、注册账户的方法和技巧；第2~5个案例演示了向 Zotero 文献库中添加文献的方法和技巧，包括人工录入信息、从"中国知网"导入文献、从"百度学术"导入文献、利用 Zotero Connector 插件添加文献；第6个案例演示了文献分类，并为文献添加附件和笔记的方法；第7个案例演示了文献同步的方法；第8~9个案例演示了添加文献样式，在 Word 文档中插入参考文献的方法；第10个案例演示了编辑文献的方法，包括在 Word 中利用快速格式化引文窗口编辑文献引用、在 Word 中利用添加/编辑引文窗口编辑文献引用、在 Word 中直接编辑文献内容、在 Zotero 中编辑文献内容并在 Word 中进行更新、取消文献引用与文献的链接等。

第3章：Origin 数据分析图绘制工具，共设计了8个案例。第1个案例演示了基本绘图方法；第2~8个案例分别演示了绘制线性拟合图、心形图、棉棒图、误差图和气泡图、柱状误差图、Y 偏移堆积线图、雷达图的方法和技巧。

第 4 章：XMind 思维导图绘制，共设计了 5 个案例。第 1 个案例演示了基本思维导图绘制的方法；第 2~5 个案例分别演示了资产负债表、商业计划图、鱼骨图、公司组织结构图的绘制方法和技巧。

第 5 章：LaTeX 文档排版，共设计了 20 个案例。第 1 个案例演示了 LaTeX 环境搭建方法；第 2 个案例演示了 LaTeX 项目的实现方法；第 3 个案例演示了中英文混排的实现方法；第 4 个案例演示了文本格式设置的方法；第 5~6 个案例分别演示了普通段落和特殊段落的格式设置方法；第 7~8 个案例分别演示了文本和定理环境、代码和制表位环境的使用方法；第 9~10 个案例分别演示了基本列表和自定义列表的实现方法；第 11~12 个案例演示了数学公式的实现方法；第 13~14 个案例分别演示了基本表格和复杂表格的绘制方法；第 15 个案例演示了插图与变换的实现方法；第 16 个案例演示了图文混排的实现方法；第 17 个案例演示了交叉引用的实现方法；第 18~19 个案例分别演示了使用参考文献和定制参考文献格式的方法；第 20 个案例演示了综合利用 LaTeX 各种功能进行排版的方法和技巧。

第 6 章：Markdown 文档排版，共设计了 33 个案例。第 1 个案例演示了 Markdown 环境配置的方法；第 2 个案例演示了标题及段落的实现方法；第 3 个案例演示了强调、分割线和转义字符的实现方法；第 4~5 个案例分别演示了列表和引用的实现方法；第 6~10 个案例分别演示了插入图片、超级链接、程序代码、表格和任务列表的实现方法；第 11~13 个案例分别演示了绘制流程图、甘特图和 UML 图、其他图表的实现方法；第 14 个案例演示了文件引用的实现方法；第 15~24 个案例分别演示了各种数学公式的实现方法；第 25 个案例演示了综合排版的实现方法；第 26~32 个案例分别演示了利用 Markdown 渲染邮件、简书、有道云笔记、印象笔记、Jupiter Notebook、知乎、CSDN、微信公众号排版工具——Online-Markdown 的实现方法。

第 7 章：Word 文档排版，共设计了 7 个案例。第 1 个案例演示了标题编号和样式；第 2 个案例演示了正文样式设置方法；第 3 个案例演示了页面分割及页码、页眉设置方法；第 4 个案例演示了题注与交叉引用；第 5 个案例演示了图像处理与表格设置方法；第 6 个案例演示了目录生成方法；第 7 个案例演示了在页眉中添加标题编号和内容的方法。

本书由杜春涛独立撰写完成，在写作过程中得到电子工业出版社章海涛主任的大力支持，并提出了许多宝贵意见和建议，在此表示衷心感谢。

限于作者水平有限，加之时间仓促，书中难免存在疏漏和不足之处，恳请各位专家、老师、学者及广大读者提出宝贵意见和建议。

本书出版受到北方工业大学 2020 年教材出版基金项目、全国高等院校计算机基础教育研究会计算机基础教育教学资助专项类项目（项目编号：2020-AFCEC-004，2021-AFCEC-002）、教育部 2020 年（第一批）产学合作协同育人项目（项目编号：202002107017）、北京市高等教育学会 2021 年重点课题（项目编号：ZD202110）、北方工业大学 2021 年教学改革项目的支持。

目 录

第1章　Citavi 文献管理工具 1

案例 1.1　Citavi 概述 2
1.1.1　案例描述 2
1.1.2　实现效果 2
1.1.3　实现过程 3

案例 1.2　添加文献——人工录入文献信息 7
1.2.1　案例描述 7
1.2.2　实现效果 7
1.2.3　实现过程 7

案例 1.3　添加文献——利用剪贴板导入"中国知网"文献 10
1.3.1　案例描述 10
1.3.2　实现效果 10
1.3.3　实现过程 10

案例 1.4　添加文献——利用文件导入"百度学术"文献 15
1.4.1　案例描述 15
1.4.2　实现效果 15
1.4.3　实现过程 16

案例 1.5　添加文献——利用 Picker 添加网页文献 21
1.5.1　案例描述 21
1.5.2　实现效果 21
1.5.3　实现过程 22

案例 1.6　添加文献——从 PDF 文件获取文献信息 26
1.6.1　案例描述 26
1.6.2　实现效果 26
1.6.3　实现过程 27

案例 1.7　添加文献——利用 ISBN 和 DOI 添加文献信息 30
1.7.1　案例描述 30
1.7.2　实现效果 30
1.7.3　实现过程 30

案例 1.8　添加文献——利用在线搜索工具获取文献信息 ………………… 32
 1.8.1　案例描述 ………………………………………………………………… 32
 1.8.2　实现效果 ………………………………………………………………… 32
 1.8.3　实现过程 ………………………………………………………………… 33

案例 1.9　文献管理 ………………………………………………………………… 34
 1.9.1　案例描述 ………………………………………………………………… 34
 1.9.2　实现效果 ………………………………………………………………… 35
 1.9.3　实现过程 ………………………………………………………………… 35

案例 1.10　在 Word 中插入 Citavi 中的文献 …………………………………… 37
 1.10.1　案例描述 ………………………………………………………………… 37
 1.10.2　实现效果 ………………………………………………………………… 37
 1.10.3　实现过程 ………………………………………………………………… 38

案例 1.11　知识管理和任务规划 ………………………………………………… 42
 1.11.1　案例描述 ………………………………………………………………… 42
 1.11.2　实现效果 ………………………………………………………………… 42
 1.11.3　实现过程 ………………………………………………………………… 42

案例 1.12　在 Word 中插入知识 ………………………………………………… 47
 1.12.1　案例描述 ………………………………………………………………… 47
 1.12.2　实现效果 ………………………………………………………………… 47
 1.12.3　实现过程 ………………………………………………………………… 47

第 2 章　Zotero 文献管理工具 ………………………………………………… 50

案例 2.1　Zotero 下载、安装及账户注册 ………………………………………… 51
 2.1.1　案例描述 ………………………………………………………………… 51
 2.1.2　实现效果 ………………………………………………………………… 51
 2.1.3　实现过程 ………………………………………………………………… 52

案例 2.2　添加文献——人工录入信息 …………………………………………… 53
 2.2.1　案例描述 ………………………………………………………………… 53
 2.2.2　实现效果 ………………………………………………………………… 53
 2.2.3　实现过程 ………………………………………………………………… 54

案例 2.3　添加文献——从"中国知网"导入文献 ……………………………… 55
 2.3.1　案例描述 ………………………………………………………………… 55
 2.3.2　实现效果 ………………………………………………………………… 55
 2.3.3　实现过程 ………………………………………………………………… 56

案例 2.4　添加文献——从"百度学术"导入文献 ……………………………… 57

  2.4.1　案例描述 ·· 57

  2.4.2　实现效果 ·· 58

  2.4.3　实现过程 ·· 58

 案例 2.5　添加文献——利用 Zotero Connector 插件 ································· 61

  2.5.1　案例描述 ·· 61

  2.5.2　实现效果 ·· 61

  2.5.3　实现过程 ·· 61

 案例 2.6　文献管理 ··· 63

  2.6.1　案例描述 ·· 63

  2.6.2　实现效果 ·· 63

  2.6.3　案例实现 ·· 63

 案例 2.7　文献同步 ··· 66

  2.7.1　案例描述 ·· 66

  2.7.2　实现效果 ·· 67

  2.7.3　案例实现 ·· 67

 案例 2.8　添加文献样式 ··· 69

  2.8.1　案例描述 ·· 69

  2.8.2　实现效果 ·· 69

  2.8.3　案例实现 ·· 69

 案例 2.9　在 Word 文档中插入参考文献 ··· 73

  2.9.1　案例描述 ·· 73

  2.9.2　实现效果 ·· 73

  2.9.3　案例实现 ·· 74

 案例 2.10　编辑文献 ··· 77

  2.10.1　案例描述 ··· 77

  2.10.2　实现效果 ··· 77

  2.10.3　案例实现 ··· 78

第 3 章　Origin 数据分析图绘制工具 ·· 82

 案例 3.1　基本绘图 ··· 83

  3.1.1　案例描述 ·· 83

  3.1.2　实现效果 ·· 83

  3.1.3　实现过程 ·· 83

 案例 3.2　线性拟合图 ·· 84

  3.2.1　案例描述 ·· 84

3.2.2	实现效果	84
3.2.3	实现过程	84

案例 3.3　心形图 · 86
- 3.3.1　案例描述 · 86
- 3.3.2　实现效果 · 86
- 3.3.3　实现过程 · 87

案例 3.4　棉棒图 · 89
- 3.4.1　案例描述 · 89
- 3.4.2　实现效果 · 89
- 3.4.3　实现过程 · 89

案例 3.5　误差图和气泡图 · 90
- 3.5.1　案例描述 · 90
- 3.5.2　实现效果 · 90
- 3.5.3　实现过程 · 91

案例 3.6　柱状误差图 · 91
- 3.6.1　案例描述 · 91
- 3.6.2　实现效果 · 92
- 3.6.3　实现过程 · 92

案例 3.7　Y 偏移堆积线图 · 93
- 3.7.1　案例描述 · 93
- 3.7.2　实现效果 · 93
- 3.7.3　实现过程 · 94

案例 3.8　雷达图 · 94
- 3.8.1　案例描述 · 94
- 3.8.2　实现效果 · 95
- 3.8.3　实现过程 · 95

第 4 章　XMind 思维导图绘制 · 97

案例 4.1　基本思维导图 · 98
- 4.1.1　案例描述 · 98
- 4.1.2　实现效果 · 98
- 4.1.3　实现过程 · 98

案例 4.2　资产负债表 · 104
- 4.2.1　案例描述 · 104
- 4.2.2　实现效果 · 105

4.2.3 实现过程	105
案例 4.3　商业计划图	107
4.3.1 案例描述	107
4.3.2 实现效果	107
4.3.3 实现过程	107
案例 4.4　鱼骨图	112
4.4.1 案例描述	112
4.4.2 实现效果	113
4.4.3 实现过程	113
案例 4.5　公司组织结构图	113
4.5.1 案例描述	113
4.5.2 实现效果	113
4.5.3 实现过程	113

第 5 章　LaTeX 文档排版　118

案例 5.1　LaTeX 环境搭建：TeX Live+TeXstudio	119
5.1.1 案例描述	119
5.1.2 实现效果	119
5.1.3 实现过程	120
案例 5.2　LaTeX 项目	122
5.2.1 案例描述	122
5.2.2 实现效果	123
5.2.3 实现过程	123
案例 5.3　中英文混排	124
5.3.1 案例描述	124
5.3.2 实现效果	124
5.3.3 实现过程	125
案例 5.4　文本格式设置	125
5.4.1 案例描述	125
5.4.2 实现效果	126
5.4.3 实现过程	127
案例 5.5　普通段落格式设置	128
5.5.1 案例描述	128
5.5.2 实现效果	128
5.5.3 实现过程	128

案例 5.6 特殊段落格式设置······130
5.6.1 案例描述······130
5.6.2 实现效果······130
5.6.3 实现过程······131

案例 5.7 文本和定理环境······131
5.7.1 案例描述······131
5.7.2 实现效果······132
5.7.3 实现过程······133

案例 5.8 代码和制表位环境······134
5.8.1 案例描述······134
5.8.2 实现效果······134
5.8.3 实现过程······135

案例 5.9 基本列表······136
5.9.1 案例描述······136
5.9.2 实现效果······136
5.9.3 实现过程······137

案例 5.10 自定义列表······138
5.10.1 案例描述······138
5.10.2 实现效果······139
5.10.3 实现过程······139

案例 5.11 数学公式-I······141
5.11.1 案例描述······141
5.11.2 实现效果······141
5.11.3 实现过程······142

案例 5.12 数学公式-II······143
5.12.1 案例描述······143
5.12.2 实现效果······144
5.12.3 实现过程······144

案例 5.13 基本表格绘制······147
5.13.1 案例描述······147
5.13.2 实现效果······148
5.13.3 实现过程······148

案例 5.14 复杂表格绘制······149
5.14.1 案例描述······149

5.14.2 实现效果	149
5.14.3 实现过程	150
案例 5.15 插图与变换	151
5.15.1 案例描述	151
5.15.2 实现效果	152
5.15.3 实现过程	152
案例 5.16 图文混排	153
5.16.1 案例描述	153
5.16.2 实现效果	154
5.16.3 实现过程	154
案例 5.17 交叉引用	155
5.17.1 案例描述	155
5.17.2 实现效果	156
5.17.3 实现过程	157
案例 5.18 参考文献	158
5.18.1 案例描述	158
5.18.2 实现效果	159
5.18.3 实现过程	159
案例 5.19 定制参考文献格式	161
5.19.1 案例描述	161
5.19.2 实现效果	162
5.19.3 实现过程	162
案例 5.20 综合案例	164
5.20.1 案例描述	164
5.20.2 实现效果	165
5.20.3 实现过程	170

第 6 章 Markdown 文档排版 179

案例 6.1 Markdown 环境配置	180
6.1.1 案例描述	180
6.1.2 实现效果	180
6.1.3 案例实现	181
案例 6.2 标题及段落	182
6.2.1 案例描述	182
6.2.2 实现效果	182

  6.2.3　案例实现 ·· 182

案例 6.3　强调、分割线和转义字符 ·· 184
  6.3.1　案例描述 ·· 184
  6.3.2　实现效果 ·· 184
  6.3.3　案例实现 ·· 184

案例 6.4　列表 ··· 186
  6.4.1　案例描述 ·· 186
  6.4.2　实现效果 ·· 187
  6.4.3　案例实现 ·· 187

案例 6.5　引用 ··· 189
  6.5.1　案例描述 ·· 189
  6.5.2　实现效果 ·· 189
  6.5.3　案例实现 ·· 189

案例 6.6　插入图片 ··· 191
  6.6.1　案例描述 ·· 191
  6.6.2　实现效果 ·· 191
  6.6.3　案例实现 ·· 191

案例 6.7　超级链接 ··· 193
  6.7.1　案例描述 ·· 193
  6.7.2　实现效果 ·· 193
  6.7.3　案例实现 ·· 193

案例 6.8　程序代码 ··· 196
  6.8.1　案例描述 ·· 196
  6.8.2　实现效果 ·· 196
  6.8.3　案例实现 ·· 198

案例 6.9　表格 ··· 199
  6.9.1　案例描述 ·· 199
  6.9.2　实现效果 ·· 200
  6.9.3　案例实现 ·· 201

案例 6.10　任务列表 ·· 202
  6.10.1　案例描述 ··· 202
  6.10.2　实现效果 ··· 202
  6.10.3　案例实现 ··· 203

案例 6.11　绘制流程图 ··· 203

	6.11.1	案例描述	203
	6.11.2	实现效果	205
	6.11.3	案例实现	207

案例 6.12 绘制甘特图和 UML 图 ... 209
	6.12.1	案例描述	209
	6.12.2	实现效果	210
	6.12.3	案例实现	210

案例 6.13 绘制其他图表 ... 212
	6.13.1	案例描述	212
	6.13.2	实现效果	212
	6.13.3	案例实现	213

案例 6.14 文件引用 ... 215
	6.14.1	案例描述	215
	6.14.2	实现效果	215
	6.14.3	案例实现	216

案例 6.15 数学公式——位置｜上下标与组合｜字体与格式 ... 217
	6.15.1	案例描述	217
	6.15.2	实现效果	217
	6.15.3	案例实现	217

案例 6.16 数学公式——占位符｜定界符与组合 ... 219
	6.16.1	案例描述	219
	6.16.2	实现效果	220
	6.16.3	案例实现	220

案例 6.17 数学公式——四则运算 ... 221
	6.17.1	案例描述	221
	6.17.2	实现效果	221
	6.17.3	案例实现	221

案例 6.18 数学公式——高级运算 ... 223
	6.18.1	案例描述	223
	6.18.2	实现效果	223
	6.18.3	案例实现	224

案例 6.19 数学公式——逻辑运算 ... 225
	6.19.1	案例描述	225
	6.19.2	实现效果	225

6.19.3 案例实现 ······ 226

案例 6.20 数学公式——集合运算 ······ 226
 6.20.1 案例描述 ······ 226
 6.20.2 实现效果 ······ 226
 6.20.3 案例实现 ······ 226

案例 6.21 数学公式——数学符号 ······ 228
 6.21.1 案例描述 ······ 228
 6.21.2 实现效果 ······ 228
 6.21.3 案例实现 ······ 228

案例 6.22 数学公式——希腊字母 ······ 230
 6.22.1 案例描述 ······ 230
 6.22.2 实现效果 ······ 230
 6.22.3 案例实现 ······ 230

案例 6.23 数学公式——多行公式和对齐 ······ 232
 6.23.1 案例描述 ······ 232
 6.23.2 实现效果 ······ 232
 6.23.3 案例实现 ······ 232

案例 6.24 数学公式——综合应用 ······ 234
 6.24.1 案例描述 ······ 234
 6.24.2 实现效果 ······ 234
 6.24.3 案例实现 ······ 236

案例 6.25 综合排版案例 ······ 237
 6.25.1 案例描述 ······ 237
 6.25.2 实现效果 ······ 238
 6.25.3 案例实现 ······ 239

案例 6.26 使用 Markdown 渲染邮件 ······ 241
 6.26.1 案例描述 ······ 241
 6.26.2 实现效果 ······ 241
 6.26.3 案例实现 ······ 243

案例 6.27 使用 Markdown 渲染简书文章 ······ 246
 6.27.1 案例描述 ······ 246
 6.27.2 实现效果 ······ 246
 6.27.3 案例实现 ······ 248

案例 6.28 使用 Markdown 渲染有道云笔记 ······ 250

  6.28.1 案例描述 · 250

  6.28.2 实现效果 · 251

  6.28.3 案例实现 · 253

案例6.29 利用Markdown渲染印象笔记 · 256

  6.29.1 案例描述 · 256

  6.29.2 实现效果 · 257

  6.29.3 案例实现 · 260

案例6.30 利用Markdown渲染Jupiter Notebook · 264

  6.30.1 案例描述 · 264

  6.30.2 实现效果 · 264

  6.30.3 案例实现 · 265

案例6.31 利用Markdown渲染知乎 · 268

  6.31.1 案例描述 · 268

  6.31.2 实现效果 · 268

  6.31.3 案例实现 · 269

案例6.32 利用Markdown渲染CSDN · 270

  6.32.1 案例描述 · 270

  6.32.2 实现效果 · 281

  6.32.3 案例实现 · 286

案例6.33 微信公众号排版工具——Online-Markdown · 292

  6.33.1 案例描述 · 292

  6.33.2 实现效果 · 293

  6.33.3 案例实现 · 295

第7章 Word文档排版 298

案例7.1 标题编号和样式 · 299

  7.1.1 案例描述 · 299

  7.1.2 实现效果 · 299

  7.1.3 实现过程 · 299

案例7.2 正文样式设置 · 302

  7.2.1 案例描述 · 302

  7.2.2 实现效果 · 302

  7.2.3 实现过程 · 303

案例7.3 页面分割及页码页眉设置 · 303

  7.3.1 案例描述 · 303

	7.3.2 实现效果	304
	7.3.3 实现过程	304

案例 7.4　题注与交叉引用 ……………………………………………… 307

- 7.4.1　案例描述 …………………………………………………… 307
- 7.4.2　实现效果 …………………………………………………… 307
- 7.4.3　实现过程 …………………………………………………… 308

案例 7.5　图像处理与表格设置 ……………………………………… 309

- 7.5.1　案例描述 …………………………………………………… 309
- 7.5.2　实现效果 …………………………………………………… 309
- 7.5.3　实现过程 …………………………………………………… 310

案例 7.6　目录生成 ……………………………………………………… 311

- 7.6.1　案例描述 …………………………………………………… 311
- 7.6.2　实现效果 …………………………………………………… 311
- 7.6.3　实现过程 …………………………………………………… 312

案例 7.7　在页眉中添加标题编号和内容 …………………………… 313

- 7.7.1　案例描述 …………………………………………………… 313
- 7.7.2　实现效果 …………………………………………………… 313
- 7.7.3　实现过程 …………………………………………………… 314

参考文献 …………………………………………………………………… 316

第 1 章　Citavi 文献管理工具

Citavi 是由 Swiss Academic Software 公司开发的"文献管理与知识组织"（Reference Management & Knowledge Organization）软件，可以支撑从来源检索到论文写作的全过程。它是用来管理文献的专门软件。安装好之后，可以直接从其他大学的资料库中调取自己所用书籍的信息，或一键生成从包括 Google Books 上找到的书籍或者网络信息。论文完成后，可以直接生成参考文献列表。

Citavi 可以搜索超过 4800 个图书馆目录和所有主要的信息提供者的数据库。同时可以让你添加 PDF 格式的文章作为参考，查找自己的书目信息，网上全文检索，并支持创建 PDF 格式的网页截图。

Citavi 允许团队共享工作项目，既可以保证你在本地网络上进行团队工作，也可为每个项目组分配任务。同时它还可以自动生成论文格式，并拥有超过 5000 种引用样式。

Citavi 以项目的形式组织参考文献，撰写的每篇文章都可以建立一个项目，而且免费版的 Citavi 允许每个项目中有 100 篇以内的参考文献，对于一般论文来说，这个文献数量足够了。

案例 1.1　Citavi 概述

1.1.1　案例描述

演示 Citavi 软件的下载、安装、注册账号，以及利用 Citavi 创建项目的方法和过程。

1.1.2　实现效果

利用 Citavi 创建的项目如图 1.1 所示。从图中可以看出，Citavi 包含 3 个工作区：References（文献编辑器）、Knowledge（知识管理器）和 Tasks（任务计划器）。

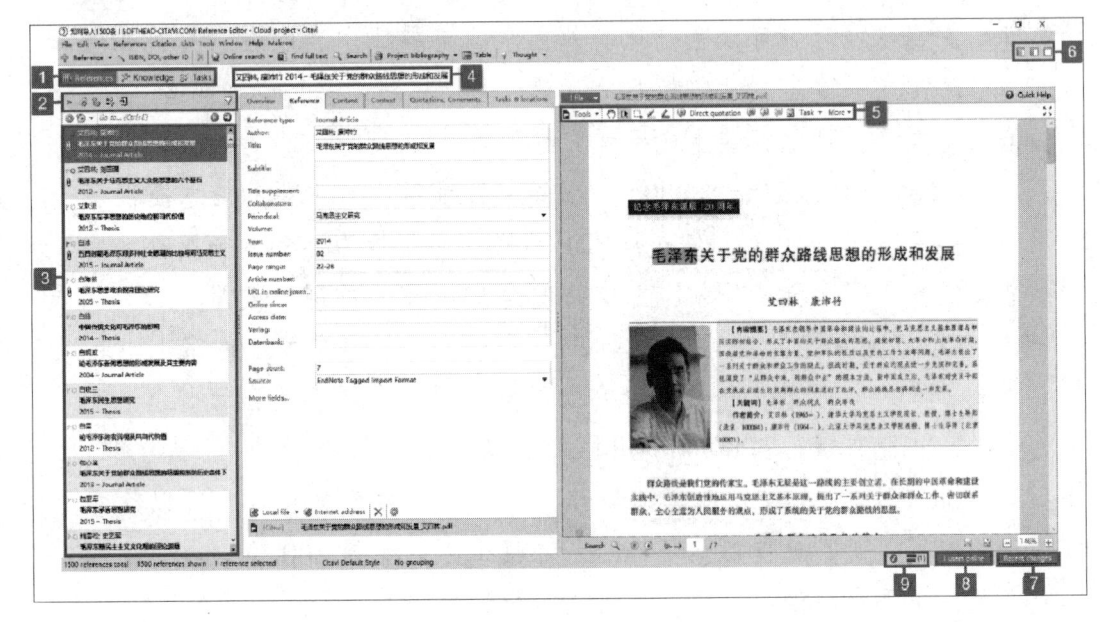

图 1.1　Citavi 窗口界面

注：

1. 文献编辑器、知识管理器、任务规划器；

2. 显示关键字列、类别列、组列、导入组列；

3. 数据列导航窗格；

4. 文献标题（Citavi 自动创建）；

5. PDF 阅读及注释工具；

6. Citavi 布局视图；

7. 查看项目最近的变化；

8. 团队协作时在线人数显示以及在线聊天功能；

9. 云同步中或同步完成提示。

1.1.3 实现过程

1. Citavi 软件下载。下载地址为 www.citavi.com/download/en/dowload，打开链接后的页面如图 1.2 所示，目前的最新版本是 Citavi 6.5，Windows 用户可以直接单击"Download Now"按钮下载。

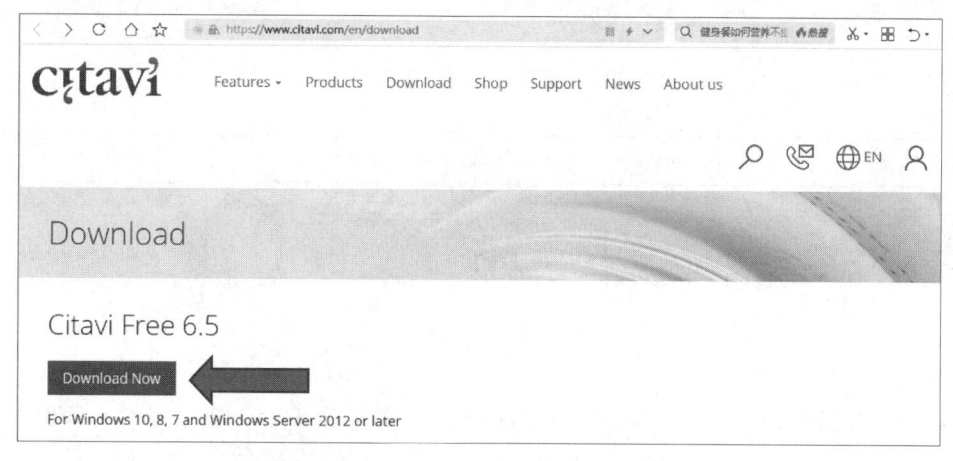

图 1.2　Citavi 的下载页面

2. 下载完成后，打开文件进行安装，安装成功后的界面如图 1.3 所示。

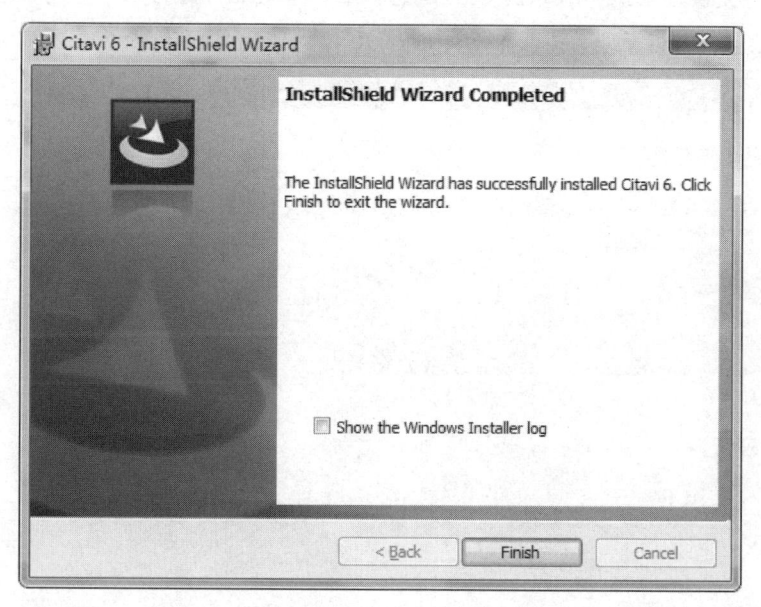

图 1.3　Citavi 安装完成

3. 安装过程中会自动在 Word 软件中安装 Citavi 插件，并提示把 Citavi Picker 安装到浏览器中。目前支持的浏览器包括 Chrome、Firefox 和 IE。安装完成后，将会在 Word 中添加 Citavi 标签，如图 1.4 所示。在相应的浏览器上会显示 Citavi Picker 图标，如图 1.5 所示。

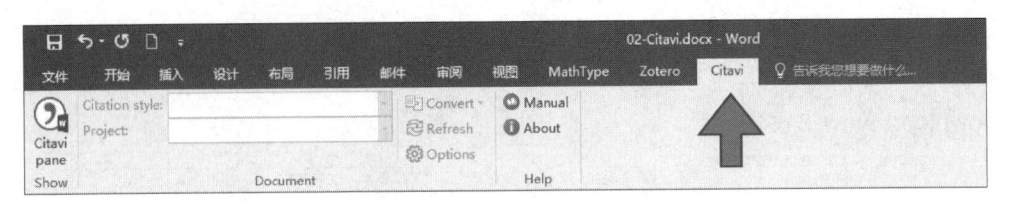

图 1.4 Word 中的 Citavi 插件

图 1.5 Firefox 浏览器中的 Citavi Picker 图标

4. 注册/登录账号。第一次打开的 Citavi 界面是登录 Citavi 账号窗口，如图 1.6 所示。此时有 3 个选项：已经有 Citavi 账号直接登录、创建一个账号、不注册账号。 没有账号可以选择第二个选项：创建一个账号。使用 Citavi 最好有自己的账号，因为当建立云项目时必须要提供个人账号，这样在其他电脑上登录 Citavi 账号后，就可以直接打开以前创建的云项目。Citavi 注册/登录界面如图 1.7 所示。如果没有账号也不想注册账号，也

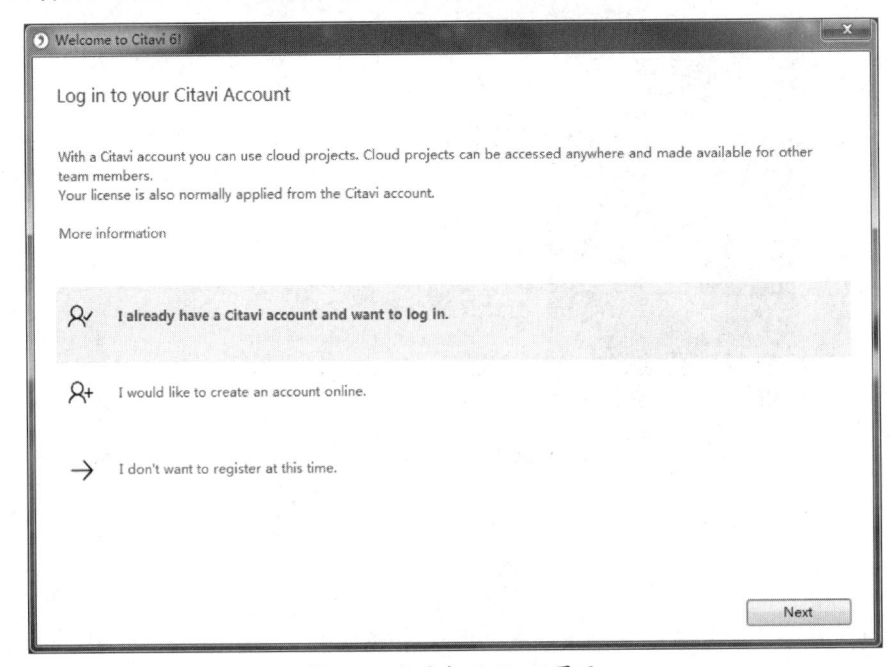

图 1.6 初次打开 Citavi 界面

可以通过第三个选项直接进入。这样只能在一台电脑上使用 Citavi，在其他电脑上就看不到以前建立的 Citavi 项目。

5. 创建/打开项目。第一次登录后，当再次打开 Citavi 的界面（如图 1.8 所示），你可以通过单击下面的"New project"选项新建一个项目，也可以通过单击窗口列表中的某个最近打开的项目打开，或者通过单击窗口下面的"Open project"选项选择一个已有项目打开。注：云项目的图标是云朵，本地项目的图标是文件夹。

6. 如果新建项目，那么将弹出如图 1.9 所示的窗口。项目分为两种类型：Cloud project（云项目）和 Local project（本地项目）。创建云项目后，该项目也可以在其他电脑上打开使用，但是运行速度较慢；创建本地项目后，该项目只能在当前电脑上使用，但运行速度快。当然，创建的云项目也可以另存为本地项目，创建的本地项目也可以另存为云项目。

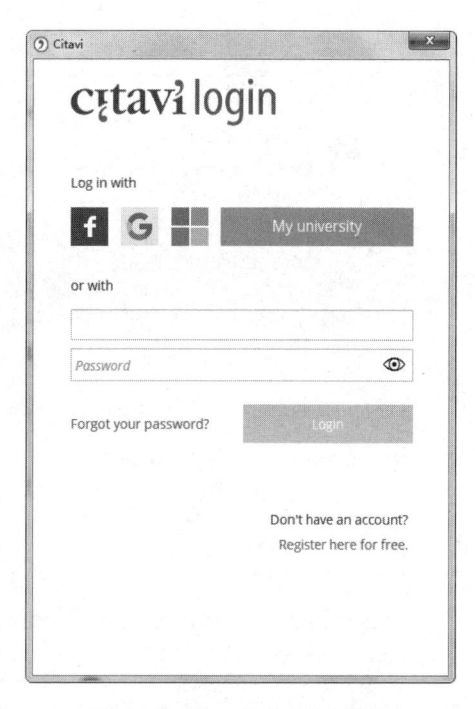

图 1.7　Citavi 注册/登录界面

图 1.8　Citavi 初始界面

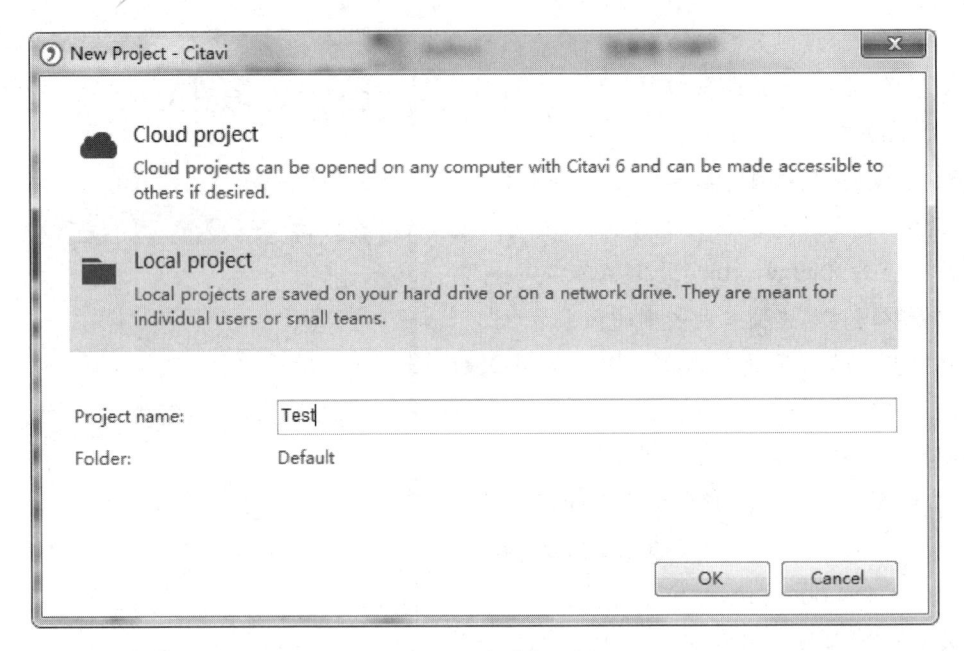

图 1.9 新建项目

7. 新建项目打开后的界面如图 1.10 所示。如果打开已有项目，那么会显示如图 1.1 所示的界面，图中有项目界面各部分的说明。

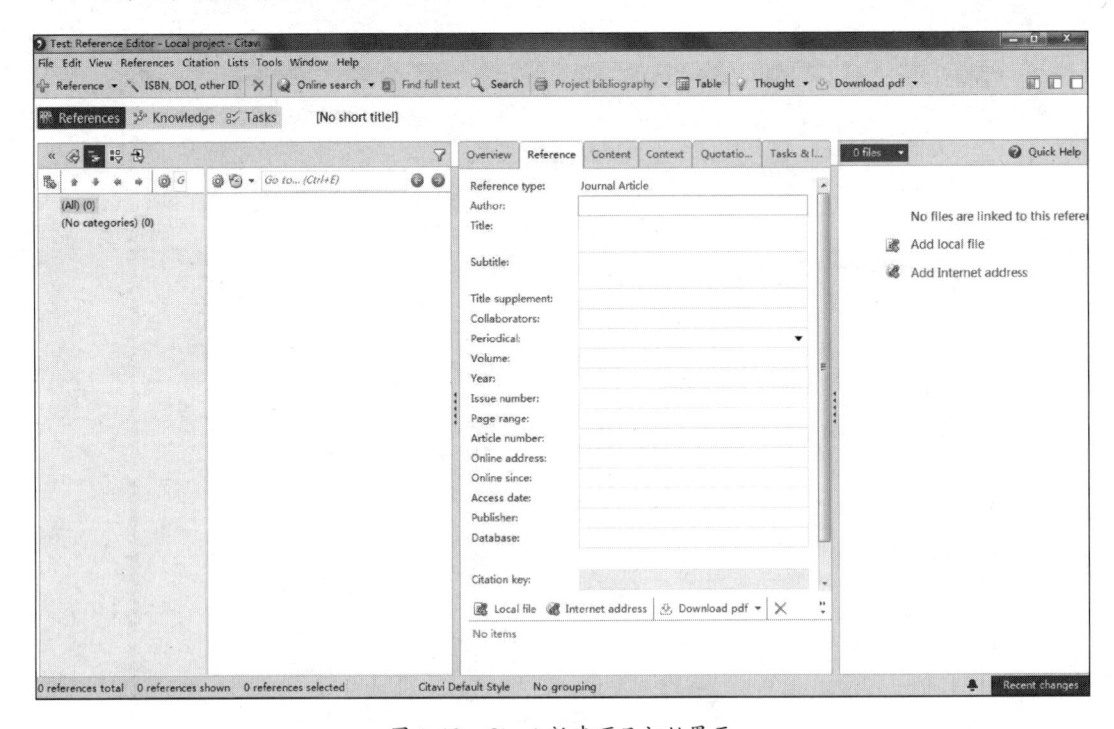

图 1.10 Citavi 新建项目初始界面

案例 1.2　添加文献——人工录入文献信息

1.2.1　案例描述

利用人工方式将一本书的文献信息添加到 Citavi 项目的文献库中。

1.2.2　实现效果

人工录入文献信息后的实现效果如图 1.11 所示。

图 1.11　人工录入文献信息后的实现效果

1.2.3　实现过程

1. 打开或新建一个项目，单击左上角的下拉菜单 "Refrence→New reference"，将弹出如图 1.12 所示的对话框。利用该对话框可以添加各种类型的文献，这里假设添加一本书，先选择文献类型为"Book"，然后单击"OK"按钮。

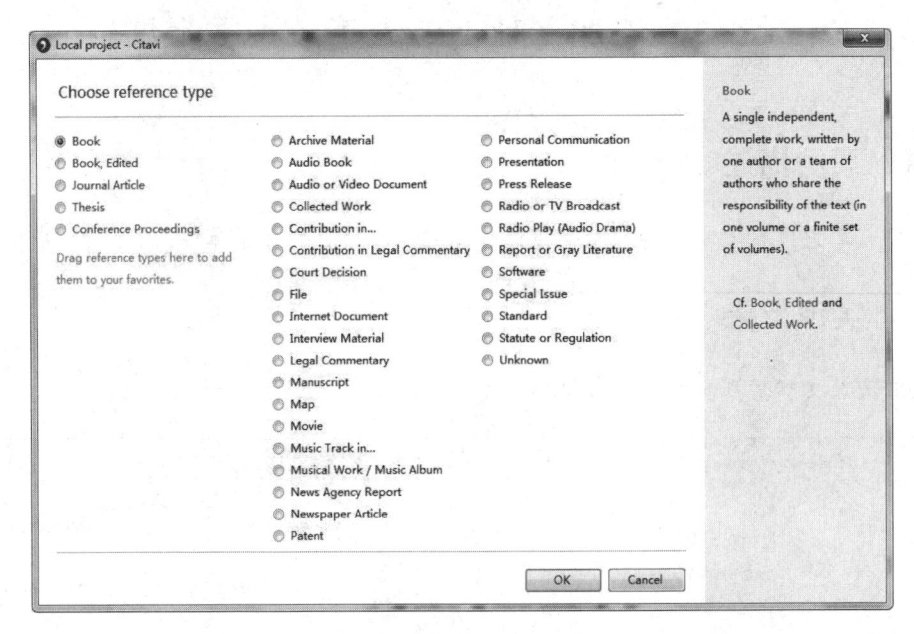

图 1.12　选择插入的文献类型

2. 在出现的如图 1.13 所示的录入文献信息窗口中包含 6 个标签：Overview、Reference、Content、Context、Qutations & coments、Tasks & locations，其中 Reference 标

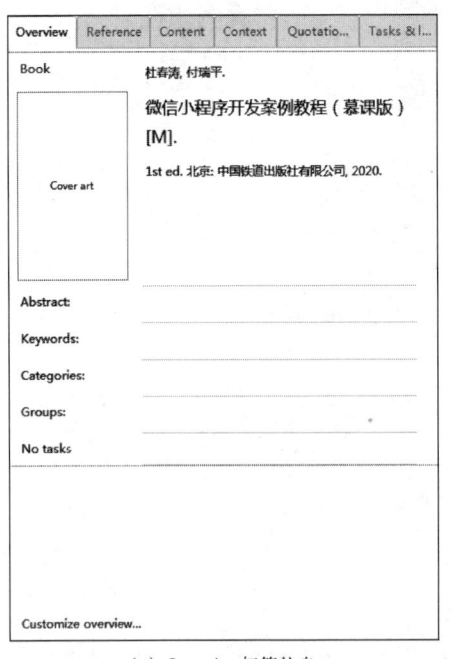

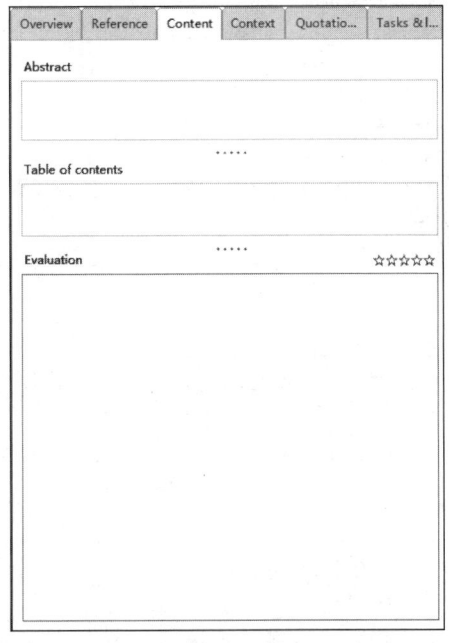

（a）Overview 标签信息　　　　　　　　　　（b）Content 标签信息

图 1.13　书籍文献中的 Overview 和 Content 标签信息

签中的某些信息是必须要填写的。对于 Book 类型的文献，需要填写的信息应该包括 Author（作者）、Title（书名）、Year（出版的年号）、Place of publication（出版地点）、Publisher（出版社）等。此外，在窗口的最下方或者右侧窗口中，通过单击"Add local file"按钮可以添加书的本地电子文件，通过单击"Add Intenet address"按钮可以添加书的访问网址，添加后就可以在右侧窗口中进行预览，如图 1.11 所示。

3. 录入基本文献信息后，为了进一步完善文献的其他信息，可以在 Overview、Content、Context 等其他标签中添加文献信息，需要添加的 Overview 和 Content 信息如图 1.13 所示。在 Overview 标签中可以添加 Cover art（书籍封面）、Abstract（摘要）、Keywords（关键词）、Categories（文献类别）和 Groups（文献分组）等信息。Content 标签中包含 Abstract（摘要）、Table of contents（目录）和 Evaluation（评价）等信息。

4. 如果要录入会议论文的文献信息，先要在如图 1.12 所示的界面中选择"Conference Proceedings"（会议论文集）单选按钮，然后单击"OK"按钮，在出现的窗口中录入会议相关信息，其中"Subtitle"（子标题）输入框中应填写会议名称、会议地点和会议时间等信息。录入完成后的效果如图 1.14 所示。

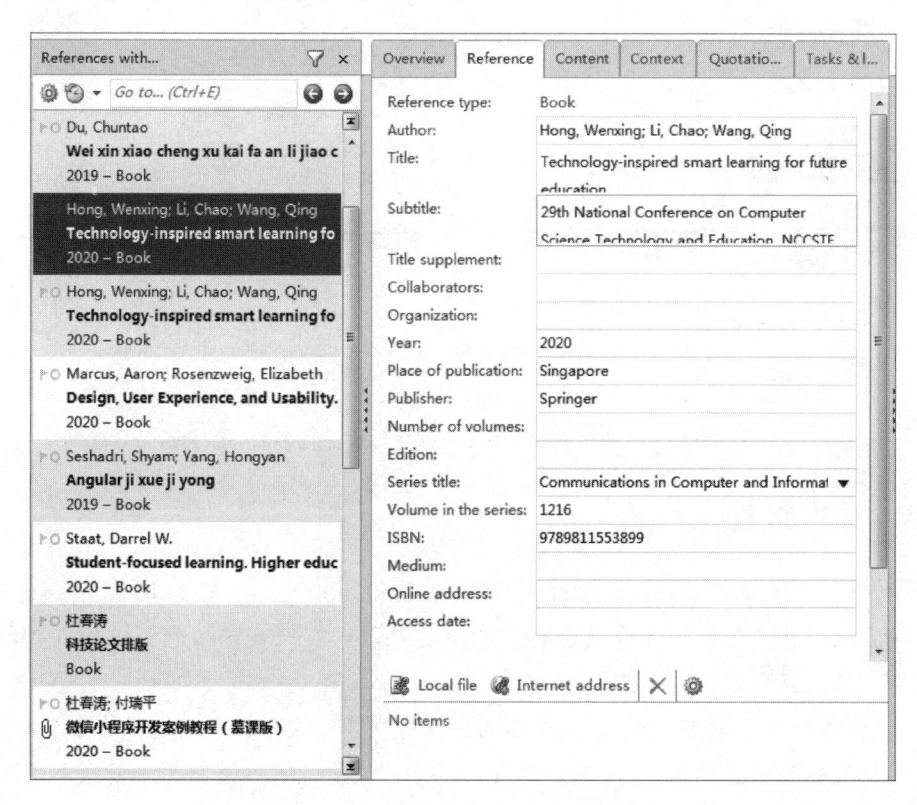

图 1.14　需要填写的会议文献信息

案例 1.3　添加文献——利用剪贴板导入"中国知网"文献

1.3.1　案例描述

将"中国知网"中的文献导入 Citavi 项目中。

1.3.2　实现效果

将"中国知网"中的文献导入 Citavi 项目中并完善相关信息后的实现效果，如图 1.15 所示。

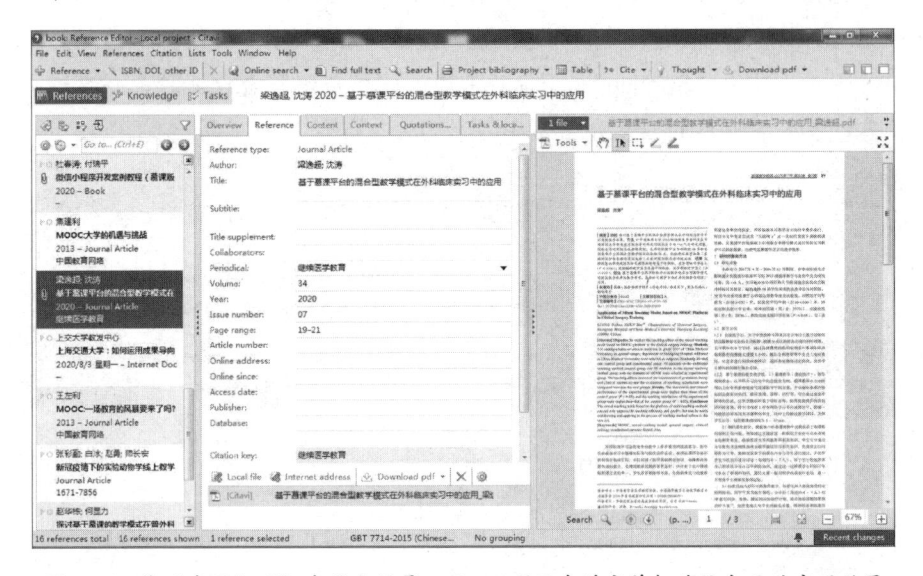

图 1.15　将"中国知网"中的文献导入 Citavi 项目中并完善相关信息后的实现效果

1.3.3　实现过程

1. 打开"中国知网"（网址：https://www.cnki.net/），如图 1.16 所示。在"文献检索"输入框中输入相应的内容并进行搜索，这里假设在搜索"主题"中输入 MOOC，单击右侧"放大镜"按钮进行搜索。

2. 搜索结果如图 1.17 所示。先在界面中选择需要的文献，假设选择前 3 个文献，此时在"已选文献"中显示"3"。然后单击"导出/参考文献"按钮（注意：如果一开始"已选文献"的数目不为 0，可以单击数目后面的"清除"按钮清除以前选择的文献）。

3. 在打开的窗口中选择"文献导出格式"为 EndNote，如图 1.18 所示。单击"复制到剪贴板"按钮，将文献复制到剪贴板。

图 1.16 人工录入参考文献信息

图 1.17 文献搜索结果

图 1.18 文献输出结果①

---

① 图片中"新冠疫情"应为"新冠肺炎疫情",为保持截图真实性,不对图片进行修改,下同。

4. 打开 Citavi 中需要导入文献的项目，单击"File→Import..."菜单，打开如图 1.19 所示的 Import 窗口，在 What is the source of the data you want to import（选择导入的文献数据源类型）中选择"Text file（RIS，Bib TeX，etc.）"单选按钮，然后单击"Next"按钮。

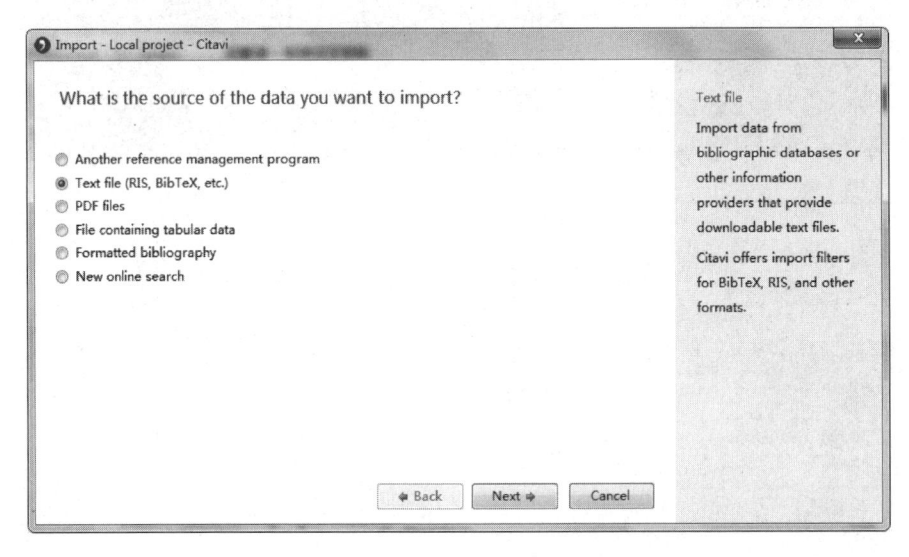

图 1.19　选择导入文献的数据源类型

5. 在弹出的"Select the format the bibliographic entries in the text file are in"（选择文献词条所在文本文件的格式）窗口中选择"EndNote Tagged Import Format–WILDTIER. CH"单选按钮。如果列表中没有这个单选按钮，单击"Add import filter"（添加导入过滤器）链接，此时弹出如图 1.20 所示的"Add import filter"窗口，在窗口的"Name"输入框中输入

图 1.20　添加导入过滤器

EndNote，在 Found 列表中将显示与 EndNote 有关的过滤器，然后选择"EndNote Tagged Import Format-WILDTIER.CH"过滤器并单击"Add"按钮。如果过滤器已经被添加，则此时字体显示为灰色。添加完成后单击"Close"按钮关闭窗口。

6. 此时的窗口中将显示"EndNote Tagged Import Format-WILDTIER.CH"单选按钮，如图 1.21 所示，选择该选项并单击"Next"按钮。

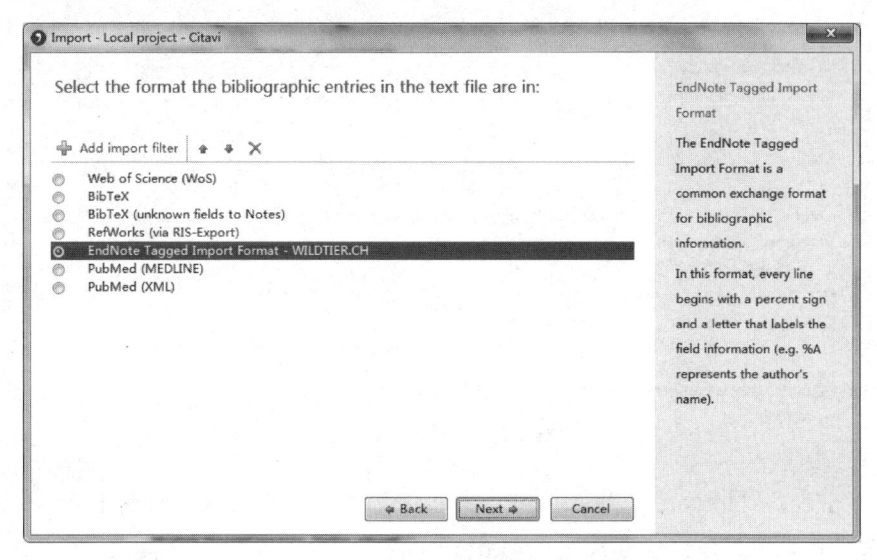

图 1.21　选择文献文件的类型格式

7. 在弹出的"Select the data or file to import"（选择导入的数据或文件）窗口中选择"Use text from the Clipboard"（从剪贴板中粘贴文本），如图 1.22 所示，然后单击"Next"按钮。

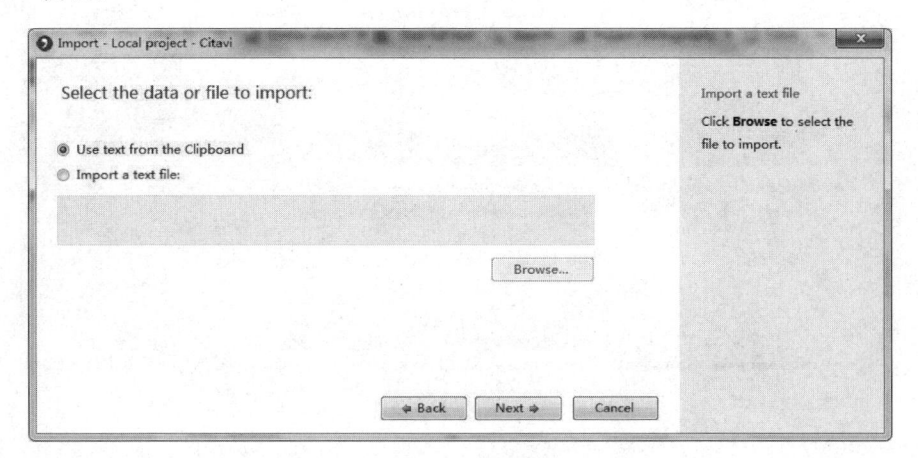

图 1.22　选择导入的数据或文件来源

8. 在出现的"Set the order of first and last names"（设置姓氏和名字的顺序）窗口中设置姓名顺序，如图 1.23 所示，然后单击"Next"按钮。

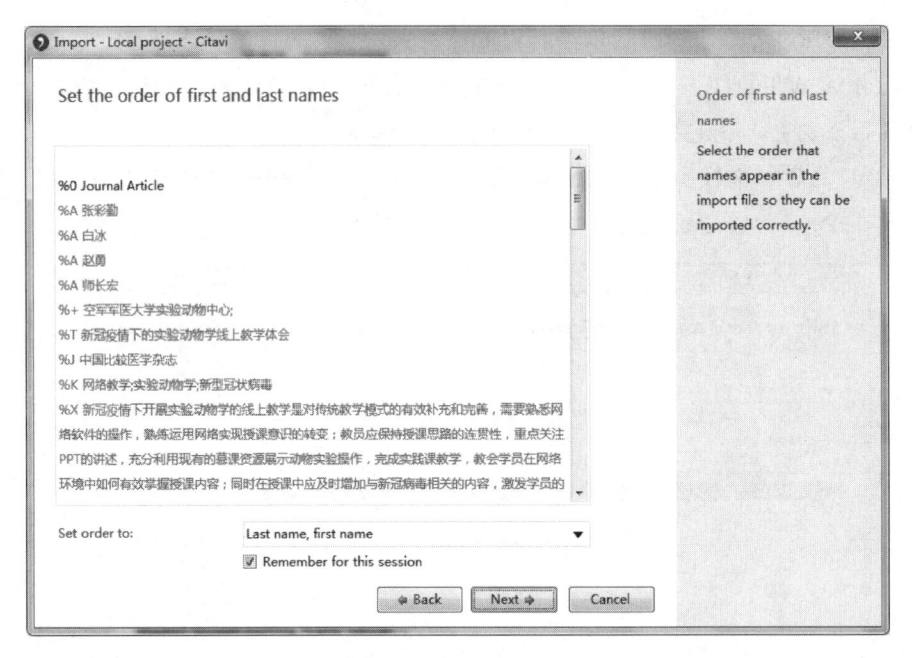

图 1.23　设置姓名顺序

9. 在出现的"Import"（导入）窗口中选择需要导入的文献，如图 1.24 所示。如果全部导入可以不用选择，然后单击"Add to project"（添加到项目）按钮。

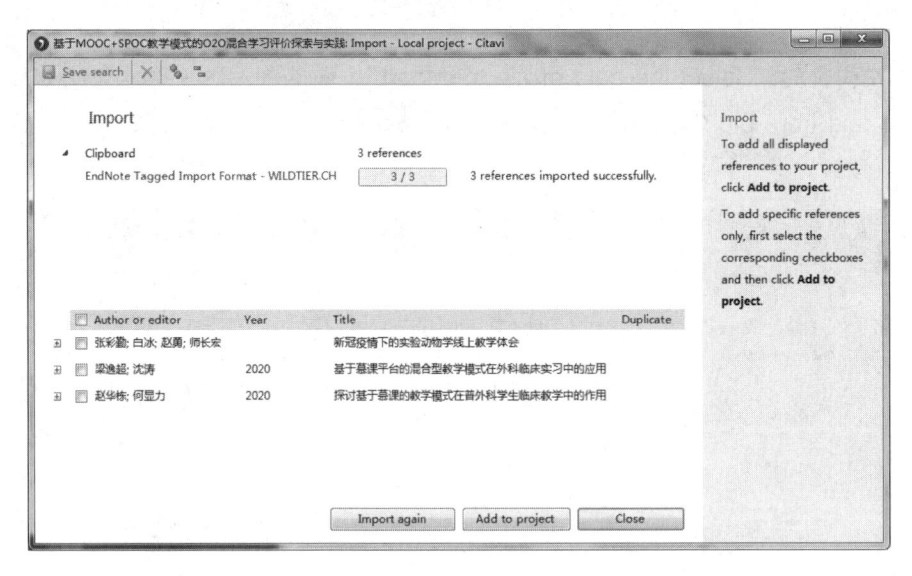

图 1.24　显示从剪贴板中导入的文献

10. 在弹出的"Include additional information"（包含附加信息）的对话框中选择需要的附加信息，如图 1.25 所示，包括 Keywords 和 Locations，然后单击"OK"按钮。

11. 此时文献已经导入 Citavi 项目中，如图 1.26 所示。从导入的文献可以看出，其

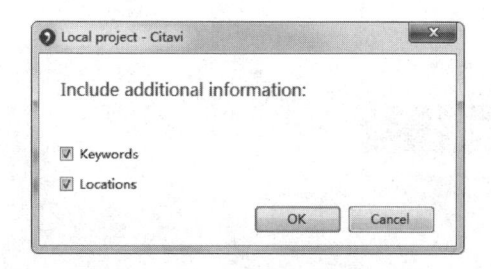

图 1.25 选择文献中包含的附加信息

中的 Periodical（期刊）字段显示的是期刊编号，应该把它修改为期刊名称。此外，Page range（页码范围）字段没有内容，应该手工添加该信息。最后单击窗口底部的"Local file"或右侧窗口中的"Add local file"（添加本地文件）选项将文献文件上传，信息完善后如图 1.15 所示。

图 1.26 文献导入 Citavi 项目后的界面

案例 1.4　添加文献——利用文件导入"百度学术"文献

1.4.1　案例描述

将"百度学术"中的文献信息导入 Citavi 项目中。

1.4.2　实现效果

将"百度学术"中的文献信息导入 Citavi 项目后的实现效果如图 1.27 所示。

图 1.27　将"百度学术"中的文献信息导入 Citavi 项目后的实现效果

1.4.3　实现过程

1. 打开百度学术（网址：https://xueshu.baidu.com），在出现的搜索窗口中输入要搜索的文献，如 MOOC，如图 1.28 所示，然后单击"百度一下"按钮。

图 1.28　文献导入 Citavi 项目后的界面

2. 在出现的窗口中显示了搜索出来的文献，在需要的文献下面单击"批量引用"按钮，每选一个文献"圆形蓝色"图标中的数字就会增加 1，上面显示的数字表示选择文献的数量，如图 1.29 所示。所有文献选择完成之后，单击"圆形蓝色"图标。

3. 在出现的"批量引用"窗口中显示刚才选择的文献，不需要的文献可以通过单击文献右侧的"删除"图标删除，然后单击"导出至"按钮，此时出现导出文献类型列表，最后选择"EndNote（.enw）或 Bib Tex（.bib）"选项，这里假设导出为 Bib Tex（.bib）格式，如图 1.30 所示。这时候文献文件将被导出。

4. 打开 Citavi 中需要导入文献的项目，单击"File→Import..."菜单，打开"What is the source of the data you want to import"（选择导入的文献数据源类型）窗口，如图 1.31 所示。选择"Text file（RIS，Bib TeX，etc.）"单选按钮，然后单击"Next"按钮。

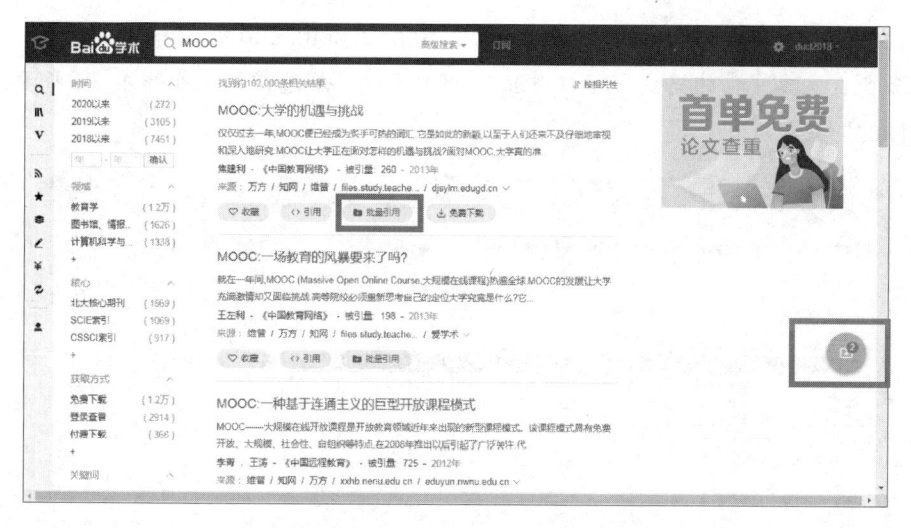

图1.29 通过"批量引用"选择文献

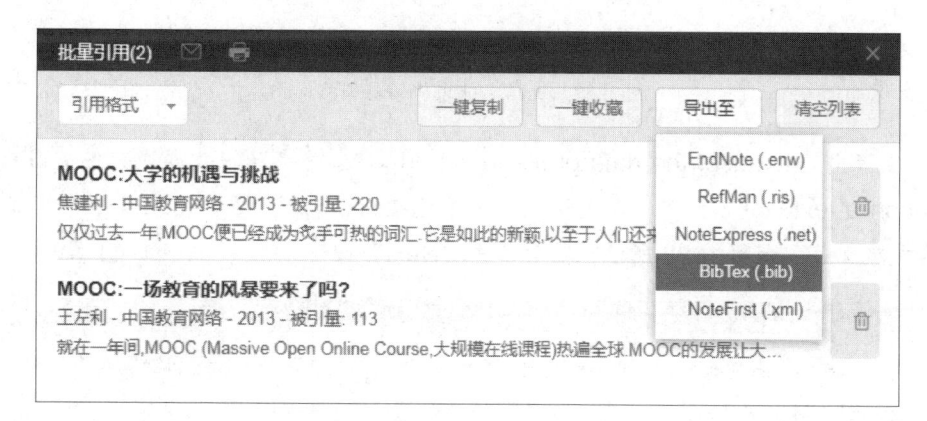

图1.30 "批量引用"窗口

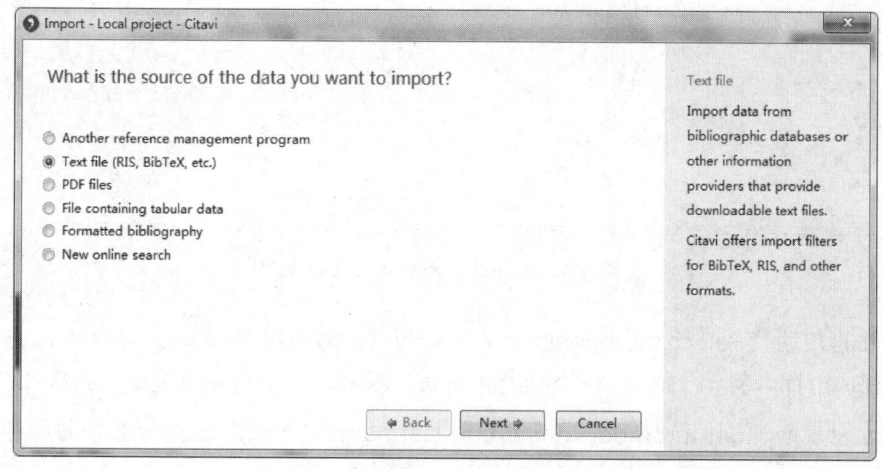

图1.31 选择导入文献的数据源类型

5. 在弹出的"Select the format the bibliographic entries in the text file are in"（选择文献词条所在文本文件的格式）窗口中选择"Bit TeX"单选按钮，如图 1.32 所示，然后单击"Next"按钮。

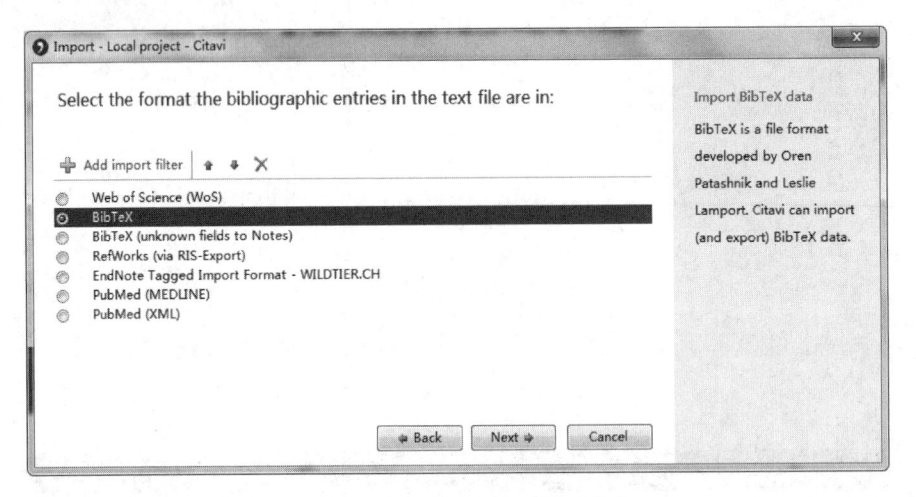

图 1.32 选择文献文件的类型格式

6. 在弹出的"Select the data or file to import"（选择导入的数据或文件）窗口中选择"Import a text file"（导入一个文本文件）单选按钮，利用"Browse..."按钮找到刚才导出的文献文件，如图 1.33 所示，然后单击"Next"按钮。

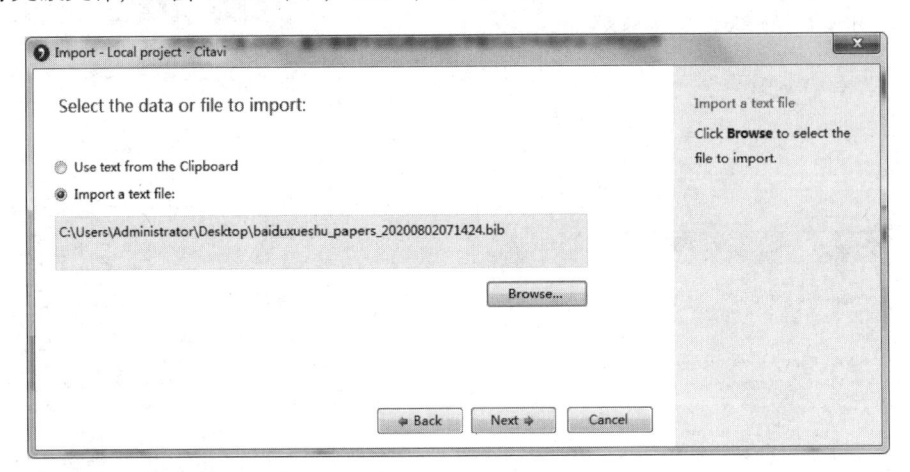

图 1.33 选择导入的数据或文件来源

7. 在出现的"Select the character encoding"（选择字符编码）窗口中选择默认的"Unicode（UTF-8）"编码，如图 1.34 所示，然后单击"Next"按钮。

8. 在出现的"Set the order of first and last names"（设置姓氏和名字的顺序）窗口中设置姓名顺序，如图 1.35 所示，然后单击"Next"按钮。

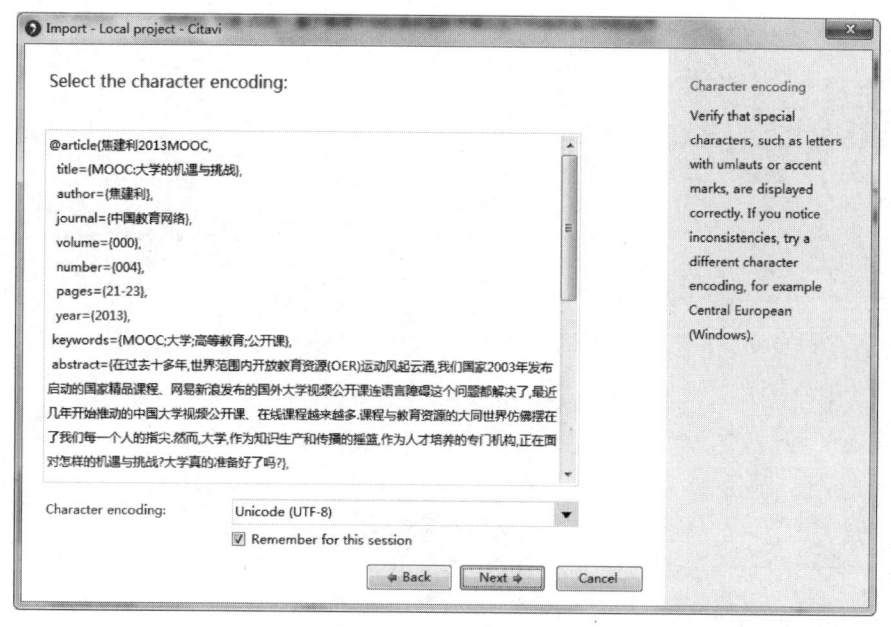

图1.34 选择字符编码

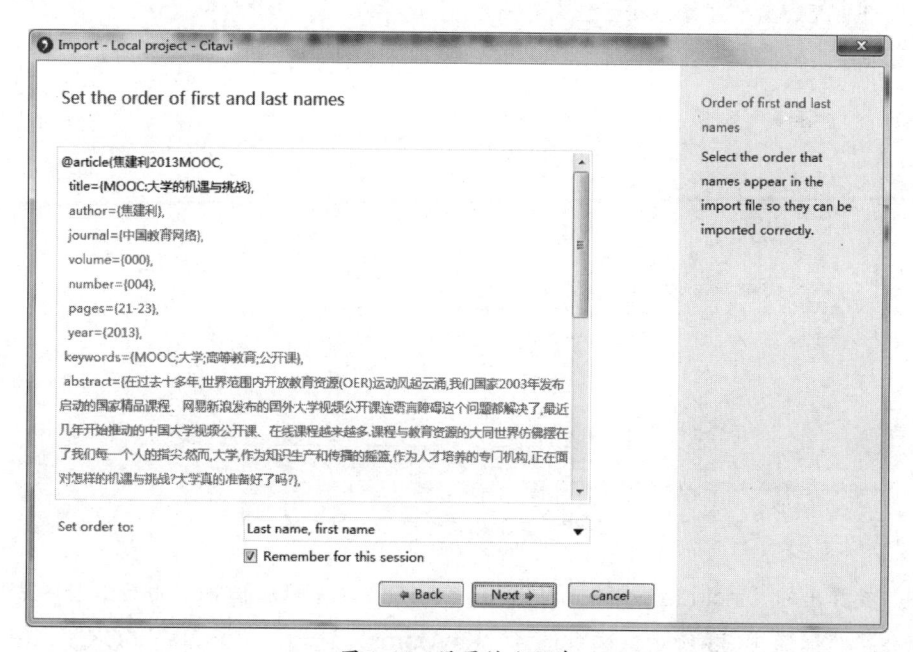

图1.35 设置姓名顺序

9. 在出现的"Replace imported BibTex keys?"（替换导入的 BibTex 关键词吗？）窗口中采用默认设置，如图 1.36 所示，然后单击"Next"按钮。

10. 在出现的"Import"（导入）窗口中选择需要导入的文献，如图 1.37 所示，如果全部导入可以不用选择，然后单击"Add to project"（添加到项目）按钮。

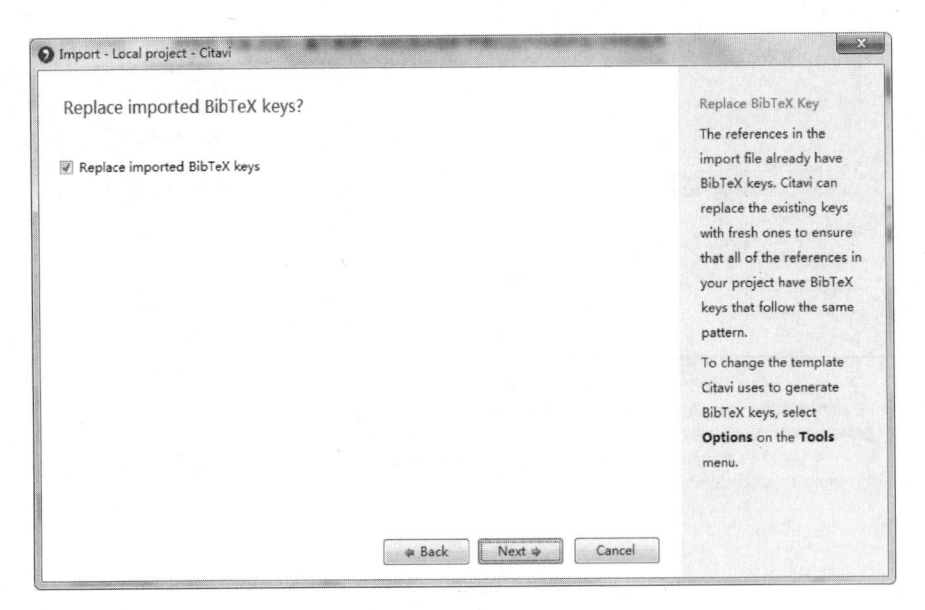

图 1.36　是否替换导入的 BibTex 关键词

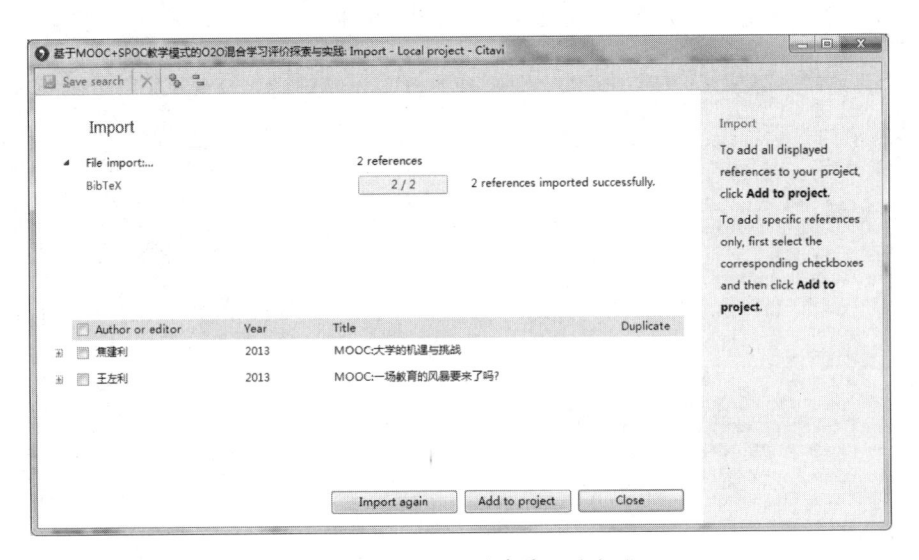

图 1.37　显示从文件中导入的文献

11. 在弹出的"Include additional information"（包含附加信息）的对话框中选择需要的附加信息，如图 1.38 所示，这里选择"Keywords"选项，然后单击"OK"按钮。

12. 此时文献已经导入 Citavi 项目中，仔细检查一下信息是否正确完整，最后的效果如图 1.27 所示。如果需要添加 PDF 文献，可以单击窗口底部的"Local file"或右侧窗口中的"Add local file"（添加本地文件）选项将文献上传。

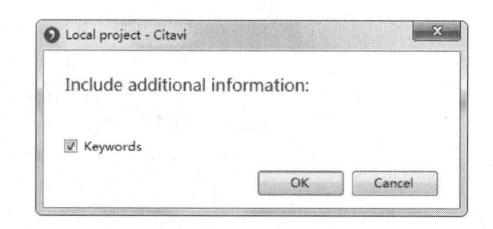

图 1.38　选择文献中包含的附加信息

案例 1.5　添加文献——利用 Picker 添加网页文献

1.5.1　案例描述

利用 Picker 工具从浏览器中获取网页文献信息，并把文献信息存储到 Citavi 项目文献库中。

1.5.2　实现效果

利用 Picker 获取网页文献信息的实现效果如图 1.39 所示。此时的网页直接在 Citavi 右侧窗口显示，利用 Picker 将网页中选定的内容存储为 Citavi 项目文献库中的直接引用，此时直接引用的信息在 "Quotations & comments" 标签中显示，而且网页文献信息也同时存储在 Citavi 项目中，如图 1.40 所示。

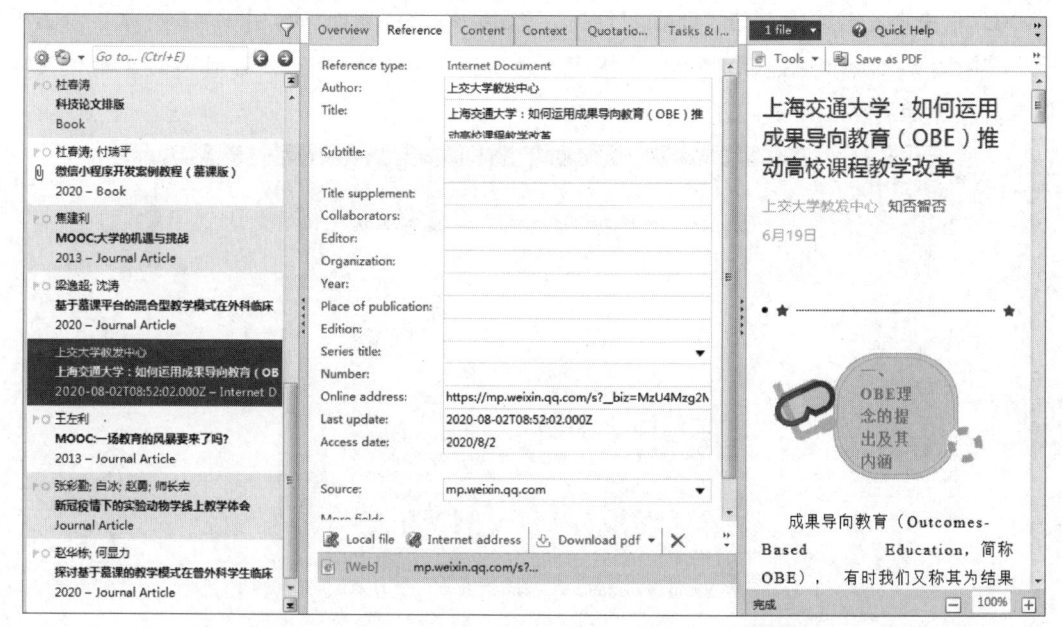

图 1.39　利用 Picker 获取网页文献信息的实现效果

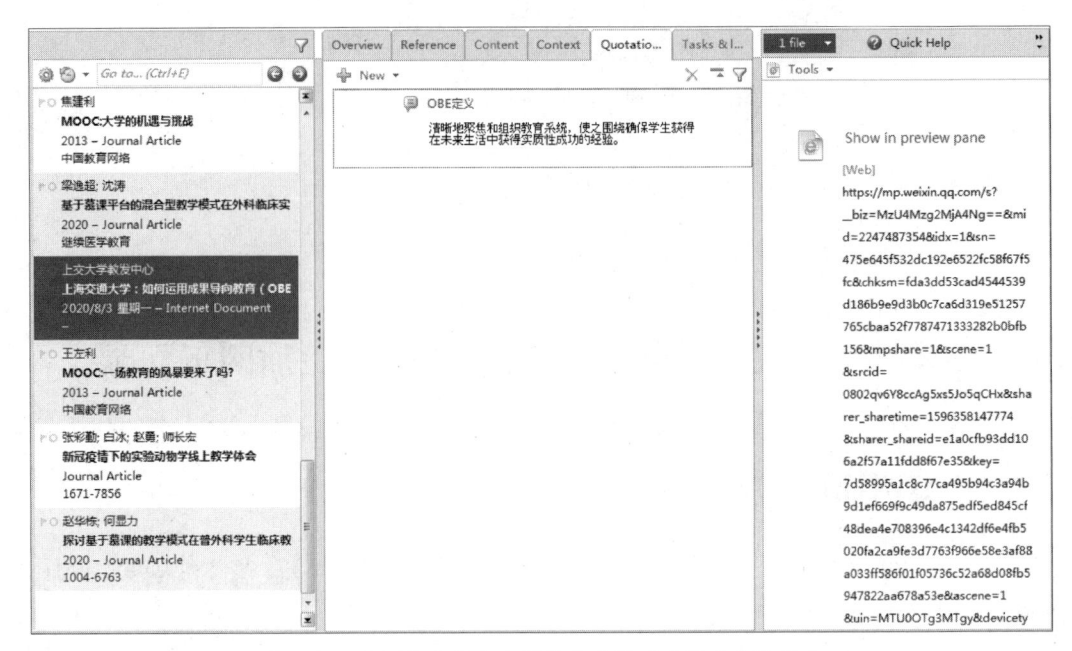

图 1.40　网页和网页中选择的内容同时存储为文献信息

1.5.3　实现过程

1. 打开 Citavi 中需要添加文献的项目。

2. 在已安装 Picker 的浏览器（目前支持的浏览器包括 Chrome、Firefox、IE）中打开需要添加到 Citavi 文献库中的网页文件。

3. 单击浏览器右上角的"Citavi"图标，显示 Picker 界面，如图 1.41 所示。单击界面中"Add webpage as reference"（将网页添加为引用）链接，当前网页的文献信息将作为引用添加到 Citavi 当前打开的项目中。

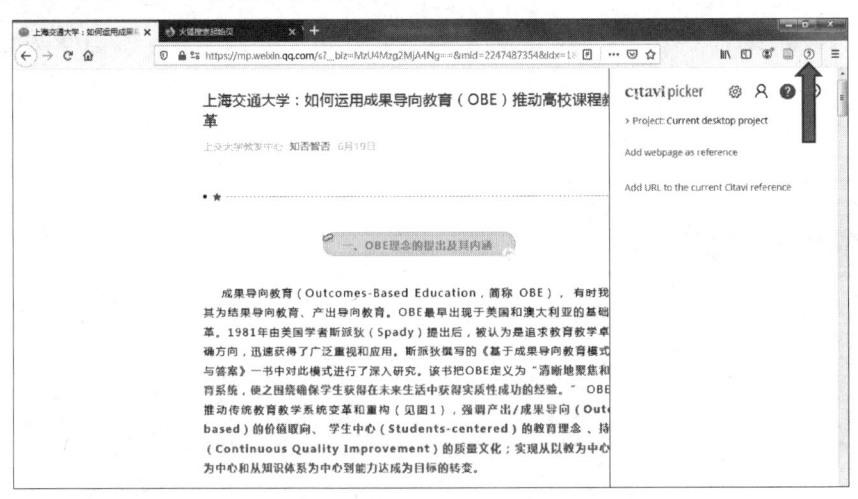

图 1.41　利用 Picker 获取网页文献

4. 通过 Citavi 当前项目可以看到，网页文献信息已经作为引用添加到项目文献库的"Reference"标签中，如图 1.42 所示。引用信息包括作者、标题、网址、最后更新日期和访问日期等，同时在右侧窗口面板中显示网页网址信息。

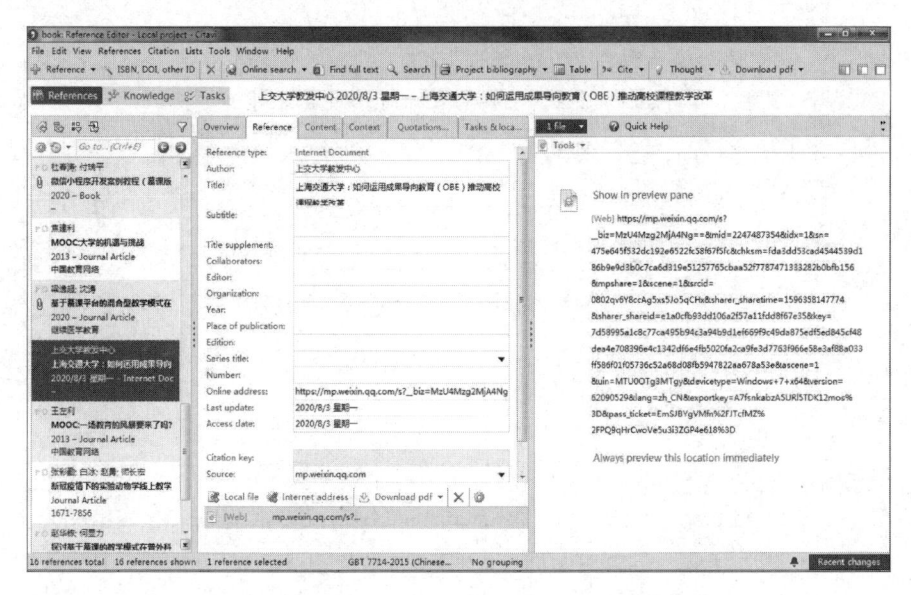

图 1.42　将网页文献信息添加到 Citavi 当前项目中

5. 单击图 1.42 所示界面右侧窗口中的"Show in preview pane"（在预览面板中显示）链接，将会在该窗口中打开网页文件，如图 1.39 所示。单击右上角的"Save as PDF"链接，则可以把网页另存为 PDF 格式进行保存，如图 1.43 所示。

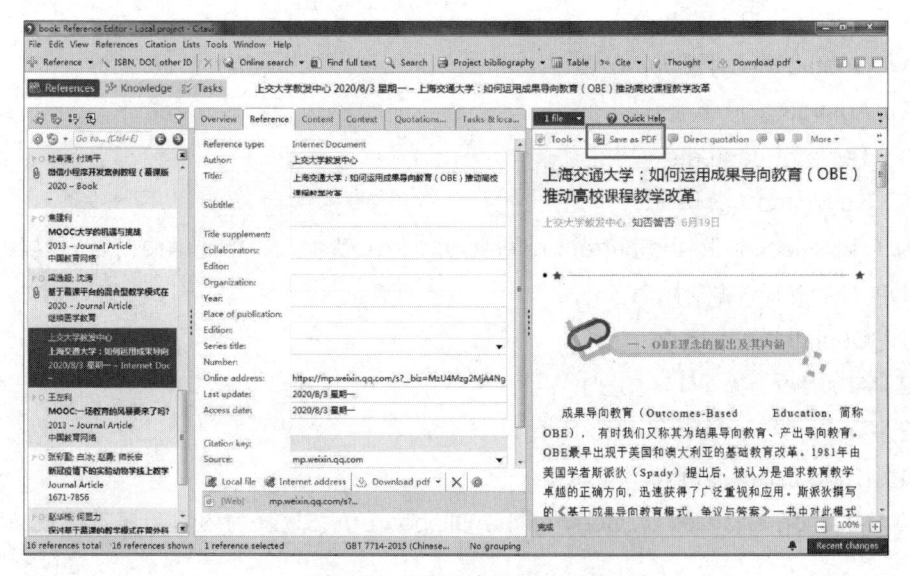

图 1.43　网页另存为 PDF 格式

6. 单击右上角的全屏显示图标"⛶",可以使右侧窗口中的文献进行全屏显示,如图 1.44 所示。

图 1.44 文献全屏显示效果

7. 再次在 Firefox 浏览器中打开该网页,这次要选择网页中的部分内容,然后单击浏览器右上角的"Citavi Picker"图标,此时显示的内容如图 1.45 所示,包括以下三个选项。

1) Add webpage as new reference(把网页添加为新引用),Add selection as…(把网页中选择的内容添加为)

(1) Quotation(引用)

(2) Abstract(摘要)

(3) Table of contents(内容目录)

(4) Keywords(关键词)

2) Add selection to the current reference…,Add as…(把选择的网页内容作为以下什么引用类型添加到当前项目文献中)

(1) Quotation(引用)

(2) Abstract(摘要)

(3) Table of contents(内容目录)

(4) Keywords(关键词)

3) Selection and URL, Copy to the Clipboard(把选择的内容和网页网址拷贝到剪贴板)

8. 当选择选项一的第 1 项时,将弹出如图 1.46 所示的窗口,表示将当前网页存储为

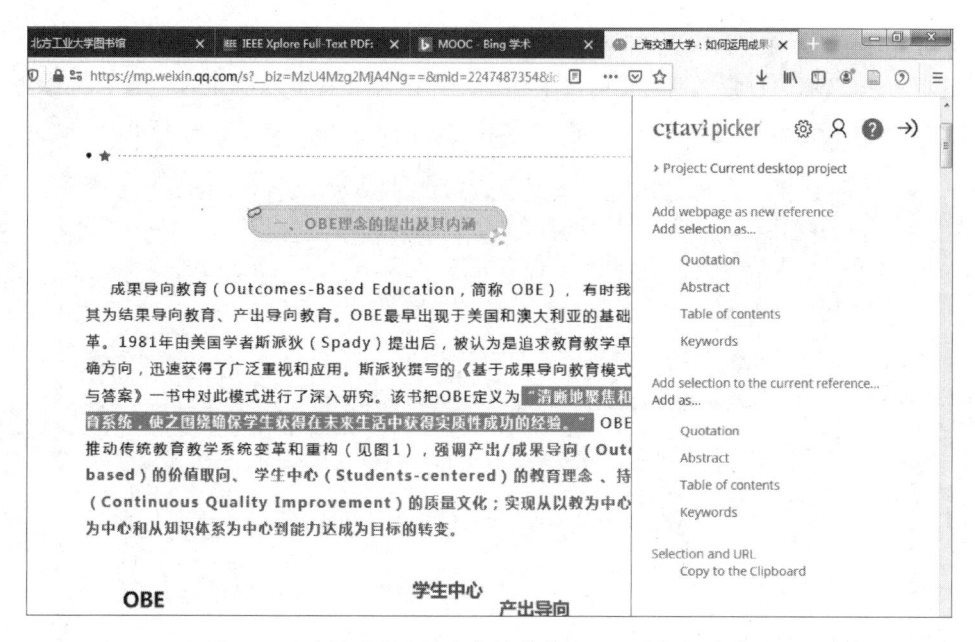

图 1.45　选择网页中的内容并单击 Picker 图标后的界面

新的文献,将在网页中选择的内容存储为新文献的 **Type** 类型引用。**Type**（类型）表示文献的引用类型;**Core statement**（中心思想描述）表示对选择内容进行概况说明,默认为选择的文本;**Text**（文本）为在网页中选择的文本。

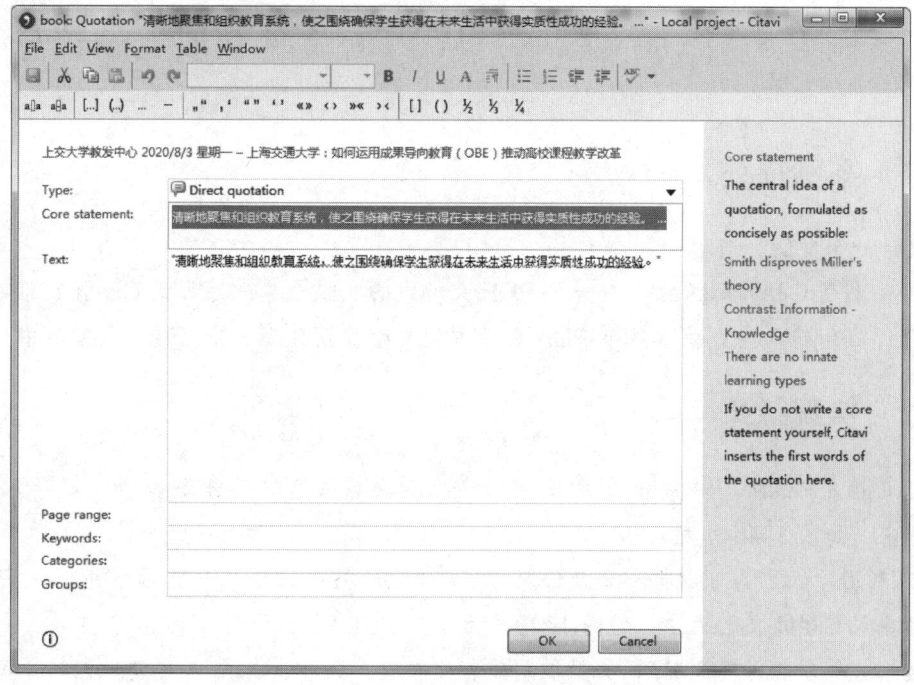

图 1.46　将在网页中选择的内容添加为引用

9. 根据需要修改 Type、Core statement 和 Text 中的信息，修改后的效果如图 1.47 所示，最后单击"OK"按钮，网页中的文本将作为直接引用添加到"Citavi"项目文献中，打开该文献的"Quotations & comments"标签将会看到该引用内容，如图 1.40 所示。

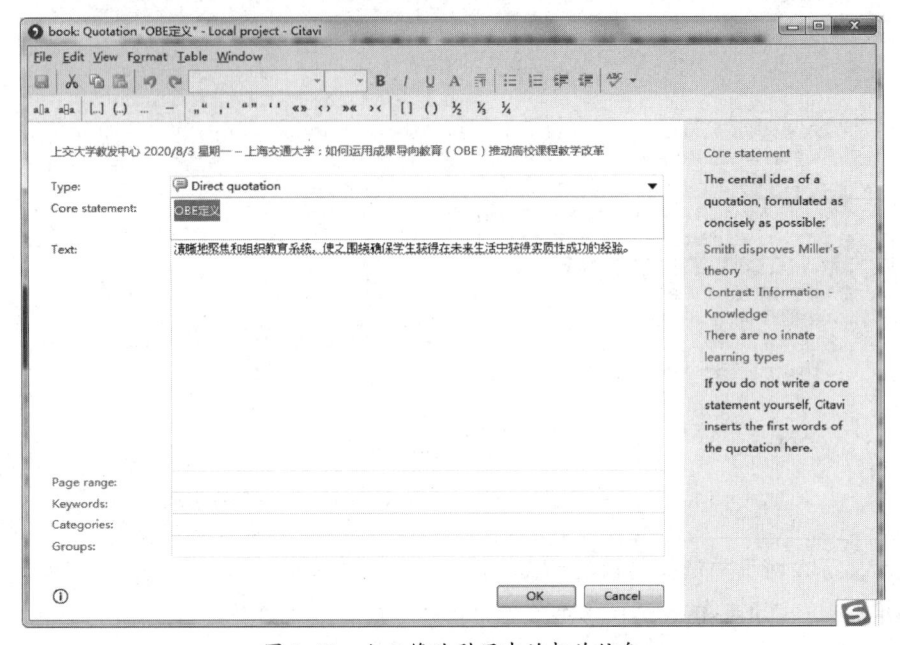

图 1.47　人工修改引用中的相关信息

案例 1.6　添加文献——从 PDF 文件获取文献信息

1.6.1　案例描述

设计一个案例，演示：
（1）利用 Citavi Picker 获取一个 PDF 文件中的文献信息并添加到 Citavi 文献库中。
（2）利用导入方式获取多个 PDF 文件中的文献信息并添加到 Citavi 文献库中。

1.6.2　实现效果

1. Citavi Picker 可以将一篇 PDF 格式论文的文献信息以及 PDF 文件一起导入 Citavi 文献库中，如图 1.48 所示。

2. 利用导入方式可以将一个文件夹中所有 PDF 格式的论文的文献信息以及 PDF 文件一起导入 Citavi 文献库中，如图 1.49 所示。

注：这种方法对英文 PDF 文献识别能力比较强，使用起来非常方便，但对中文 PDF 文献的识别能力不强。

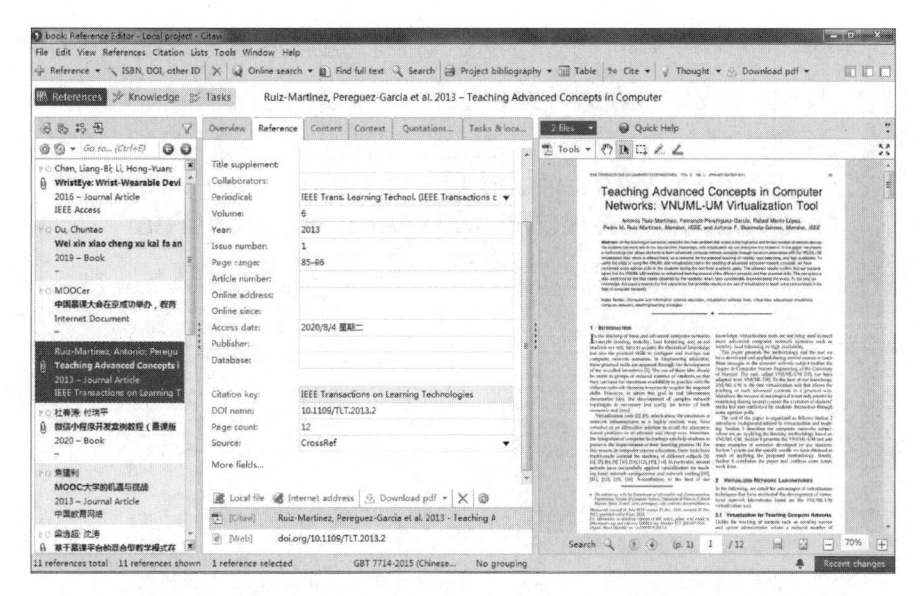

图 1.48　利用 Citavi Picker 将一篇 PDF 论文导入 Citavi 文献库中

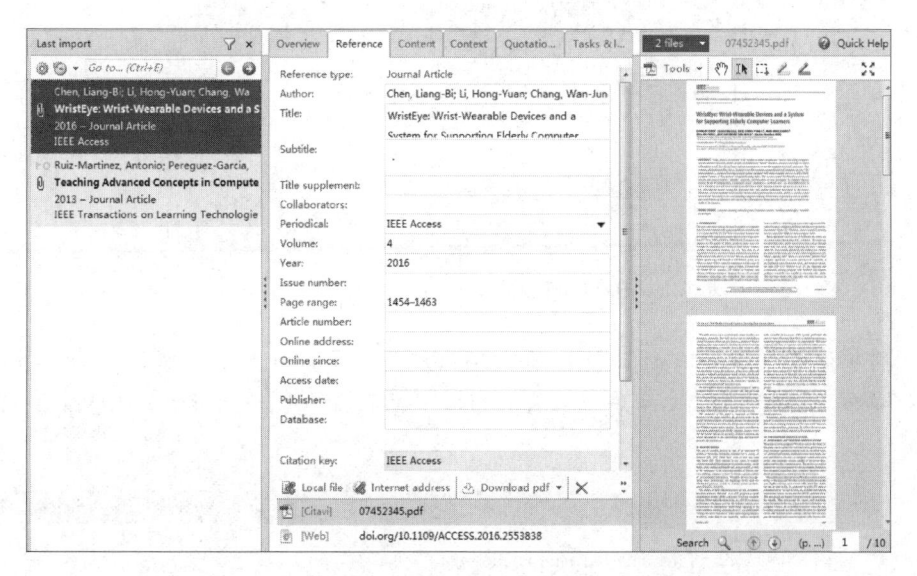

图 1.49　利用导入方式将多篇 PDF 论文同时导入 Citavi 文献库中

1.6.3　实现过程

1. 打开一篇 PDF 格式的论文，并在论文中单击鼠标右键，在弹出的快捷菜单中选择"Citavi Picker→Add PDF document as reference"选项，如图 1.50 所示，导入完成后将给出"选择的内容已经发送到 Citavi"的提示，如图 1.51 所示。

2. 查看当前的 Citavi 项目，则可以看到该文献信息及 PDF 文件都已经成功导入，如图 1.49 所示。

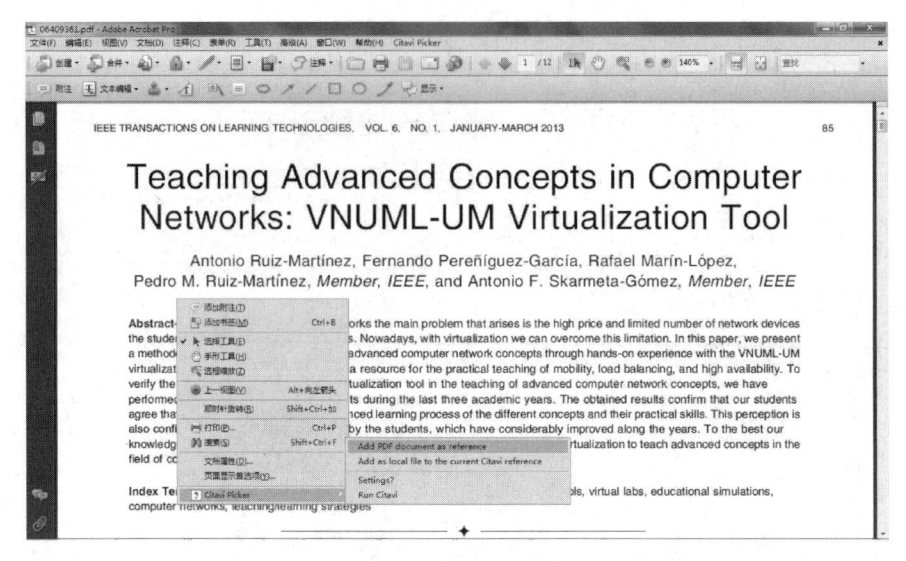

图 1.50　利用 Citavi Picker 将一篇 PDF 论文导入 Citavi 文献库的操作方法

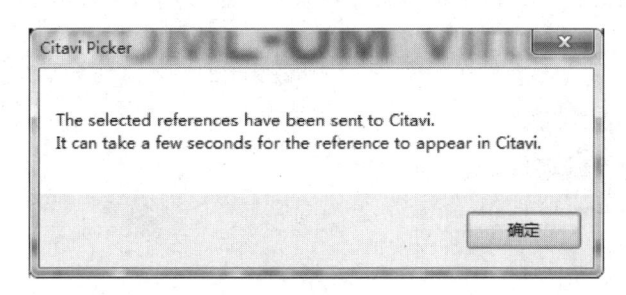

图 1.51　利用 Citavi Picker 将一篇 PDF 论文导入 Citavi 文献库操作完成提示

3. 将所有要导入 Citavi 的 PDF 格式文献放在一个文件夹中，然后单击"File→Import..."菜单，在弹出的窗口中选择"PDF files"选项，如图 1.52 所示，然后单击"Next"按钮。

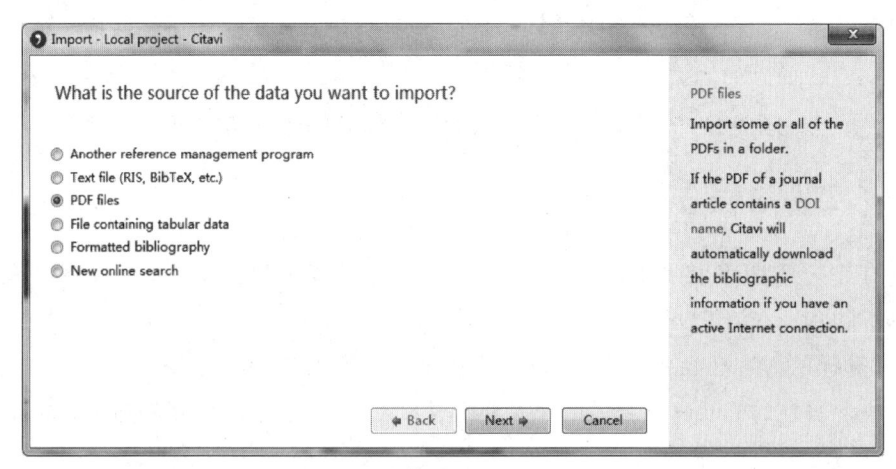

图 1.52　选择导入的数据源类型

4. 在弹出的窗口中选择"Folder of files"(选择文件夹)选项,并单击其后面的"Browse..."按钮,选择 PDF 文献所在的文件夹,其他都采用默认设置,如图 1.53 所示,然后单击"Next"按钮。

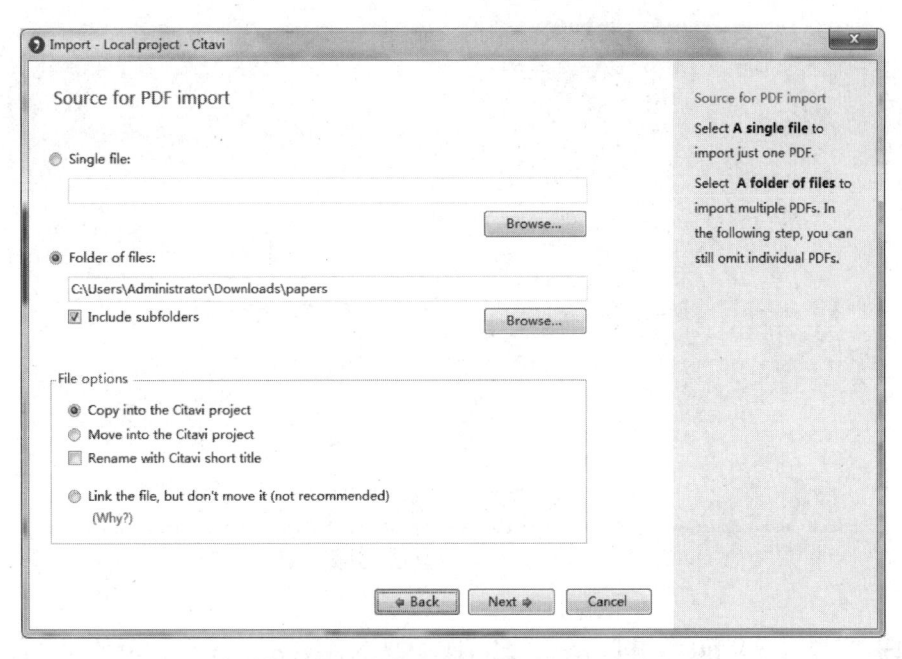

图 1.53　选择 PDF 文献所在的文件夹

5. 在弹出的窗口中将显示文件夹中的所有 PDF 文献,选择需要导入的文献,如图 1.54 所示,然后单击"Next"按钮。

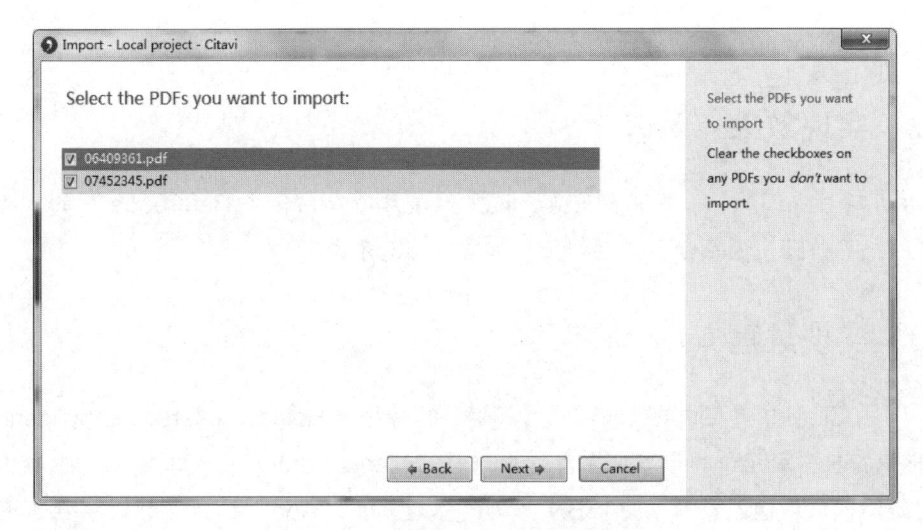

图 1.54　选择需要导入的 PDF 文件

6. 在出现的窗口中显示导入的 PDF 文献信息，如图 1.55 所示。这时候还可以选择将其中的某些文献导入，如果不选择任何文献，默认为导入所有文献。在单击"Add to project"按钮后，所有 PDF 文献，包括 PDF 文件在内都将导入 Citavi 文献库中。

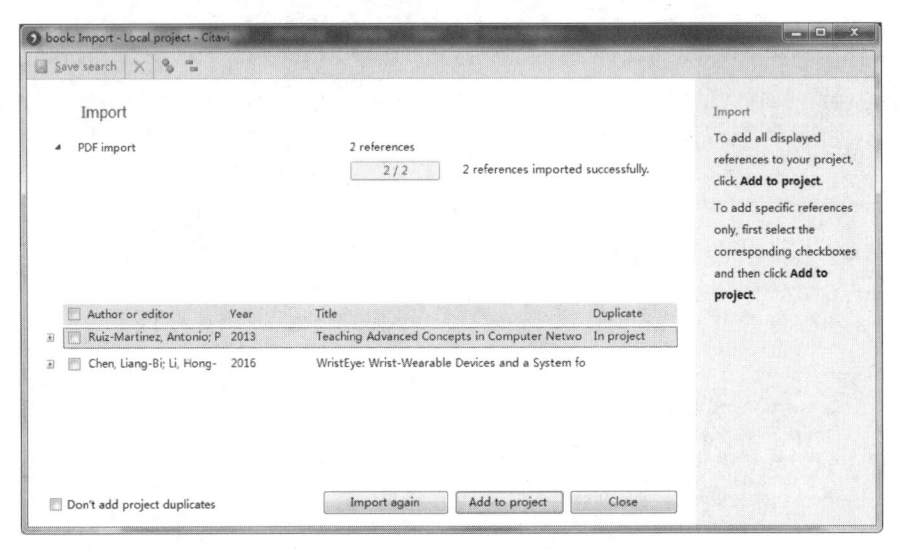

图 1.55　选择导入的文献

案例 1.7　添加文献——利用 ISBN 和 DOI 添加文献信息

1.7.1　案例描述

根据 ISBN 和 DOI 将文献添加到 Citavi 项目中。

1.7.2　实现效果

Citavi 项目中添加了新的文献信息，该文献信息不仅包含了 Reference 中的作者、标题、出版社等信息，还包含了文献网址，如图 1.56 所示。

1.7.3　实现过程

1. 单击 Citavi 工具栏中的 ISBN, DOI, other ID 按钮，弹出"Retrieve references by identifier"（通过标识符检索引用）的窗口。在窗口中选择"Manual entry"（人工输入）选项，并在其右侧的输入框中输入一本书的 ISBN 号码，然后单击"Add"按钮，此时将在下面的列表框中显示该书的文献信息，再选择"Text from Clipboard"（来自剪贴板的文本）单选按钮，此时在下面出现"Paste from Clipboard"（从剪贴板粘贴）按钮，单击该按钮，则根

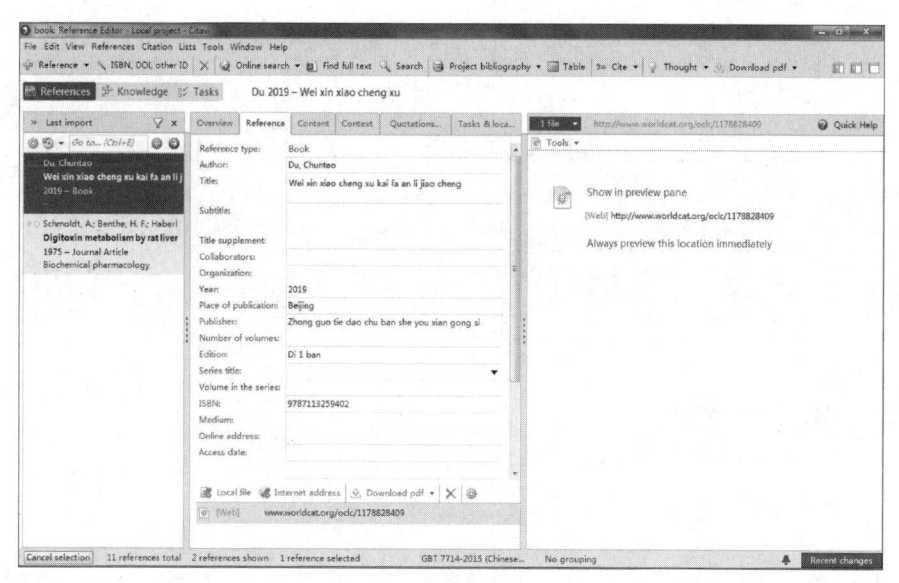

图 1.56 根据 ISBN 和 DOI 等信息将文献加入 Citavi 项目中

据剪贴板中的文本内容搜索相关文献信息，并将该信息显示在列表框中，如图 1.57 所示。当单击"Add to project"按钮后，搜索到的文献信息将被添加到 Citavi 项目中。

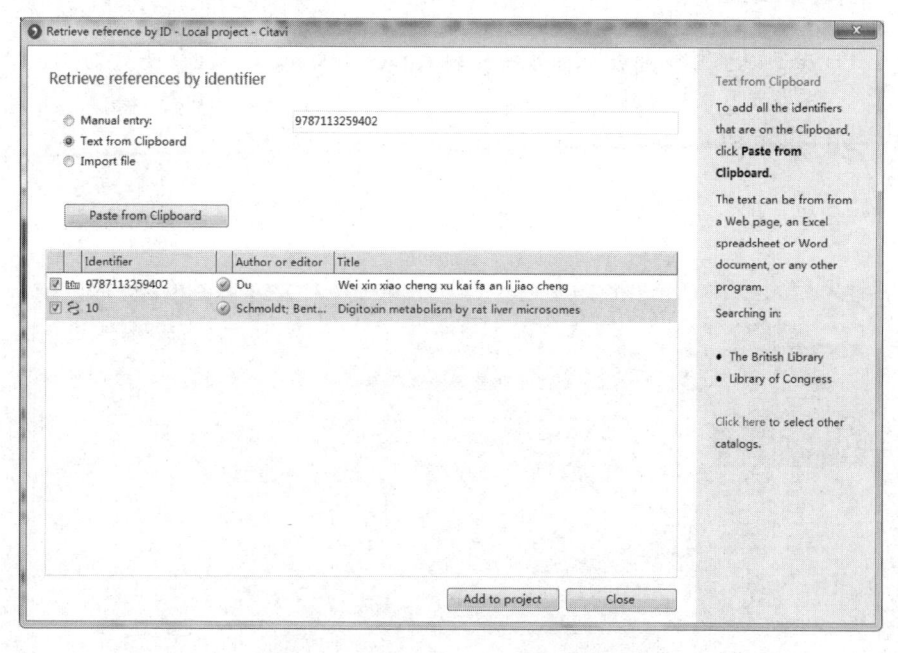

图 1.57 根据 ISBN、DOI 等搜索文献

2. 在 Firefox 浏览器中打开一篇带有 DOI 的文献，Citavi Picker 能够自动检测到 DOI 并在其右侧显示 Citavi Picker 图标。当把光标放在该图标上时，将显示"Add to Citavi project by DOI"图标，如图 1.58 所示。单击该图标，该文献将被添加到 Citavi 项目中。

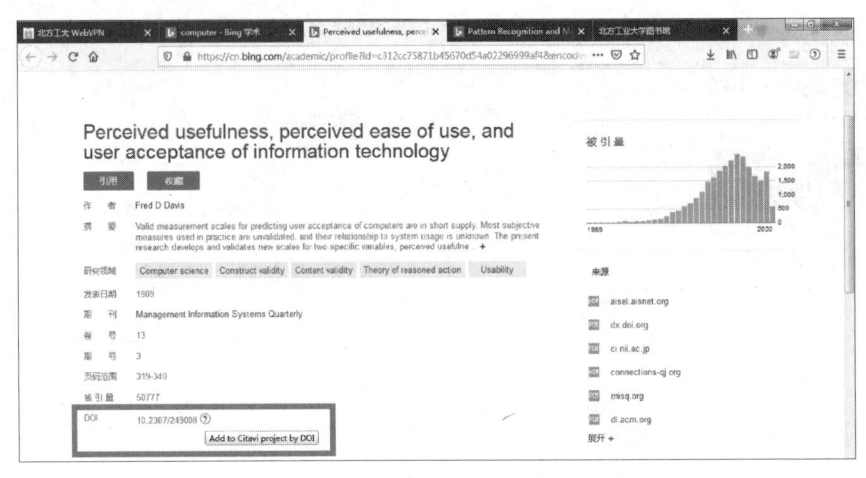

图 1.58　根据 DOI 将文献添加到 Citavi 项目

案例 1.8　添加文献——利用在线搜索工具获取文献信息

1.8.1　案例描述

利用"在线搜索工具"搜索文献并添加到 Citavi 项目中。

1.8.2　实现效果

利用"在线搜索工具"搜索 4 篇文献并添加到 Citavi 项目中的实现效果，如图 1.59 所示。

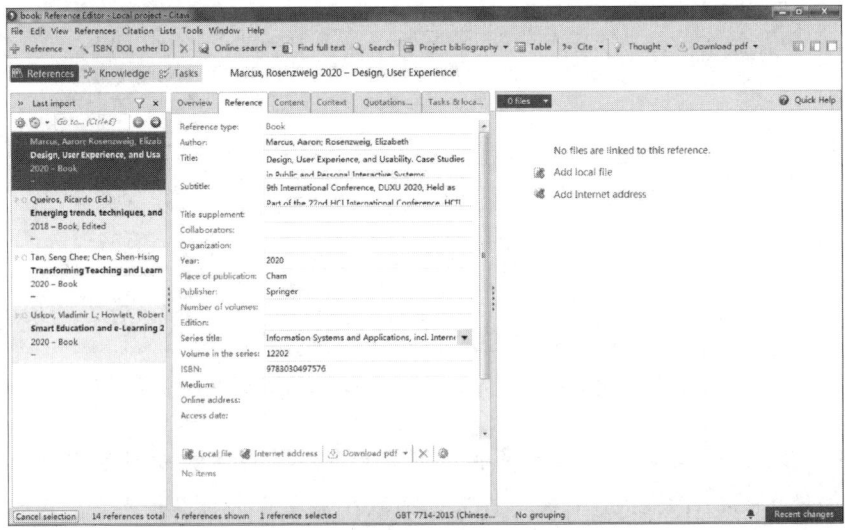

图 1.59　利用"在线搜索工具"搜索 4 篇文献并添加到 Citavi 项目中的实现效果

· 32 ·

1.8.3 实现过程

1. 单击 Citavi 工具栏中的 <kbd>Online search</kbd> 图标，出现如图 1.60 所示窗口。窗口中有"Simple online search"（简单在线搜索）和"Go to advanced search"（高级搜索）两个选项。窗口中部有个列表框，其中列出了当前可以使用的文献数据库，窗口下面是搜索术语，包括领域、作者、标题、年代范围等。所有信息填完后单击"Search"按钮。

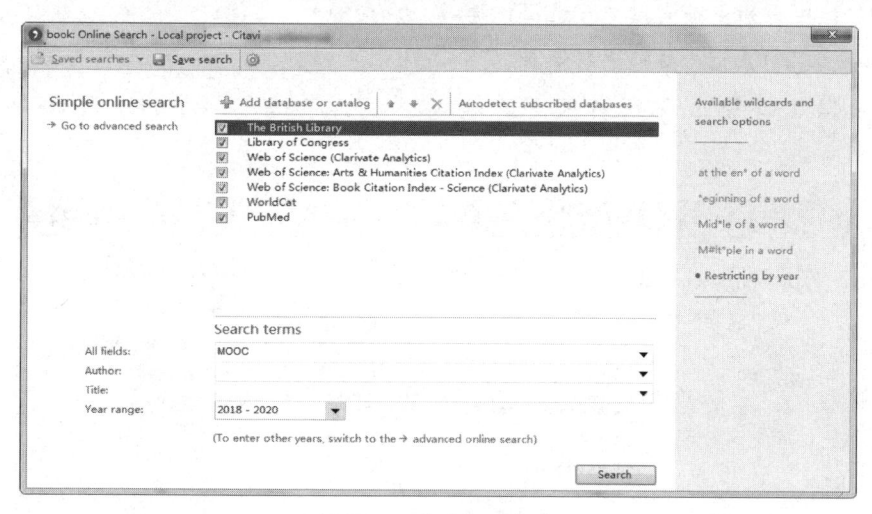

图 1.60 在线搜索文献

搜索结果如图 1.61 所示，可以从中选择需要导入的文献，然后单击"Add to project"按钮，此时出现提示对话框，如图 1.62 所示，根据需要选择后单击"OK"按钮，将会把选择的文献导入 Citavi 项目中。

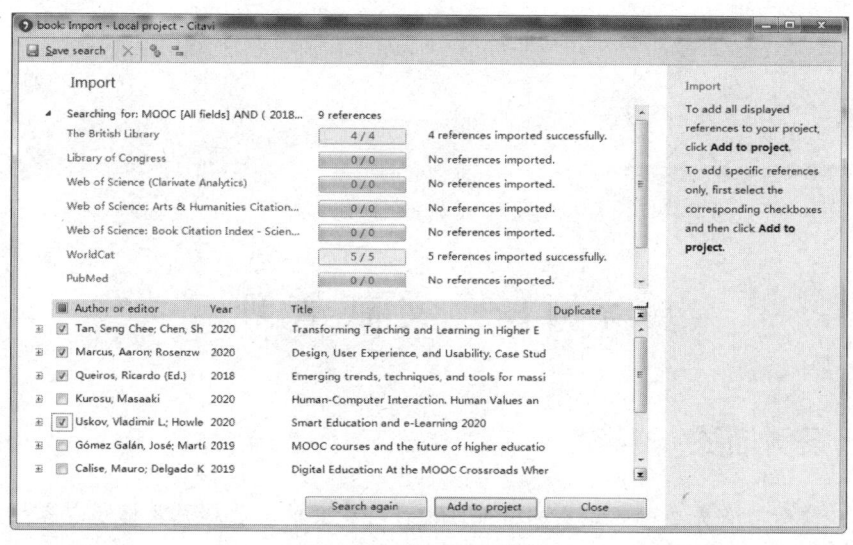

图 1.61 在线搜索结果

2. 在图 1.60 中如果给出的文献数据库不够，可以通过单击"Add database or catalog"按钮添加其他数据库，此时会弹出如图 1.63 所示的窗口。"Search for"栏中给出了搜索条件，包括数据库名称、提供者、国家/地区、所属领域等，这时"Found"栏中会列出搜索结果。选择需要的数据库并单击"Add"按钮进行添加，添加后的数据库将会出现在列表中，如图 1.60 所示。

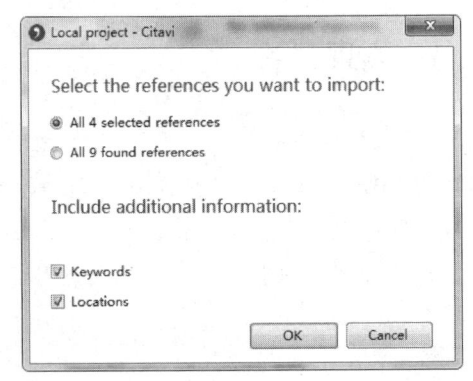

图 1.62　选择导入的引用提示

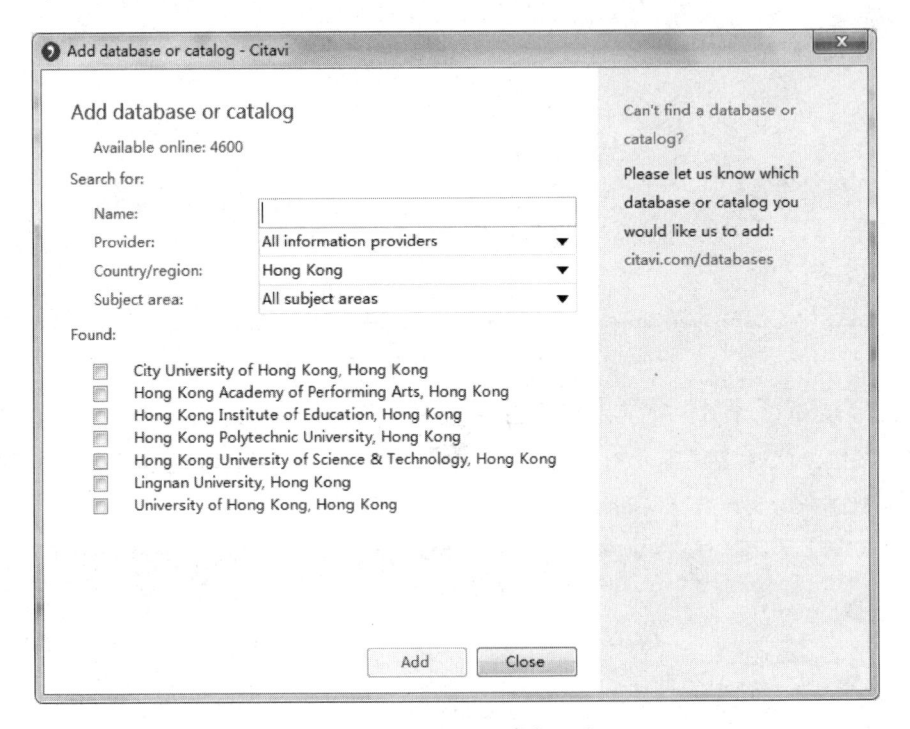

图 1.63　添加数据库或目录

案例 1.9　文 献 管 理

1.9.1　案例描述

撰写论文时，首先要确定论文的框架，设计好论文的各级标题及标题内容，并规划好每个文献在哪个标题范围内进行引用等，这些工作都应该在 Citavi 中完成。本案例要求根据论文框架对 Citavi 中的文献进行分类，使文献分类与论文标题一一对应，并将文献添加到相应的分类中。此外，为了能够快速找到相应文献，需要对文献进行分组。

1.9.2 实现效果

如图 1.64 所示，这是 Citavi 自带的 Demo 案例的文献分类、分组及每个文献的来源和导入时间。

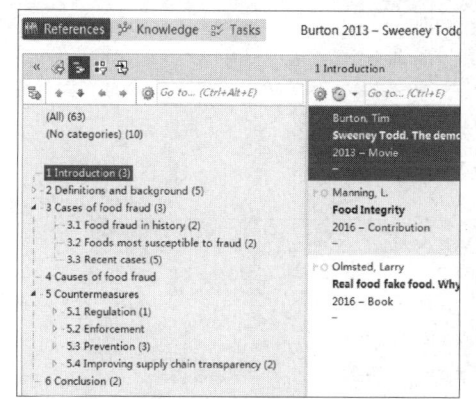

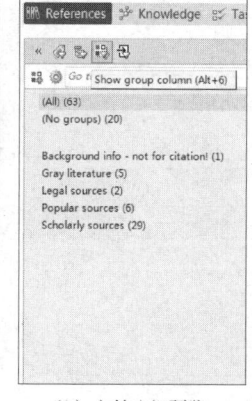

（a）文献分类预览　　　（b）文献分组预览　　　（c）文献来源和导入时间

图 1.64　文献分类和分组后的效果

1.9.3 实现过程

1. 新建分类。一篇文章一般包括二级或三级标题，Citavi 中的分类与文章的标题相对应，一级标题和一级分类相对应，二级标题和二级分类相对应。把在文章标题中引用的文献放在 Citavi 对应的分类中，文章和文献之间的对应关系就一目了然了。在撰写论文时，可以直接使用文献中的分类作为文章的标题。若 Citavi 项目窗口中没有打开分类面板，则单击 "View → Show category column" 菜单，显示分类面板，此时 "Show category column" 图标高亮显示。在面板中单击鼠标右键，在弹出的菜单中选择 "New category 或 New subcategory" 选项就可以建立分类或子分类，如图 1.65 所示。

2. 文献分类。直接用鼠标右键单击文献，在弹出的快捷菜单中选择 "Assign categories..." 选项，此时就会打开一个窗口，如图 1.66 所示。在该窗口中选择分类前面的复选框，然后单击 "OK" 按钮即可。

3. 新建分组。为了查找文献的方便，可以对文献进行分组，把具有某种共同特征的文献放在一个组中。例如，可以根据文献的来源分为期刊论文、会议论文、书籍、报纸等；可以根据文献的内容分为政治、法律、哲学等。新建分组的方法是：直接单击分类面板上面的 "Show group column" 按钮，然后在分组面板空白处单击鼠标右键，在弹出的

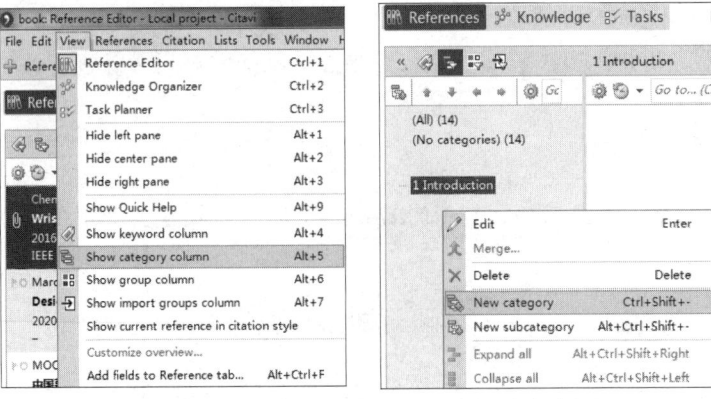

(a) 显示分类面板　　　　　　　　(b) 新建分类

图 1.65　显示分类列和创建分类

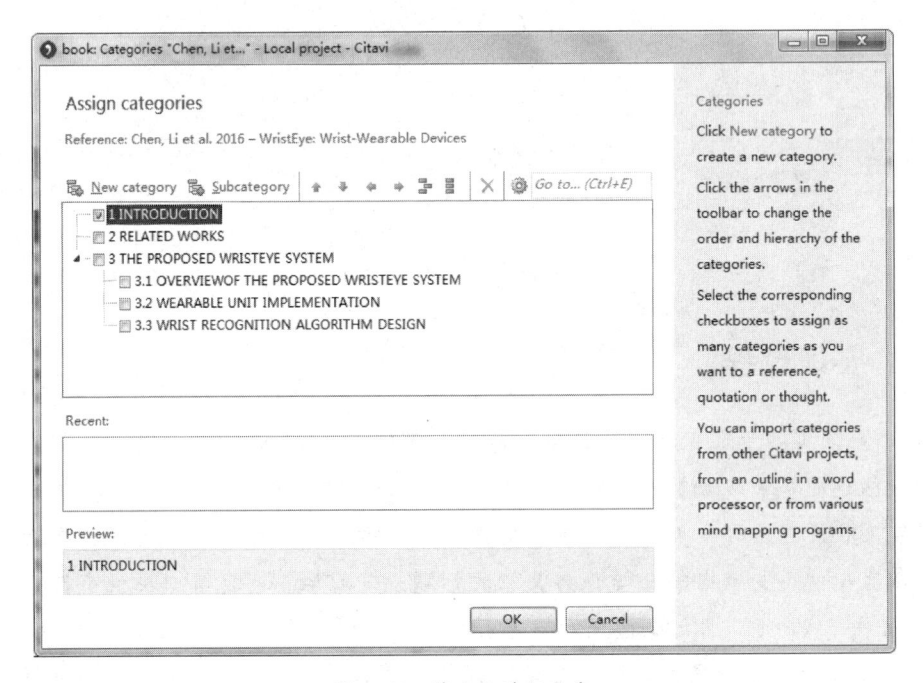

图 1.66　将文献进行分类

快捷菜单中选择"New group"选项即可。

4. 文献分组。操作过程和文献分类相似，直接用鼠标右键单击文献，在弹出的快捷菜单中选择"Assign groups..."选项，此时就会打开一个窗口，如图 1.67 所示。在该窗口左侧的"All groups"列表中选择分组，然后单击"Add"按钮，就可以将该文献添加到选择的分组。如果想删除分组，那么可以选择右侧"Selected groups"列表中的分组，然后单击"Remove"按钮即可。

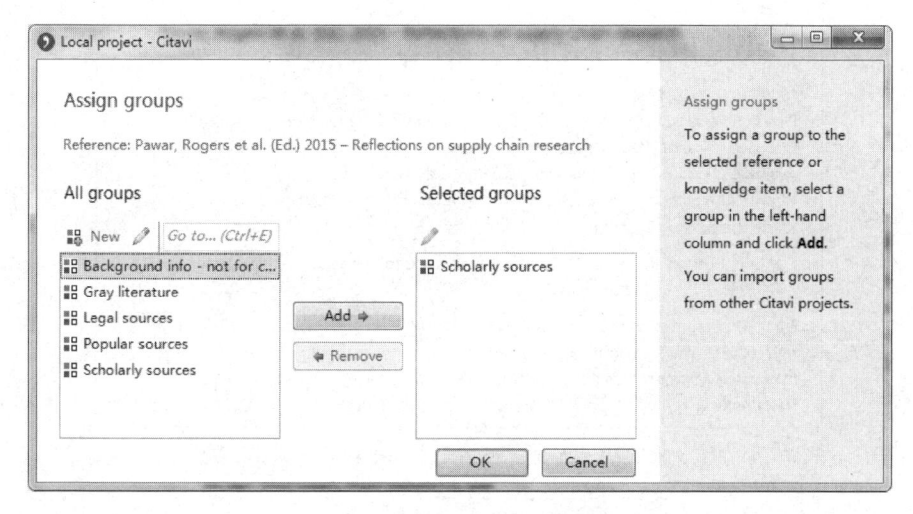

图 1.67　将文献进行分组

案例 1.10　在 Word 中插入 Citavi 中的文献

1.10.1　案例描述

将 Citavi 中的分类作为论文标题插入 Word 中，将 Citavi 中的文献按照其所在的分类插入到 Word 版本论文相应标题的正文或脚注位置。在 Word 中搜索参考文献样式，并将该样式设置为论文参考文献样式。

1.10.2　实现效果

将 Citavi 中的分类作为论文标题插入 Word 中的效果，如图 1.68 所示；在正文中插入参考文献后的效果，如图 1.69 所示；在脚注位置插入参考文献的效果，如图 1.70 所示；修改参考文献样式后的正文参考文献的样式，如图 1.71 所示。

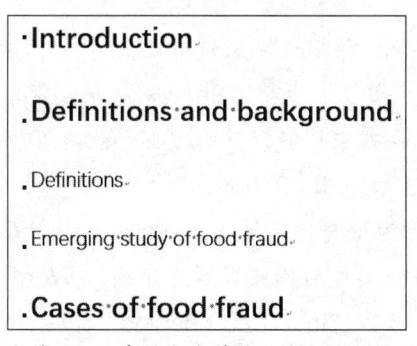

图 1.68　将 Citavi 中的分类作为论文标题插入 Word 中

Publication bibliography

Bishop, Mac William; Werschkul, Ben; Hodge, Channon; Rosado, Pedro Rafael; Stokes, Elaisha; Desai, Lisa (2013): Truth in seafood labeling. Timescast: The New York Times. Available online at https://www.nytimes.com/video/us/100000002077731/truth-in-seafood-labeling.html?action=click&contentCollection=us&module=lede&region=caption&pgtype=article, checked on 5/23/2017.

Dai, Cong; Jiang, Min (2013): Fake meat scandals add to Chinese food fears. Letter. In *BMJ* 346, f3385. DOI: 10.1136/bmj.f3385.

European Commission Food Fraud Network (FFN) (2013): Food Fraud Network activity report 2015. Available online at https://ec.europa.eu/food/sites/food/files/safety/docs/official-controls_food-fraud_network-activity-report_2015.pdf, checked on 5/22/2017.

图 1.69　在正文中插入参考文献后的效果

Wikipedia (2017): 2008 Chinese milk scandal. Available online at https://en.wikipedia.org/w/index.php?oldid=781647563, updated on 5/22/2017, checked on 5/23/2017.

Lawrence, Felicity (2013): Horsemeat scandal. The essential guide. In *The Guardian*, 2/15/2013. Available online at https://www.theguardian.com/uk/2013/feb/15/horsemeat-scandal-the-essential-guide, checked on 5/23/2017.

图 1.70　在脚注位置插入参考文献的效果

Reference test[2-4].

参考文献

[1] BISHOP M W, WERSCHKUL B, HODGE C, et al. Truth in seafood labeling[M]. The New York Times, 2013.

[2] DAI C, JIANG M. Fake meat scandals add to Chinese food fears[J]. British Medical Journal, 2013, 346:f3385. DOI: 10.1136/bmj.f3385.

[3] European Commission Food Fraud Network. Food Fraud Network activity report 2015[R]:European Commission Food Fraud Network (FFN), 2013[2017-05-22]. https://ec.europa.eu/food/sites/food/files/safety/docs/official-controls_food-fraud_network-activity-report_2015.pdf.

图 1.71　修改参考文献样式后的正文参考文献的样式

1.10.3　实现过程

1. 在 Word 中打开 Citavi 项目。首先打开 Citavi 中已经建立好的项目，然后打开 Word，选择“Citavi”标签，单击左上角“Show”选项分组中的“Citavi pane”按钮，打开 Citavi 面板，并打开在 Citavi 中已经打开的项目。此时可以看到“Reference”“Knowledge”“Chapters”等标签，如图 1.72 所示。

2. 将 Citavi 中的分类作为论文标题插入 Word 中。由于 Citavi 中的分类是按照论文组件结构创建的，因此可以将分类作为论文标题直接插入 Word 中。插入方法是：右击分类标题，在弹出的快捷菜单中选择“Insert as heading”选项，这样就可以将分类作为论文标题直接插入 Word 中，如图 1.73 所示。

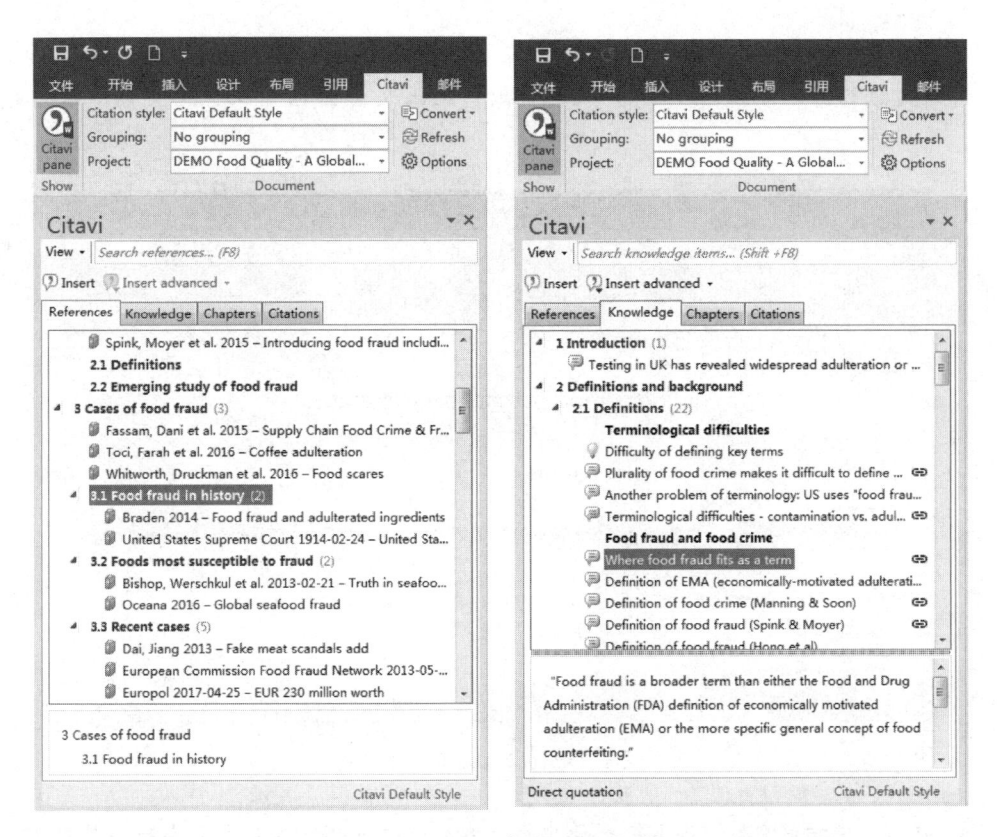

图 1.72 Word 中的 Citavi 插件

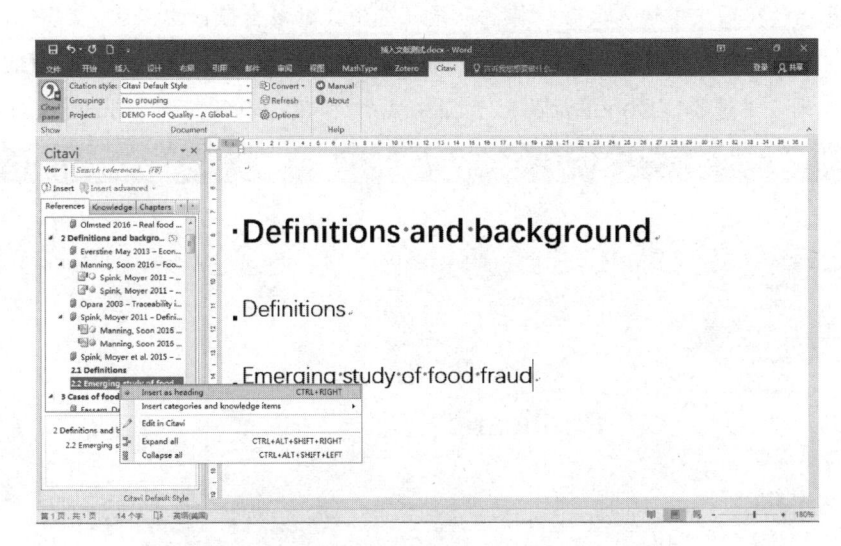

图 1.73 将 Citavi 中的分类作为论文标题插入 Word 中

3. 将文献插入论文正文中。在 Word 中打开 Citavi 的 "Reference" 标签，把插入点放在 Word 正文中需要插入文献的地方。若只插入一个文献，则选中 Citavi 面板中的一个文献；若需要插入多个文献，则在选中一个文献后，再按住 "Ctrl" 键选择其他的文献，然后用鼠标右键单击选中的文献，在弹出的快捷菜单中选择"Insert"按钮，这样在正文中就可以看到文献的标识，如图 1.74 所示。同时，在正文后面也可以看到文献，如图 1.69 所示。

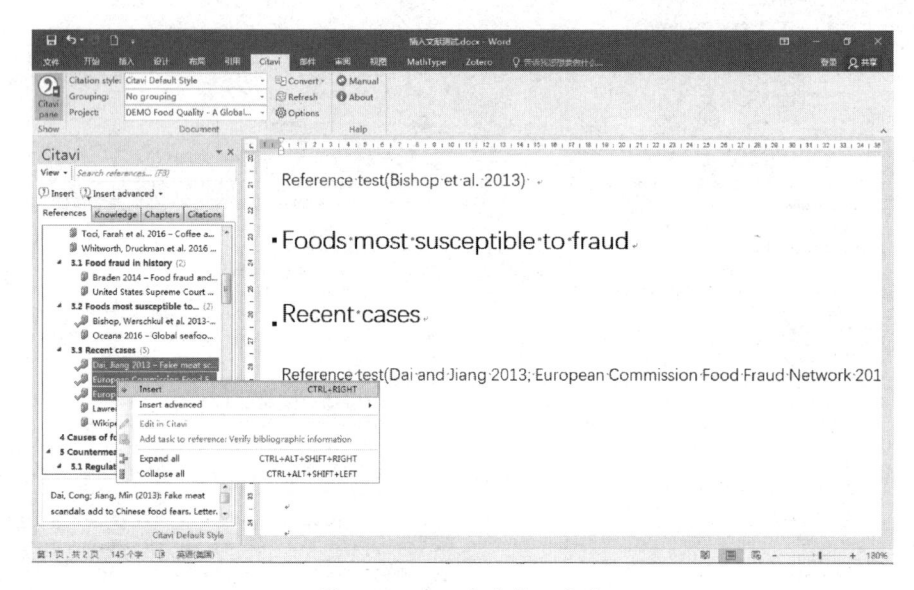

图 1.74　在正文中插入文献

4. 在脚注中插入文献。很多期刊要求将参考文献插入到脚注位置。在脚注处插入文献的过程一开始和在正文中插入文献一样，只是在选中文献单击鼠标右键后，在弹出的快捷菜单中选择"Insert advanced"选项，此时弹出的窗口如图 1.75 所示。在"Bibliography entry"下拉列表中选择"Donot add to bibliography"项，表示不要在正文后面再插入文

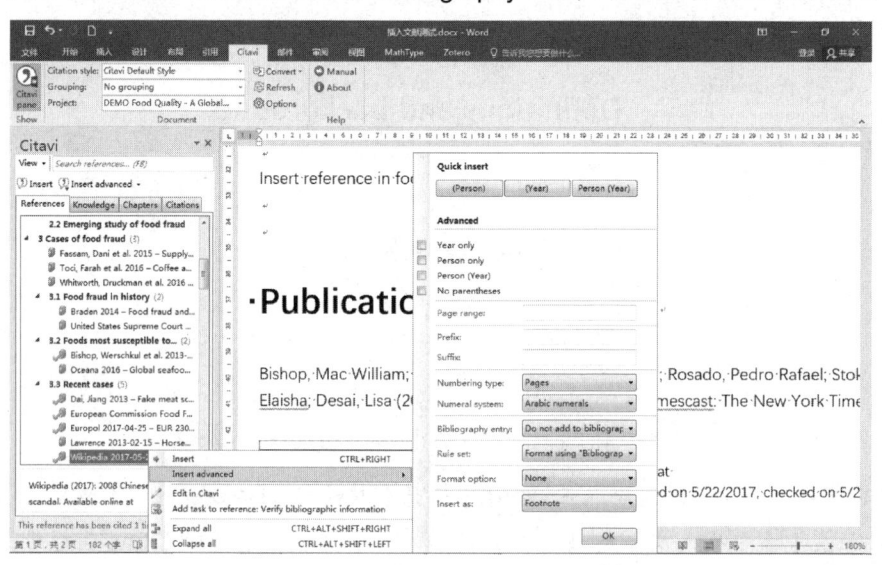

图 1.75　在脚注位置插入文献的过程

献。在"Rule set"下拉列表中选择"Format using 'bibliography' rule set"项，表示脚注处的文献规则也使用参考文献的规则集格式。在"Insert as"下拉列表中选择"Footnote"项，表示将文献插入到脚注位置，最后单击"OK"按钮，效果如图1.70所示。

5. 修改文献样式。不同期刊要求的样式不同，因此需要根据期刊要求选择合适的样式。选择步骤是：在Word的Citavi标签中，打开"Citation style"下拉列表，如图1.76所示，从中选择需要的样式。若里面没有，则单击"Add citation style..."选项，打开"Add citation style"窗口，如图1.77所示。在"Search for"栏中根据Name、Citation system、Language、Subject area搜索需要的样式，结果在"Found"栏中显示，选中找到的样式，单击"Apply"按钮就可以将样式添加到样式库中，然后再选择该样式就可以应用。将原有的Citavi Default Style样式修改为GBT 7714—2015（Chinese，Numbers）后的效果如图1.71所示，原有正文中括号内的作者和年份变成了数字，正文后面文献的编号和格式也都发生了相应的变化。

图1.76　利用Word中的Citavi面板修改文献样式

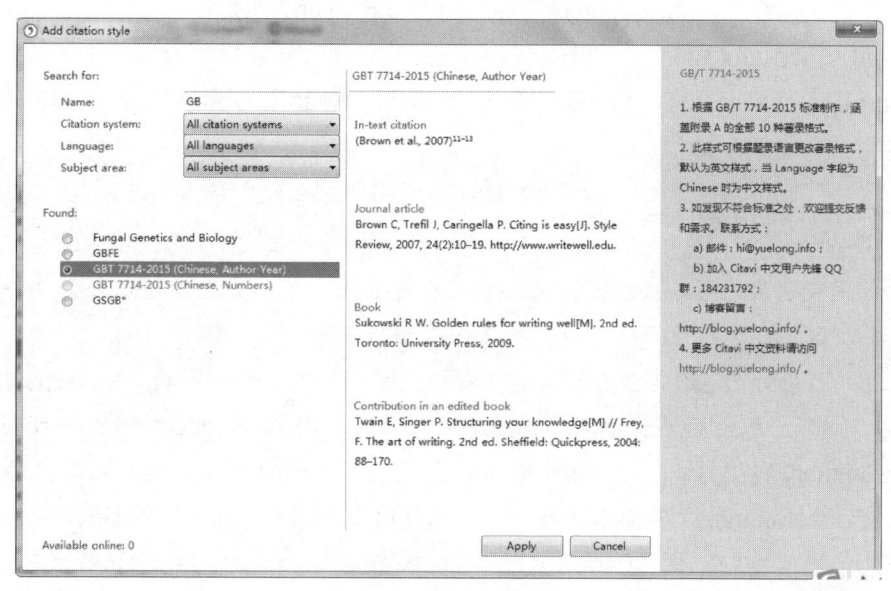

图1.77　添加文献样式

案例 1.11　知识管理和任务规划

1.11.1　案例描述

　　Citavi 不仅具有很好的文献管理功能，而且具有强大的知识管理和任务计划功能，能够帮助作者做好文献阅读过程中的知识管理和任务规划工作。

　　常用的知识管理包括直接引用、间接引用、总结、评论等。

　　（1）直接引用：如果要保存文本段落的确切语句，那么请使用直接引用。

　　（2）间接引用：如果想用自己的话重述文本段落的主要想法，那么请使用间接引用。

　　（3）总结：如果想对文本段落进行总结，那么请使用总结。

　　（4）评论：如果想在文本段落中保存自己的评论，那么请为文本段落创建评论。

　　任务规划是指对完成任务所做的规划，包括项目任务规划和文献任务规划。

　　（1）项目任务规划：是指在整个论文撰写过程中的一些重要事件规划，如论文的最后提交时间、学位论文答辩时间、展览的截止日期等。

　　（2）文献任务规划：是指针对某一篇文献的任务规划，如什么时候借阅与某篇文献有关的文献、什么时候完成某篇文献的阅读、什么时候验证核实文献中的某些数据的准确性等。

1.11.2　实现效果

　　知识管理和任务规划的实现效果，如图 1.78 所示。(a) 图所示为 "Knowledge" 标签中的内容，包括 "Direct quotation" "Indirect quotation" "Summary" "Image or file" "Comment" "Thought" 等类型。(b) 图所示为 "Tasks" 标签中的内容，包括 "Borrow" "Examine and assess" "Go through bibliography" "Read" "Verify bibliographic information" 等。

1.11.3　实现过程

　　1. 使用黄色荧光笔 ✎ 快速标记文本中的重要部分。黄色荧光笔可以帮您快速找出文字的重要部分，它只在 PDF 中可见，不会保存为知识项。

　　2. 使用红色荧光笔 ✎ 突出显示重要的文字，此时将弹出一个窗口，在 "Type" 下拉框中包含以下选项：红色标记、"Direct quotation"（直接引用）、"Indirect quotation"（间接引用）、"Summary"（总结）、"Comment"（评论），如图 1.79 所示。根据需要从中选择一项。在 "Core statement" 文本框中显示刚才选择的文本，在 "Text" 文本框中可以输入自己的想法或评论。在下面的 "Page range" "Keywords" "Categories" "Groups" 文本框中根据需要进行输入，单击 "OK" 按钮进行确认。

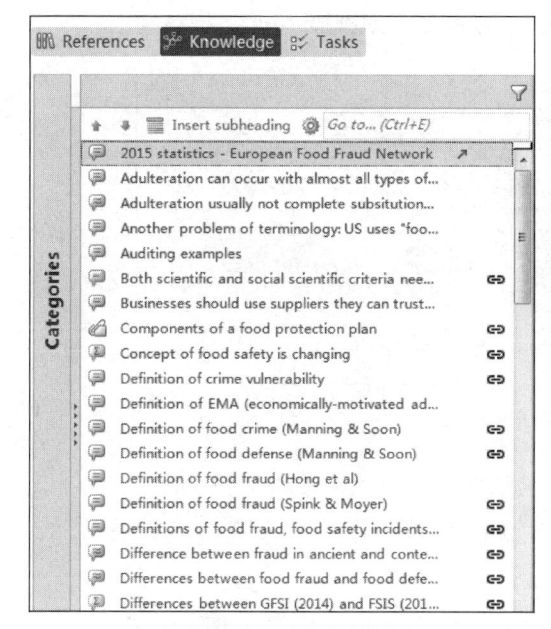

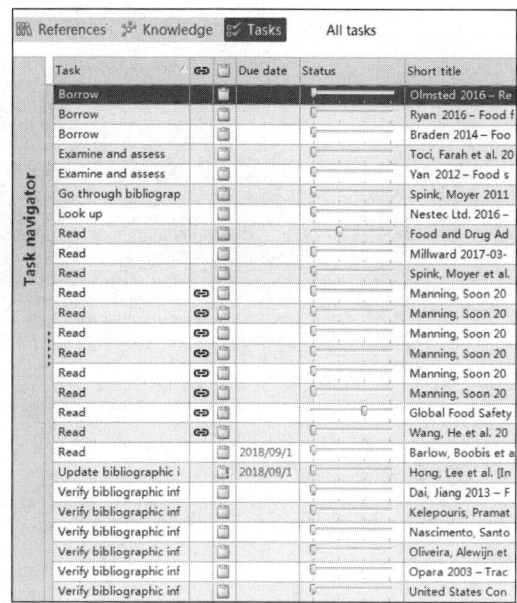

(a)"Knowledge"标签中的内容　　　　　　(b)"Tasks"标签中的内容

图1.78　知识管理和任务规划的实现效果

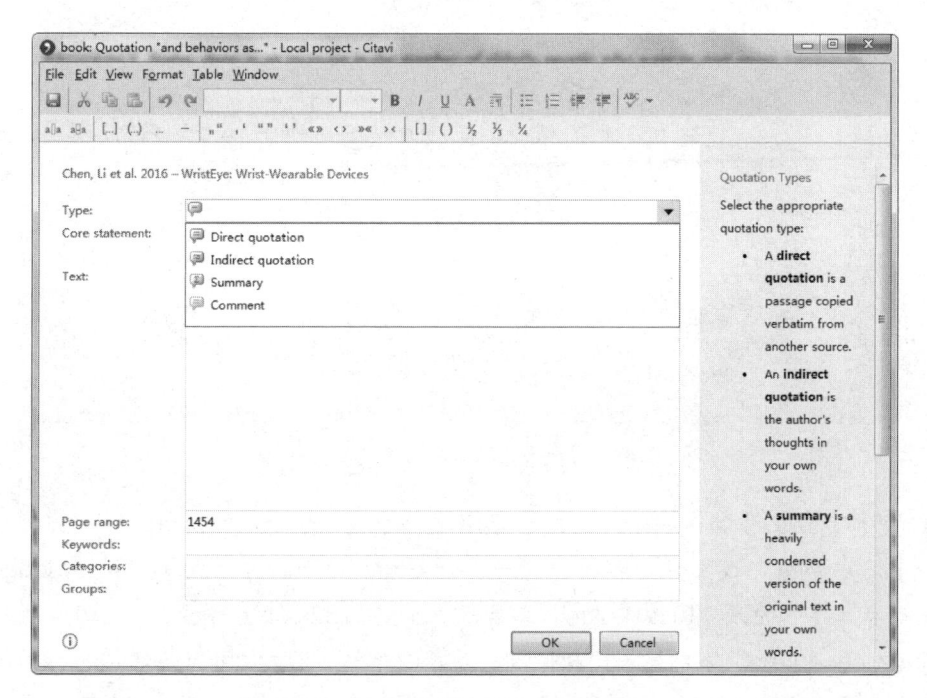

图1.79　用红色荧光笔标记内容的存储方法

3. 使用文本选择工具 选择文本，此时工具栏中出现直接引用、间接引用、总结、评论、任务等图标，如图1.80所示。根据需要选择其中一个进行存储。

· 43 ·

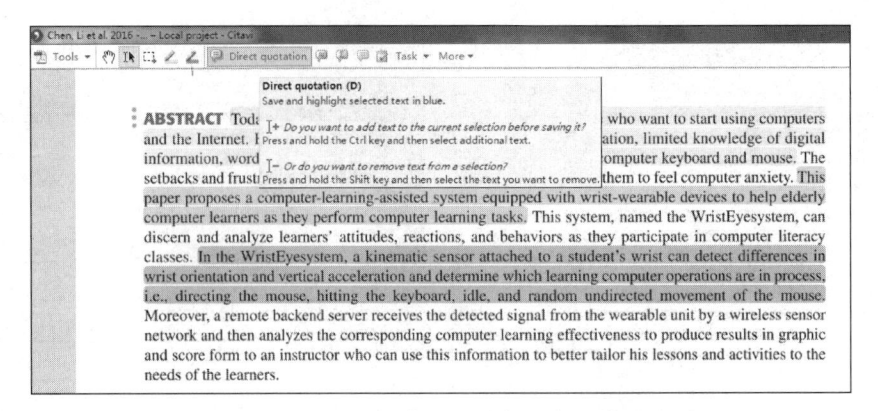

图 1.80　利用文本选择工具选择内容的存储方法

4. 利用快照工具选择区域。利用快照工具选择一个区域后单击鼠标右键，可以对选择区域进行如下操作：图片引用、任务、黄色高亮显示、红色高亮显示、拷贝，如图 1.81 所示。

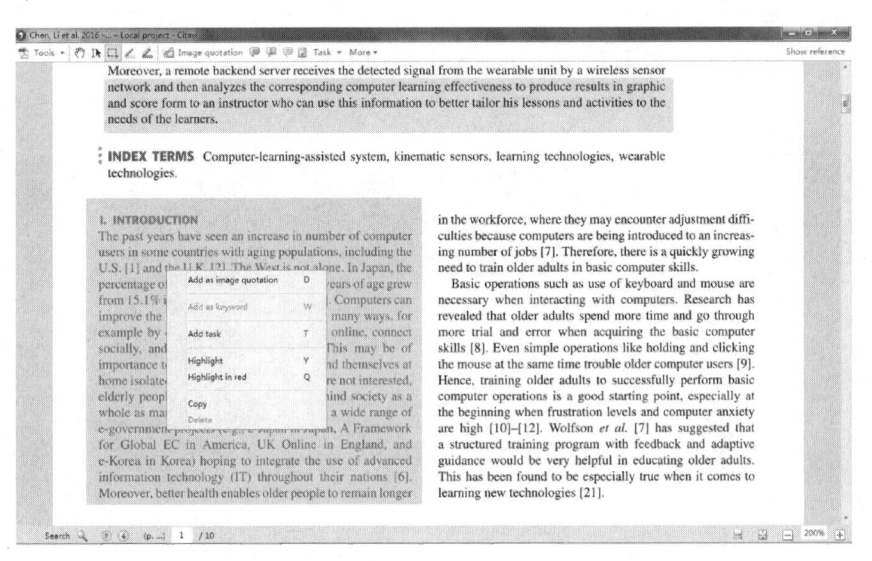

图 1.81　对利用快照工具选择区域进行操作

5. 添加想法。作者在阅读文献或撰写论文时可以添加自己的想法，添加内容可以是文本，也可以是图片或文件。添加方式是：在 Citavi 中选择左上角的"Knowledge"工具，此时菜单下方出现"Knowledge"工具栏，如图 1.82（a）所示。单击工具栏最左侧的"Knowledge item"下拉列表，在弹出的菜单中选择"Thought（text）"或"Thought（image or file）"选项，如图 1.82（b）所示。在弹出的窗口中就可以添加自己的想法。

6. 添加任务计划。单击 Citavi 界面左上角"Tasks"按钮，当添加项目任务规划时，选择"Project tasks→New project task"选项，将弹出"Project task"窗口，如图 1.83 所示。在"Task"输入框中输入任务名称，在"Due date"框中选择任务的截止日期，在

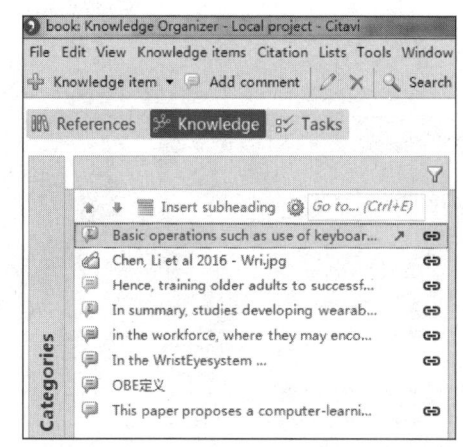

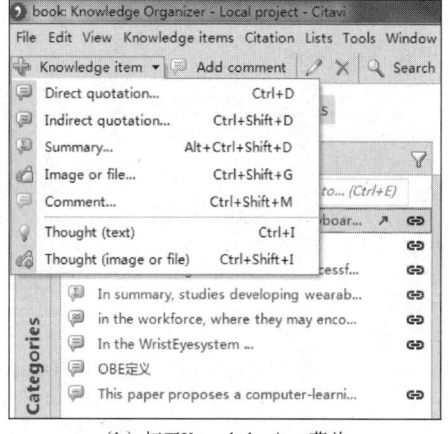

（a）选择Knowledge工具　　　　　　　（b）打开Knowledge item菜单

图1.82　添加想法

"Assigned to/on"框中选择任务执行人（只针对多人完成任务的情况），在"Importance"栏中选择任务的重要等级（高、中、低），在"Note"文本框中填写任务注释，"Created"框中自动显示任务的创建人和创建时间，在"Status"框中选择任务状态，包括"Not started""Started""Advanced""Done"四种状态。

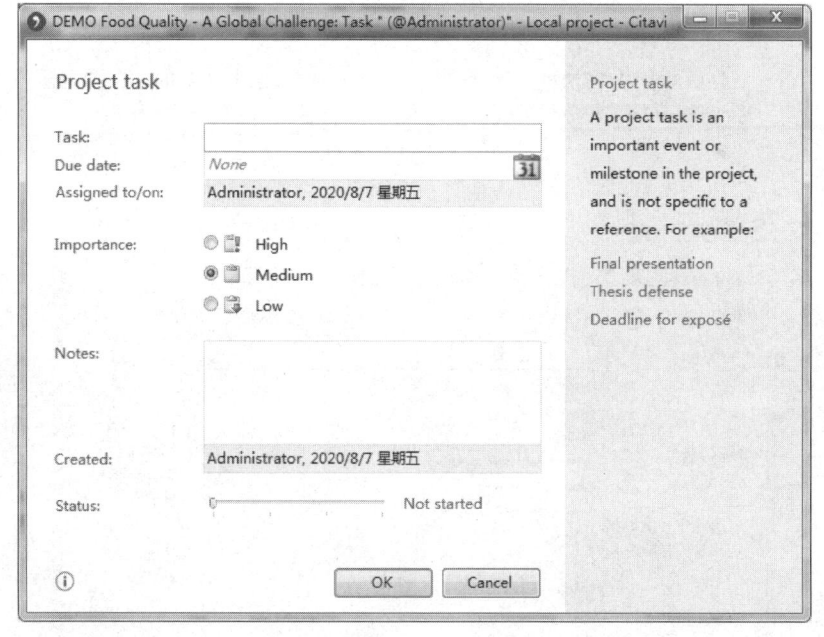

图1.83　添加项目任务

当添加文献任务规划时，选择"Project tasks→New reference task…"选项，首先弹出"Select Reference"窗口，如图1.84所示，选择一个或多个（按住 Ctrl 键可以实现多选）为其规划任务的文献后单击"OK"按钮，将弹出"Reference task"窗口，如

图 1.85 所示，在"Task"下拉列表中输入或选择一项任务，其他项目内容与图 1.83 一样，这里就不再赘述。

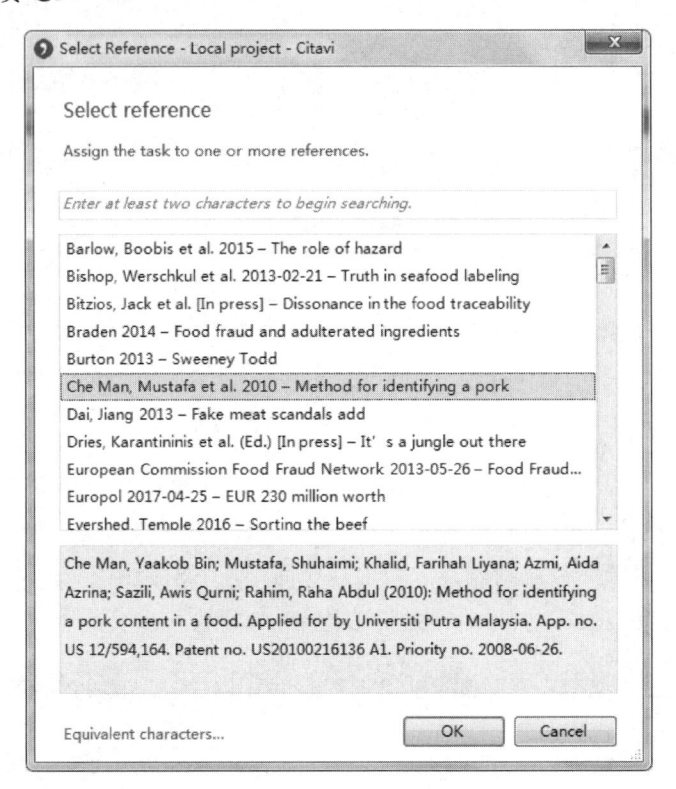

图 1.84　选择文献

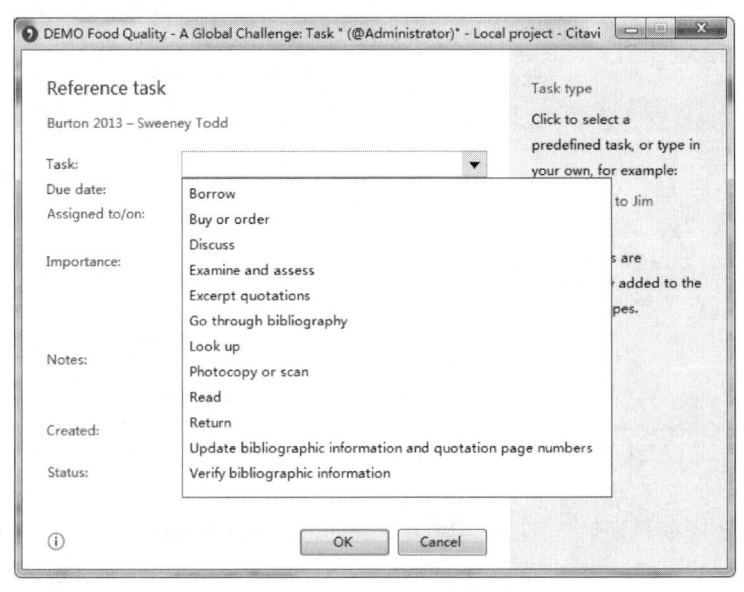

图 1.85　添加文献任务

案例 1.12　在 Word 中插入知识

1.12.1　案例描述

在 Citavi 中做好知识储备后，在撰写论文时就可以直接将这些知识插入论文中。本案例将演示把直接引用、间接引用、总结、评论、想法等添加到论文中的方法和技巧。

1.12.2　实现效果

在 Word 中插入知识案例的实现效果，如图 1.86 所示。从图中可以看出，在 Word 中既可以插入标题，也可以插入各种已经准备好的知识。知识既可以插入正文中，也可以插入脚注中。

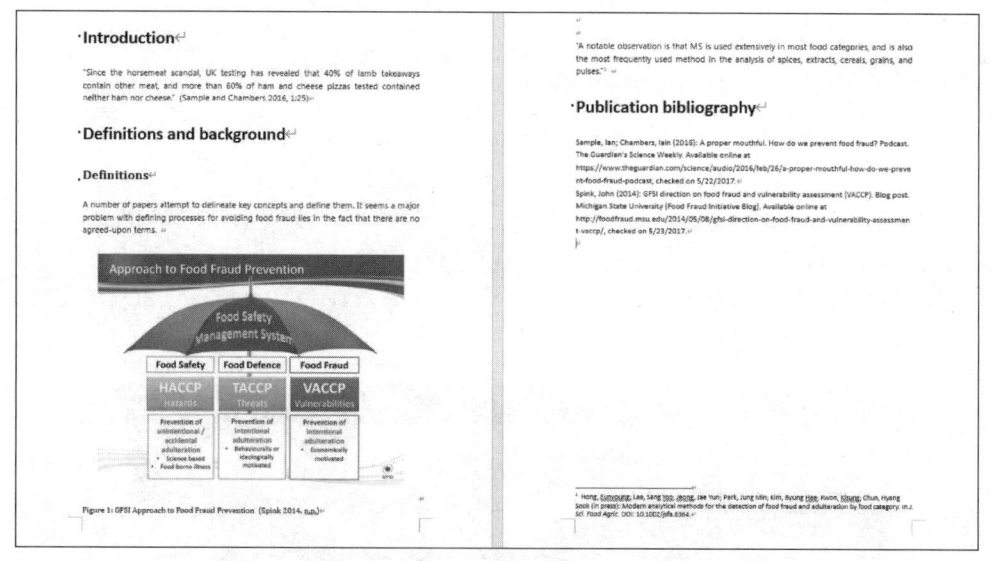

图 1.86　在 Word 中插入知识案例的实现效果

1.12.3　实现过程

1. 打开 Word 中的 Citavi 标签，然后利用 Citavi pane 面板打开某个项目，选择项目中 Knowledge 选项卡，此时将看到该项目中所包含的所有知识，包括知识的类型（通过知识前面的图标可以看出）和所在的位置。

2. 在正文中插入文本知识。当要在正文中插入直接引用、间接引用、总结、想法和评论等文本知识时，用鼠标右键单击该知识，在弹出的快捷菜单中选择"Insert"选项，将按照默认方式插入知识，此时将知识本身和引用一起插入（插入想法时没有引用插入，因为想法不是引用的内容），如图 1.87 所示（在 Introduction 中插入的直接引用）。已经插入的知识，在其前面将自动添加一个"√"符号。

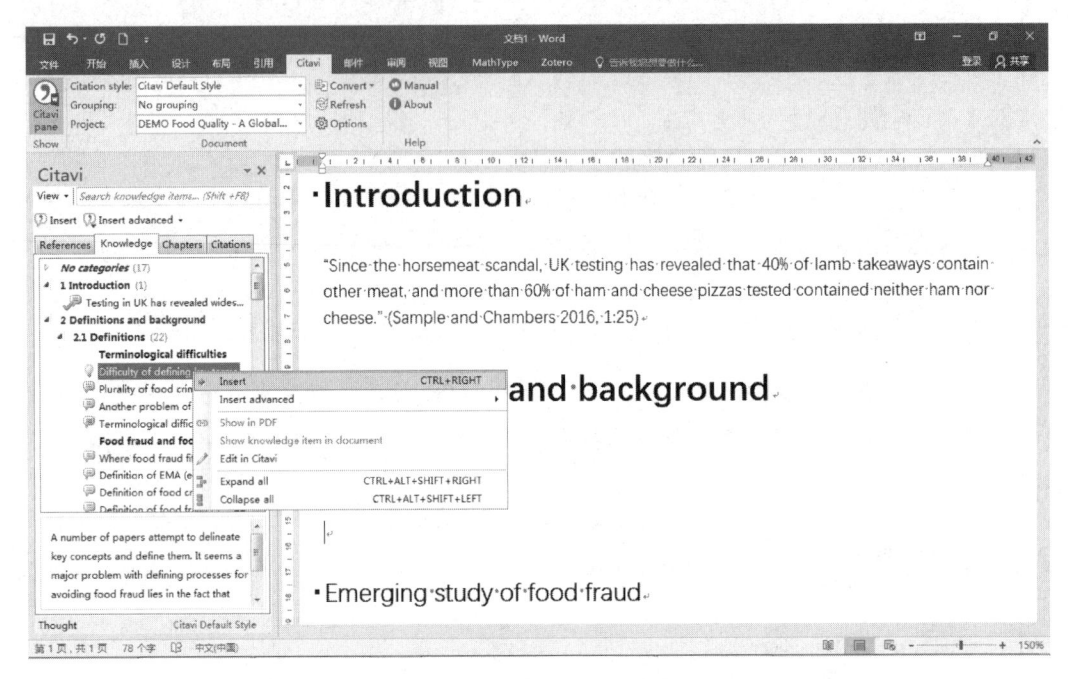

图 1.87　在正文中直接插入文本知识

3. 在正文中插入图片引用。当在正文中插入图片引用时，其操作方法与在正文中插入文本知识一样，但插入后不仅能够把图片插入，而且还能够自动插入该图片的题注，并在题注后面显示图片的引用，如图 1.88 所示。

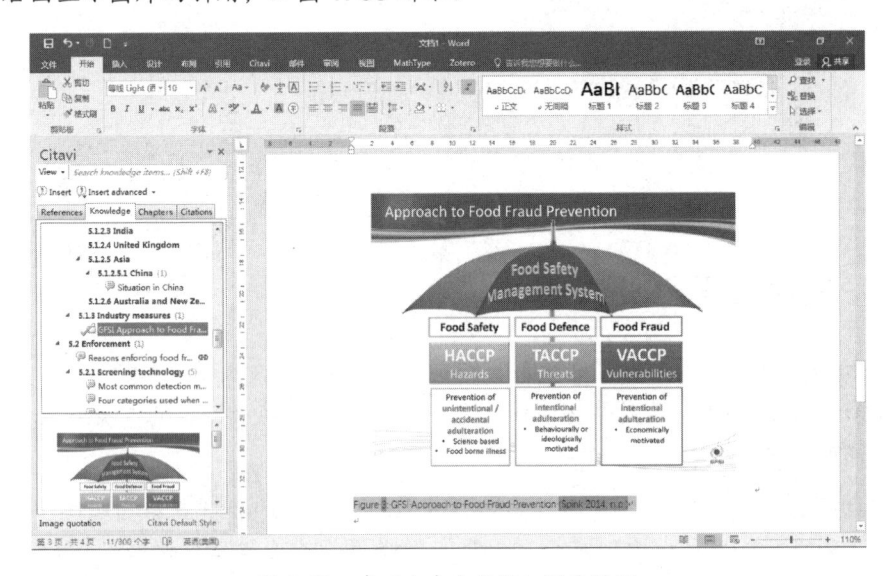

图 1.88　在正文中直接插入图片引用

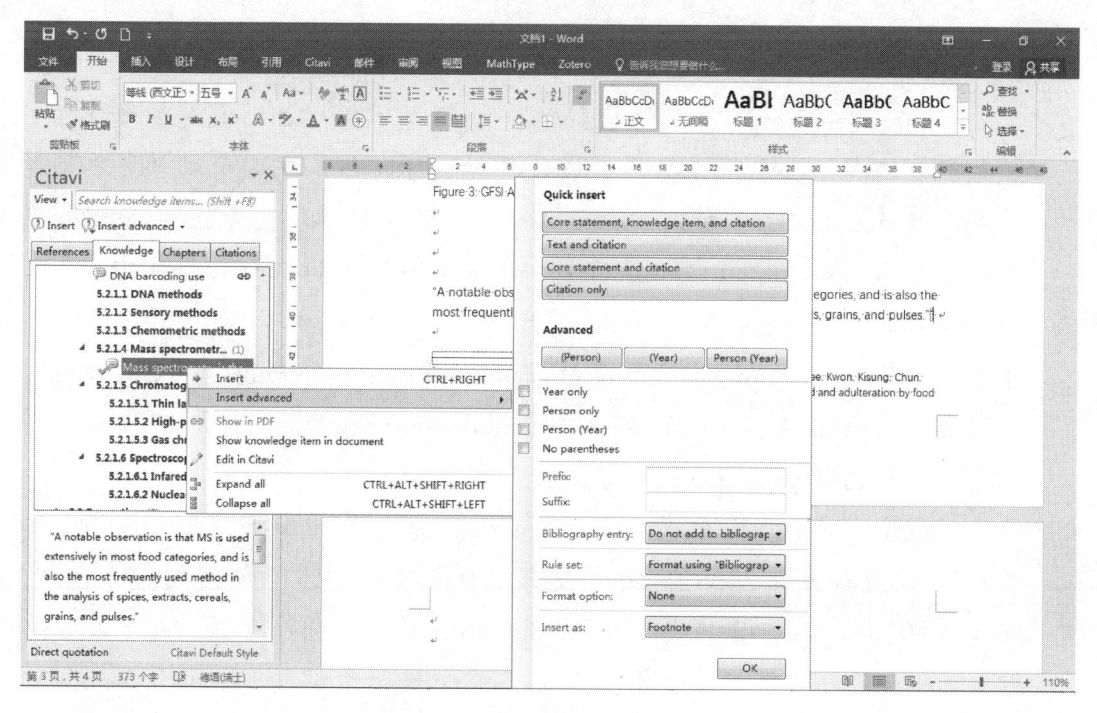

4. 在脚注位置插入知识。当在脚注位置插入知识时，使用鼠标右键单击某个知识，在弹出的快捷菜单中选择"Insert advanced"选项，在弹出的窗口的"Bibliography entry"下拉列表中选择"Do not add to bibliography"按钮，表示不再把引用添加到正文后的参考文献中。在"Rule set"下拉列表中选择"Format using 'bibliography' rule set"选项，表示在脚注中插入的文献格式与在正文后插入的文献格式相同；在"Insert as"下拉列表中选择"Footnote"选项，表示在脚注位置插入，如图1.89所示。

图1.89 在脚注位置插入知识

第 2 章　Zotero 文献管理工具

　　Zotero 是一个免费开放源代码的文献管理软件，可以有效管理文献数据及论文全文等研究资料。该软件融合了传统的文献管理软件和最新的 Web2.0 技术，所以被称为"新一代的文献管理软件"。该软件由美国乔治梅森大学（George Mason University）的历史与新媒体中心（Center for History and New Media）开发，受到了美国博物馆与图书馆事业局（United States Institute of Museum and Library Services）、美国梅隆基金会（the Andrew W. Mellon Foundation）和斯隆基金会（the Alfred P. Sloan Foundation）等的慷慨资助。

　　Zotero 一词来自阿尔巴尼亚语 zotëroj，意思是"掌握或取得一项技能"。Zotero 软件 2006 年 10 月发布 1.0 版本，2013 年 4 月发布 4.0 版本，2020 年 8 月 14 日发布 5.0.73 版本。

　　Zotero 的一个显著优点是可以在下载文献记录的同时自动下载相应的论文全文，并将二者链接起来，存储在你的计算机上；另一个显著的优点是支持批量下载（如一期杂志的所有论文）。Zotero 目前在移动设备应用方面也取得了显著的进步，提供多平台的移动应用。

案例 2.1　Zotero 下载、安装及账户注册

2.1.1　案例描述

设计一个案例，演示 Zotero 软件的下载、安装、注册账户的方法和技巧。

2.1.2　实现效果

安装 Zotero 软件后，打开的软件界面如图 2.1 所示。打开 Word 后，Word 中会自动添加了 Zotero 选项卡，如图 2.2 所示。如果在 Firefox 浏览器中安装了 Zotero Connector 插件，那么打开 Firefox 浏览器后，浏览器右上角会出现一个文件图标，当把光标放在该图标上，则会显示"Save to Zotero"的提示信息，如图 2.3 所示。

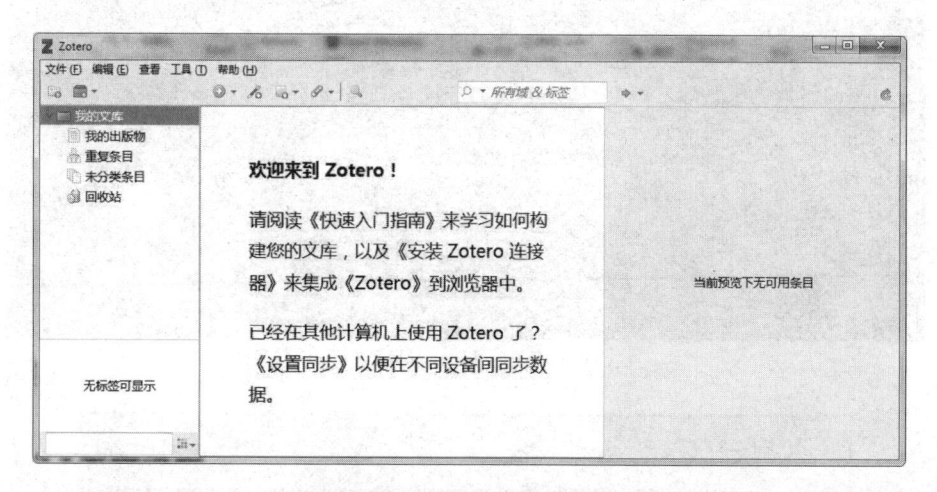

图 2.1　Zotero 软件窗口界面

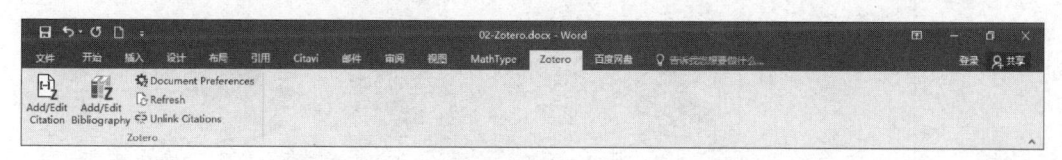

图 2.2　Word 软件中的 Zotero 插件

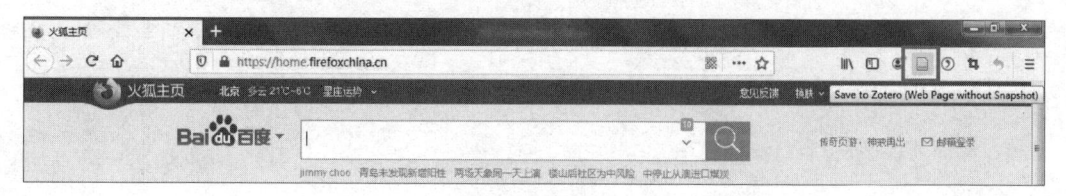

图 2.3　Firefox 浏览器中的 Zotero Connector 插件

2.1.3　实现过程

1. Zotero 软件下载和安装。Zotero 官网地址为 www.zotero.org，打开官网地址后的界面如图 2.4 所示，单击"Download"按钮即可打开下载页面，如图 2.5 所示。从图中可以看出，Zotero 需要下载两种软件：Zotero 和 Zotero Connector（Zotero 连接器），Zotero 软件主要用于文献管理，Zotero Connector 主要用于从浏览器中获取参考文献。Zotero 软件的下载需要根据操作系统的类型选择相应的版本类型，包括 Windows、macOS、Linux 32-bit 和 Linux 64-bit 等。Zotero Connector 可以直接安装到浏览器，包括 Chrome、Firefox、Safari 和 Edge 浏览器等。

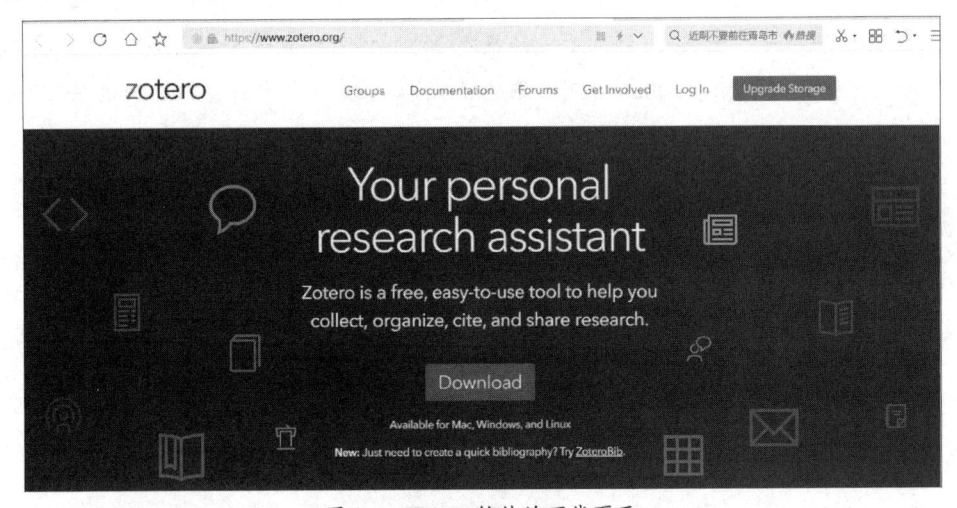

图 2.4　Zotero 软件的下载页面

图 2.5　Zotero 软件下载页面

2. 注册/登录账户。只有注册了账号，才能在不同计算机上实现文献的同步管理，即在一台计算机上看到在其他计算机上已经更新的文献库。单击图 2.5 右上角的"Register"（注册）链接打开 Register 页面，如图 2.6 所示，此时可以根据提示信息直接注册账号。注册完账号后，单击图 2.6 右上角的"Log in"（登录）链接打开 Log in 页面，输入账号、密码即可登录。

图 2.6　注册 Zotero 软件账号

案例 2.2　添加文献——人工录入信息

2.2.1　案例描述

利用人工方式将一篇期刊文献信息添加到 Zotero 文献库中。

2.2.2　实现效果

人工添加文献信息后的效果，如图 2.7 所示。

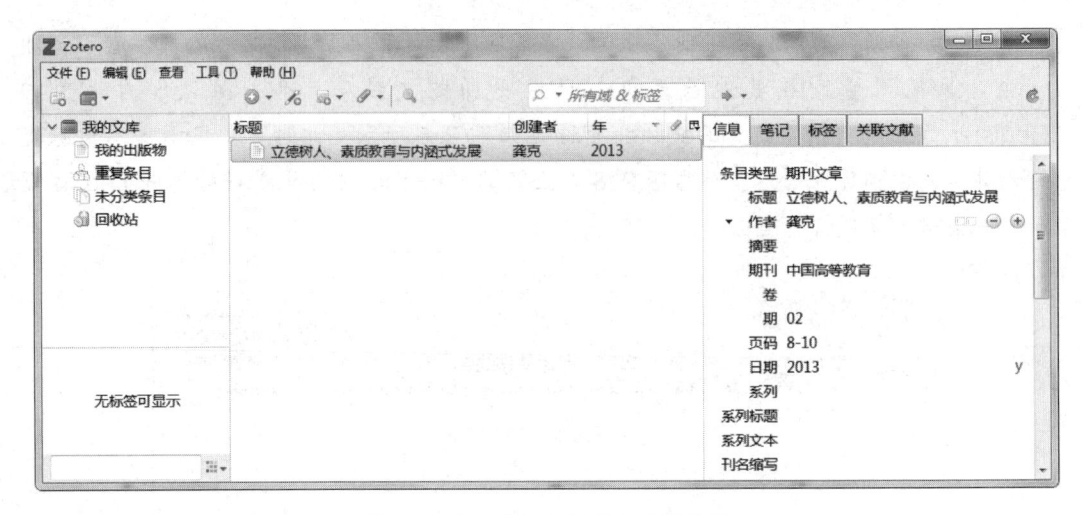

图 2.7　人工添加文献信息后的效果

2.2.3　实现过程

1. 打开 Zotero 软件，在左侧列表框中选择一个文件夹，如"我的文库"，单击上面的新建条目图标 ⊕ ，在弹出的下拉菜单中选择"期刊文章"选项，如图 2.8 所示。

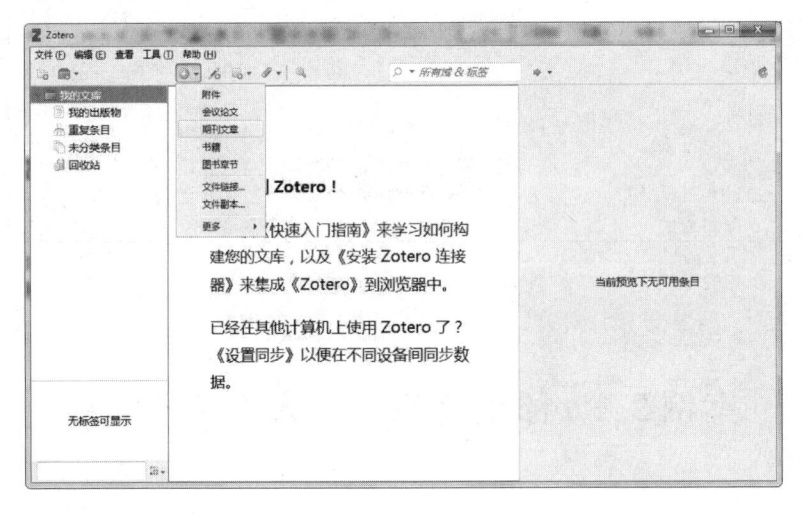

图 2.8　选择插入的文献类型

2. 选择"期刊文章"选项后，将在右侧窗口中显示期刊文章的相关条目，此时可以在相关条目中录入信息。在录入"作者"时，如果作者姓名是中文，可以选择右侧"显示一个输入框"，使作者的姓名在一个输入框中录入，如果作者姓名是外文姓名，可以将"姓"和"名"分别在两个输入框中录入，如图 2.9 所示。

3. 信息录入完成后，如图 2.7 所示。如果想在中间列表中修改显示信息，可以单击中间列表右上角的 图标，在弹出的下拉菜单中选择需要显示的条目即可，如图 2.10 所示。

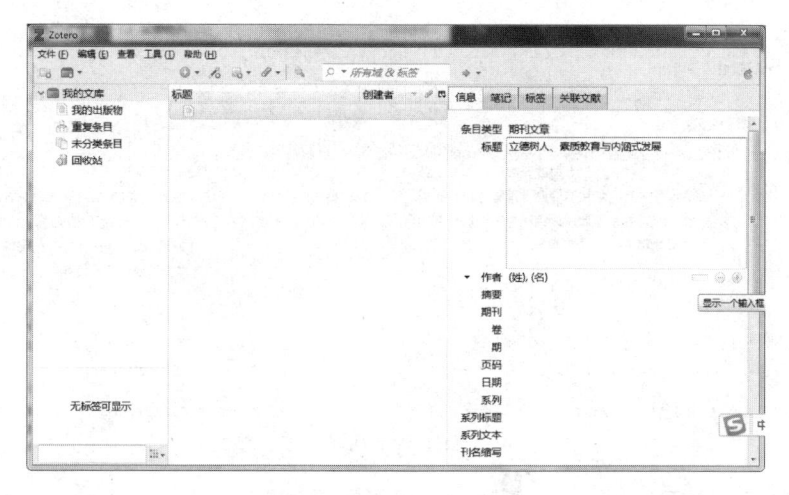

图 2.9 人工输入文献信息

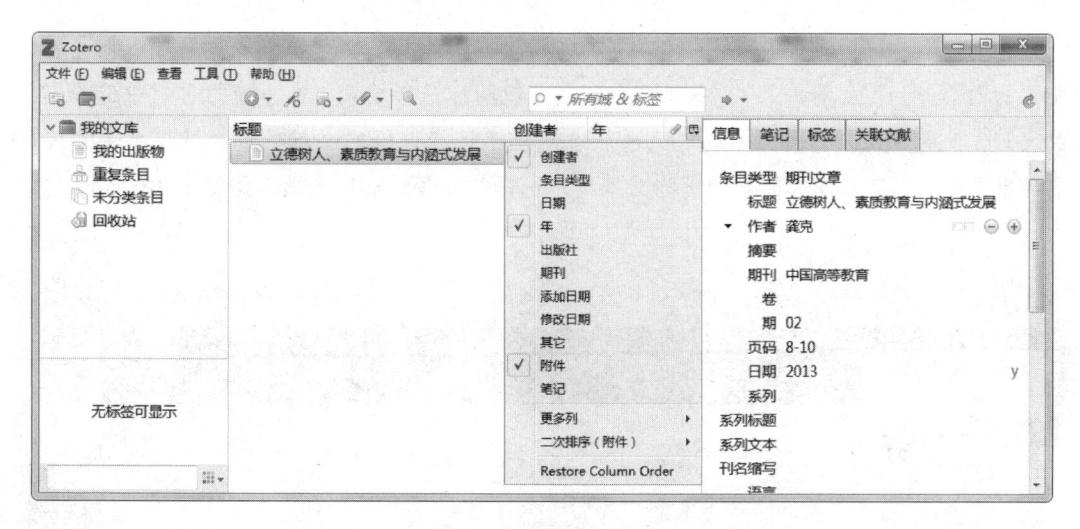

图 2.10 修改文献显示条目

案例 2.3　添加文献——从"中国知网"导入文献

2.3.1　案例描述

设计一个案例,把"中国知网"中的文献导入 Zotero 文献库中。

2.3.2　实现效果

利用剪贴板把"中国知网"中的文献导入 Zotero 文献库中的实现效果,如图 2.11 所示。

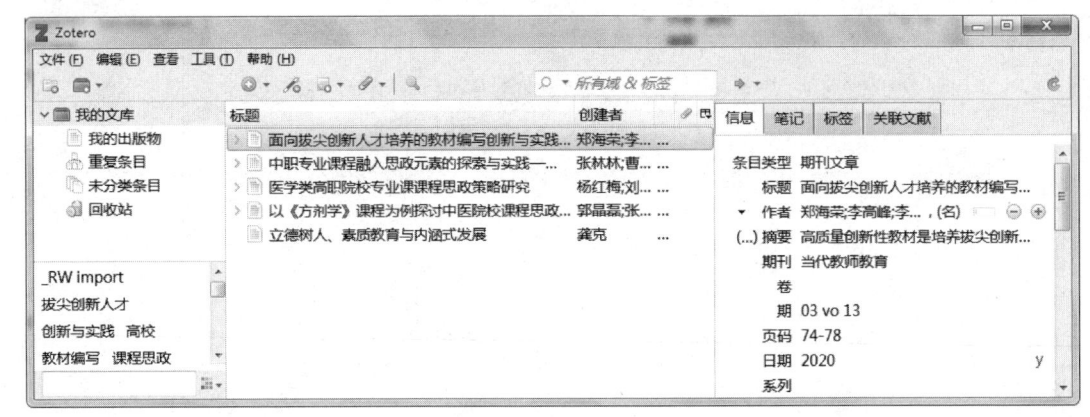

图 2.11 案例实现效果

2.3.3 实现过程

1. 打开"中国知网"（网址：https://www.cnki.net/），在"文献检索"输入框中输入相应的内容，如"立德树人"，并单击右侧放大镜图标进行搜索，在出现的文献中选择需要的文献，此时在文献列表上面的"已选"右侧显示已经选择的文献数量。然后单击右侧的"导出与分析"下拉菜单，在弹出的菜单项中选择"Refworks"选项，如图 2.12 所示。

图 2.12 人工录入参考文献信息

2. 在弹出的窗口中单击"复制到剪贴板"按钮，在弹出的对话框中单击"确定"按钮，如图 2.13 所示。此时的文献被复制到剪贴板中。

3. 打开 Zotero 软件，单击"文件→从剪贴板导入"菜单，如图 2.14 所示。此时文献将被添加到 Zotero 文献库中，如图 2.11 所示。

图 2.13 文献搜索结果

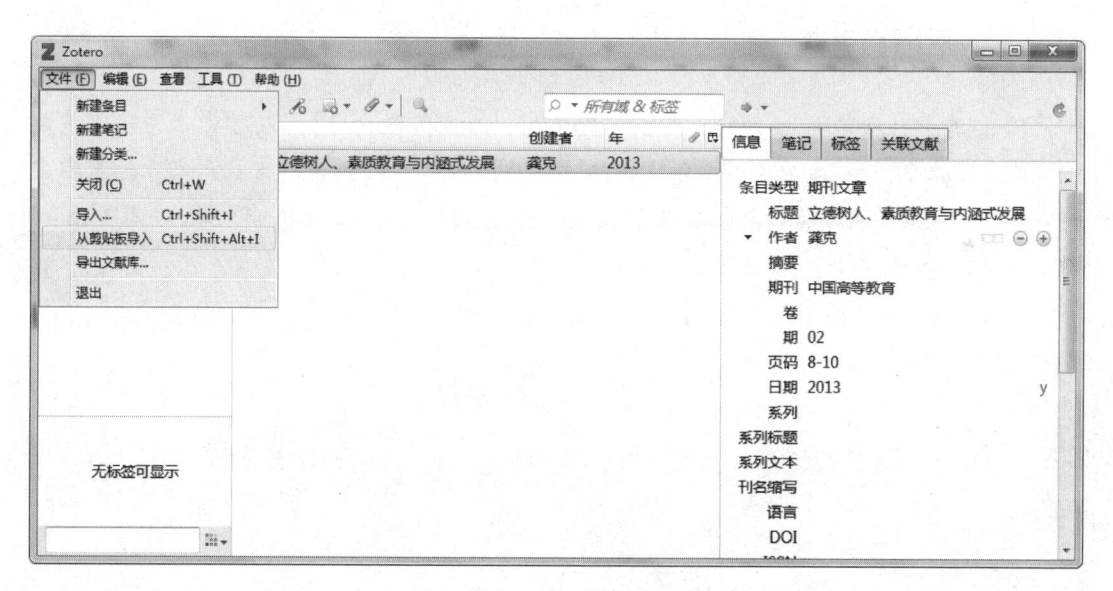

图 2.14 从剪贴板导入文献

案例 2.4 添加文献——从"百度学术"导入文献

2.4.1 案例描述

设计一个案例,把从"百度学术"中导出的文献导入 Zotero 文献库中。

2.4.2 实现效果

把从"百度学术"中导出的文献导入 Zotero 文献库中的实现效果如图 2.15 所示。

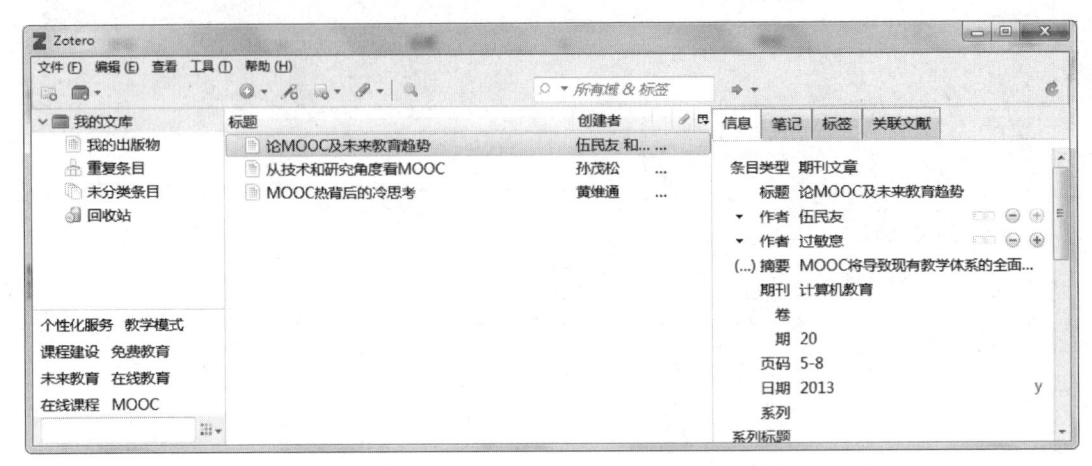

图 2.15 从"百度学术"导入文献后的效果

2.4.3 实现过程

1. 打开"百度学术"(网址：https://xueshu.baidu.com)，在搜索栏中输入需要搜索的文献信息，或者单击搜索栏左侧的"高级搜索"，在弹出的下拉列表中输入相关搜索信息。假如搜索在《计算机教育》杂志上发表的与 MOOC 有关的文章，如图 2.16 所示，然后单击"搜索"按钮。

图 2.16 从"百度学术"中搜索文献

2. 在出现的文献列表中，单击需要的文献下方的"批量引用"按钮，此时在窗口右侧中间位置的圆形图标中就会显示已经选择的文献数量，如图 2.17 所示。

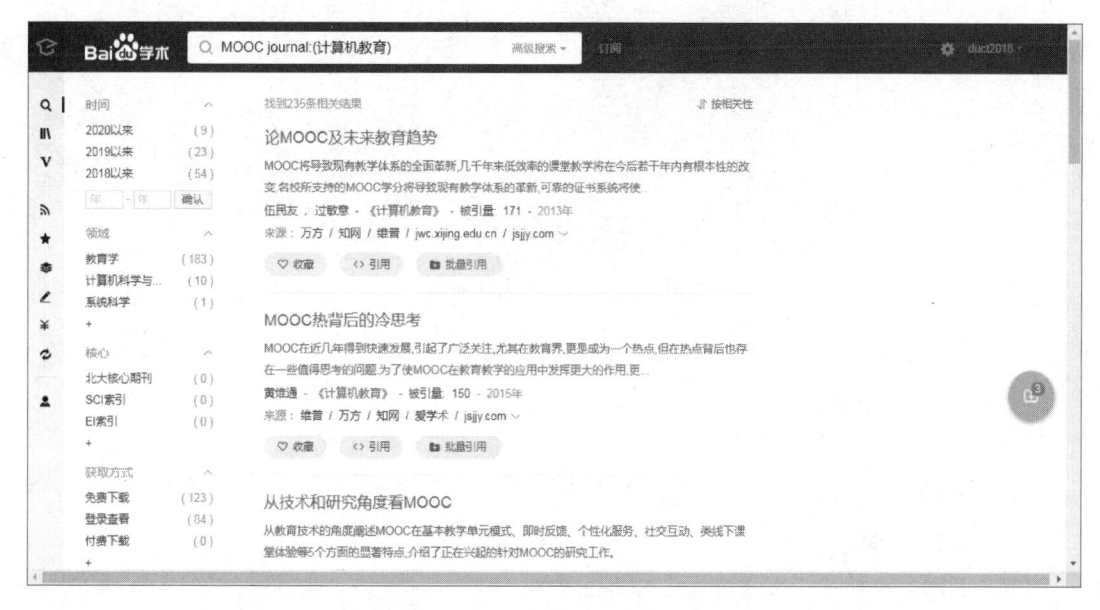

图 2.17 "批量引用"需要的文献

3. 选择需要的文献后，单击窗口右侧中间位置的圆形图标，打开"批量引用"窗口，然后单击"导出至"按钮，在弹出的菜单中选择"EndNote(.enw)""RefMan(.ris)"或"BibTex(.bib)"菜单项，如图 2.18 所示，然后把文献导出到相应类型的文件中。

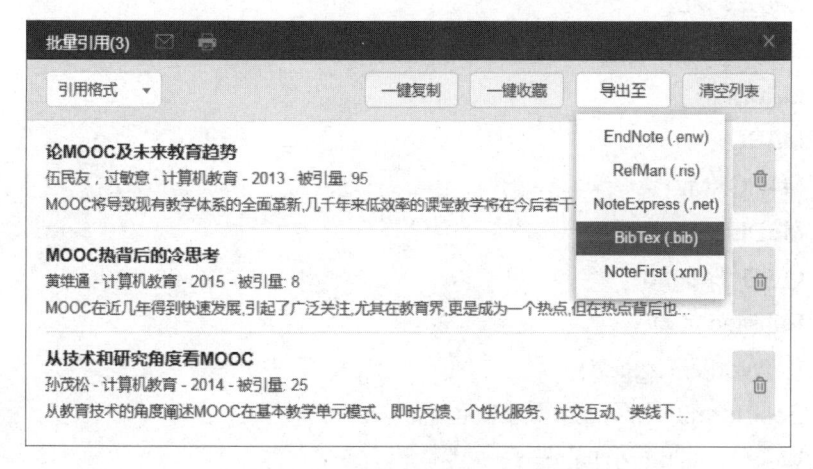

图 2.18 从"批量引用"窗口中导出文献

4. 打开 Zotero 软件，单击"文件→导入"菜单，在弹出的窗口中选择"文件"单选按钮，如图 2.19 所示，然后单击"Next"按钮，在出现的窗口中选择从"百度学术"中导出的文献文件，即可将文献导入 Zotero 文献库中，如图 2.15 所示。

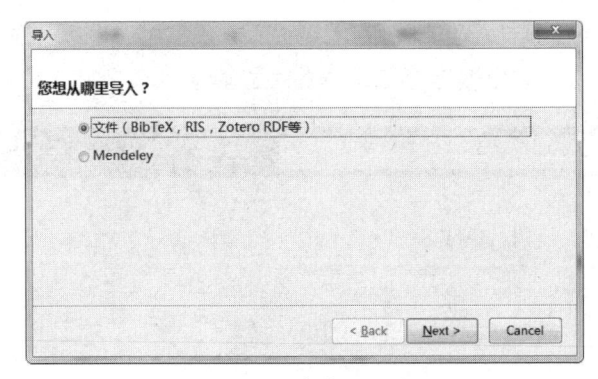

图 2.19　将参考文献导入

注：只有下列类型的文献才能导入 Zotero 文献库中：

（1）　Zotero RDF；

（2）　CSL JSON；

（3）　BibTeX（能够从"百度学术"中导出的类型）；

（4）　BibLaTeX；

（5）　RIS（能够从"百度学术"中导出的类型）；

（6）　Bibliontology RDF；

（7）　MODS（Metadata Object Description Schema）；

（8）　Endnote XML（能够从"百度学术"中导出 Endnote 类型，也能导入 Zotero）；

（9）　Best format for exporting from Endnote；

（10）　Citavi XML；

（11）　Best format for exporting from Citavi；

（12）　MAB2；

（13）　MARC；

（14）　MARCXML；

（15）　MEDLINE/nbib；

（16）　OVID Tagged；

（17）　PubMed XML；

（18）　RefWorks Tagged；

（19）　Best format for exporting from RefWorks；

（20）　Web of Science Tagged；

（21）　Refer/BibIX；

（22）　Generally avoid if any other option is available；

（23）　XML ContextObject；

（24）　Unqualified Dublin Core RDF。

案例2.5 添加文献——利用 Zotero Connector 插件

2.5.1 案例描述

设计一个案例，利用 Zotero Connector 插件将网页文献信息和网页中搜索的文献添加到 Zotero 文献库中。

2.5.2 实现效果

网页文献信息添加到 Zotero 文献库中的实现效果如图 2.20 所示。

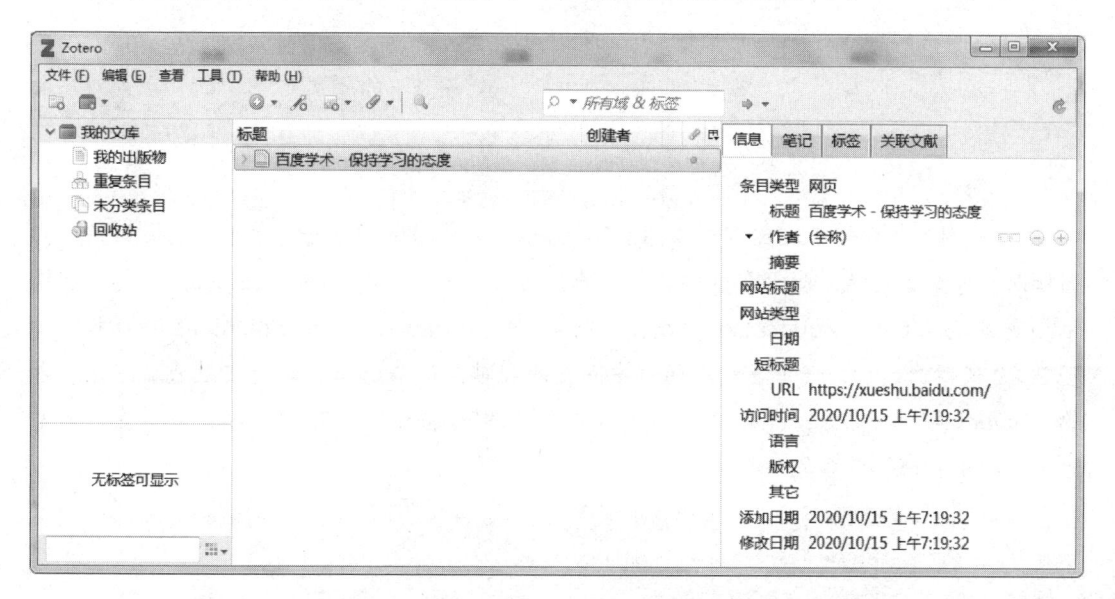

图 2.20 网页文献信息添加到 Zotero 文献库中的实现效果

2.5.3 实现过程

1. 打开 Zotero 软件和已经安装 Zotero Connector 插件的浏览器，这里以 Firefox 浏览器为例。

2. 将网页信息作为文献存入 Zotero 文献库。在浏览器中打开需要的网页，单击浏览器右上角的 Zotero Connector 图标，此时将弹出一个消息提示框，如图 2.21 所示，选择需要保存的文件夹后，网页信息将被储存到 Zotero 文献库中，如图 2.20 所示。在此基础上可以在 Zotero 文献库中完善文献信息。

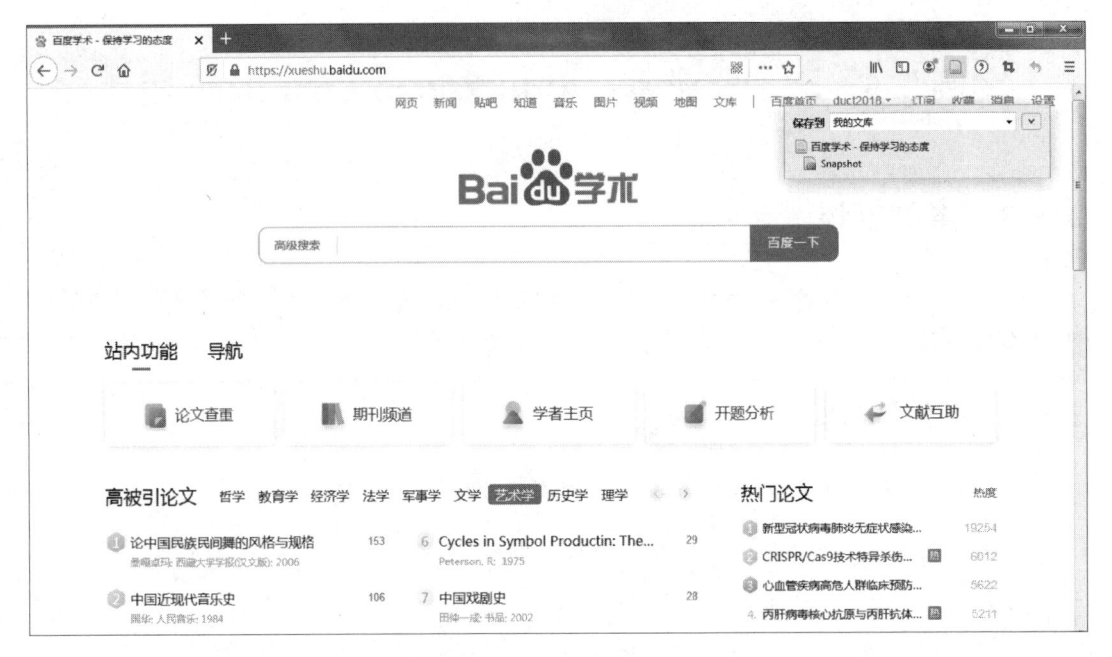

图 2.21 利用 Zotero Connector 插件添加网页文献信息

3. 从浏览器中搜索的文献直接添加到 Zotero 文献库中。打开"学术百度"或者"中国知网"等文献网站，搜索需要的文献，搜索结果出来后，Zotero Connector 光标形状将由 变成 ，单击"Zotero Connector"光标，弹出"Zotero Item Selector"对话框，如图 2.22 所示，该对话框中显示从网页中列出的文献，从中选择需要的文献或者单击下面的"Select All"按钮选择全部文献，然后单击"OK"按钮，此时将弹出文献保存位置的消息提示框，选择需要的位置即可。

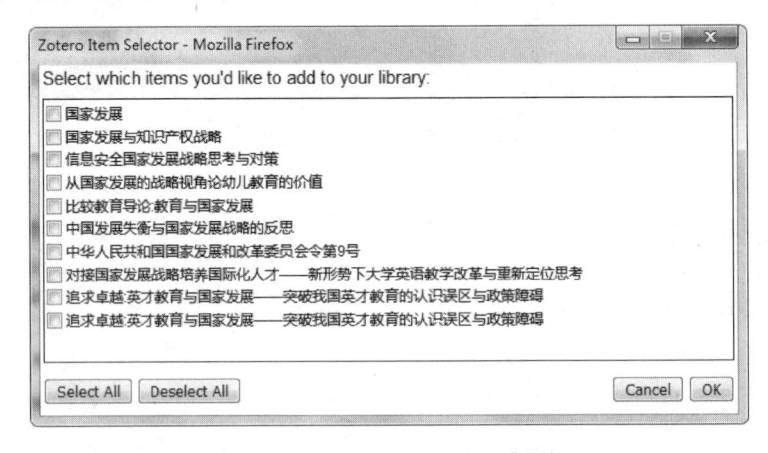

图 2.22 Zotero Item Selector 对话框

注：这种方法虽然方便快捷，但是由于网络问题，目前在国内使用时会经常出现问题，操作成功率比较低，如果这种方法不成功，那么只能利用导入方法添加文献。

案例 2.6 文献管理

2.6.1 案例描述

设计一个案例，实现文献分类，并为文献添加附件和笔记。

1. 文献分类。在前面的案例中，添加到 Zotero 文献库中的文献都放在"我的文库"文件夹中，如果文献数量少还可以，一旦文献数量多那么就难以从文献库中快速找出自己想要的文献，因此有必要对文献进行分类管理。文献分类的方法很多，包括按照文献来源分类、按文献主题分类等。

2. 文献添加附件。将文献论文作为附件添加到文献中，便于随时打开论文进行阅读。

3. 文献添加笔记。在阅读文献时，把文献中的一些好的内容或者自己的想法作为笔记记录下来。

2.6.2 实现效果

创建"分类"和"子分类"，对文献进行分类并为文献添加附件和笔记，实现效果如图 2.23 所示。

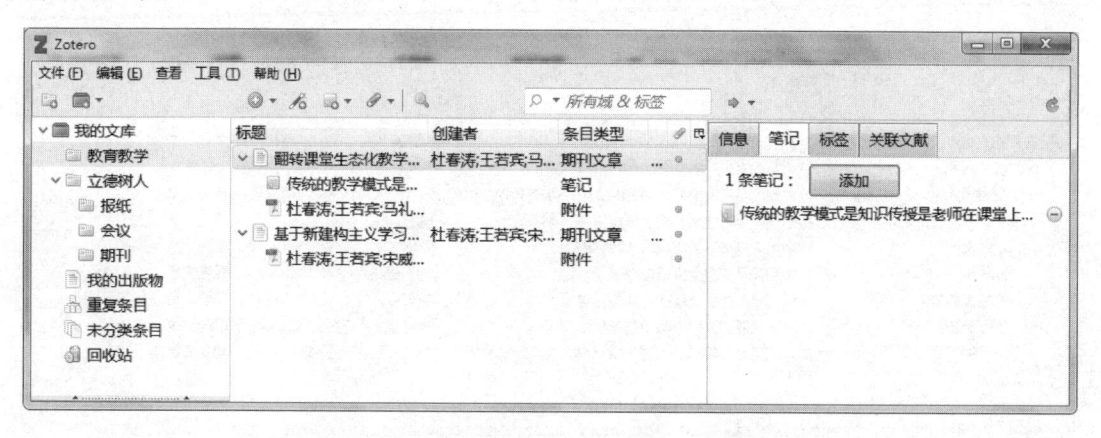

图 2.23 文献分类、文献添加附件和笔记后的实现效果

2.6.3 案例实现

1. 分类的创建。打开 Zotero 软件中的左侧窗口列表并单击鼠标右键，在弹出的快捷菜单中选择"新建分类"菜单项，或者选择"文件→新建分类"菜单，在弹出的对话框中输入分类名称即可。这里创建了"矿井回风"和"立德树人"两个分类，分别用来存储与

"矿井回风"和"立德树人"有关的文献，如图2.24所示。

图2.24 创建分类

2. 子分类的创建及文献的添加。创建完分类后，鼠标右键单击分类，在弹出的快捷菜单中选择"新建子分类"，这样就可以创建该分类下的子分类。在"立德树人"分类下创建"报纸""会议""期刊"三个子分类，然后再将相关文献直接导入到"我的文库"中，选择"未分类条目"后，右侧列表中就会显示目前还没有分类的条目，如图2.25所示。

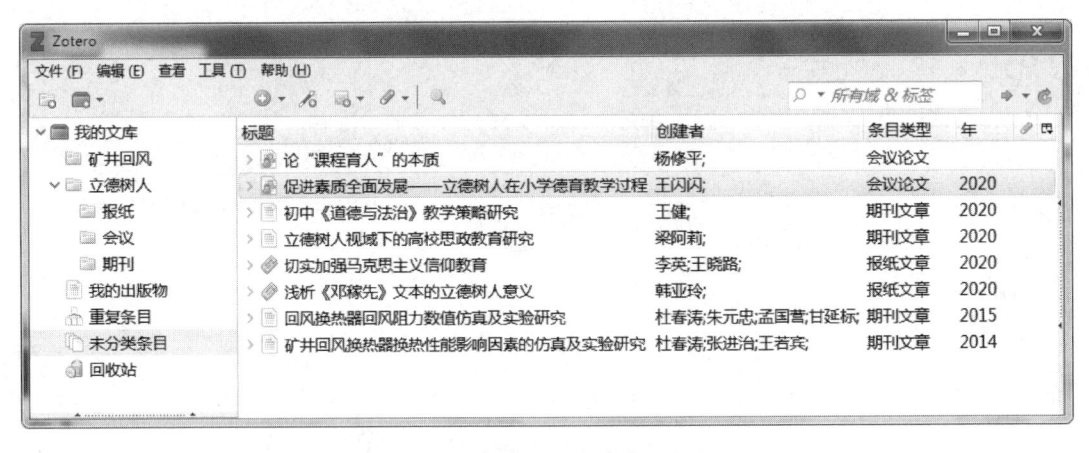

图2.25 创建子分类并导入文献

3. 文献分类。创建完"分类"和"子分类"后，可以利用鼠标直接将文献拖到对应的分类或子分类中，也可以通过Ctrl+鼠标左键，选择多个文献一次性拖到对应的分类中。分类后，选择某一分类，就可以在右侧窗口中显示该分类下的文献列表，如图2.26所示。

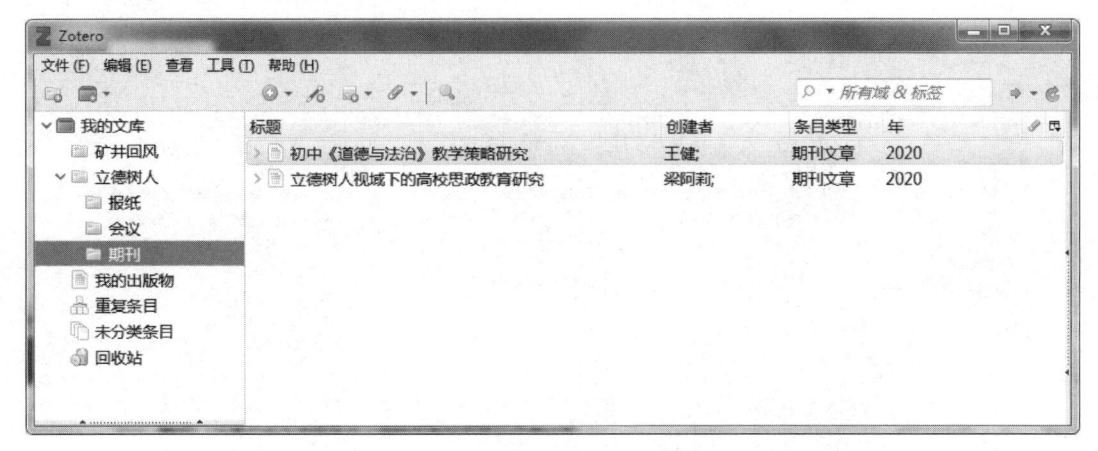

图 2.26 文献分类后的效果

4. 修改分类名称及分类中的文献。右键单击分类选项，在弹出的快捷菜单中选择"重命名分类"选项，在弹出的对话框中直接修改即可。如果要修改分类中的文献，那么直接选中分类中的文献并删除，然后添加新的文献即可。如将"矿井回风"分类名称修改为"教育教学"，就可将"矿井回风"分类中的文献删除，并重新添加与"教育教学"有关的文献，如图 2.27 所示。

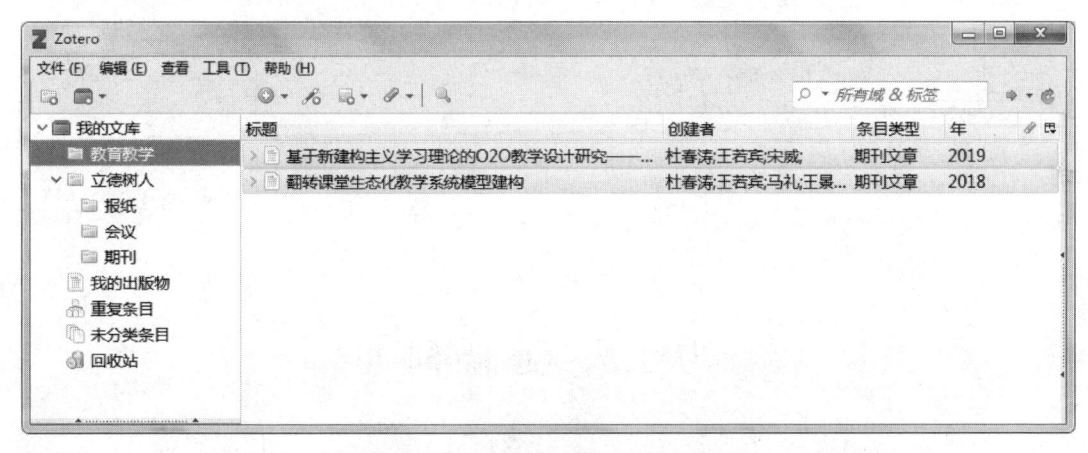

图 2.27 修改分类名称及其中的文献

5. 文献添加附件。添加附件的方法是鼠标右键单击需要添加附件的文献，在弹出的菜单中选择"添加附件"选项，该菜单项下面有三个子菜单项附加 URI 链接、附加文件副本、附加文件链接。以附加文件副本为例，直接选择文献文件，即可将该文件附加到文献中。例如为"教育教学"分类中的两个文献添加"文件副本"附件，就可以用鼠标左键双击文献，即可打开文献文件如图 2.28 所示。

6. 文献添加笔记。在阅读文献时，可以将文献中的一些有用信息或者是自己的想法等以笔记的形式添加到文献中。添加方法是鼠标右键单击文献，在弹出的快捷菜单中选择

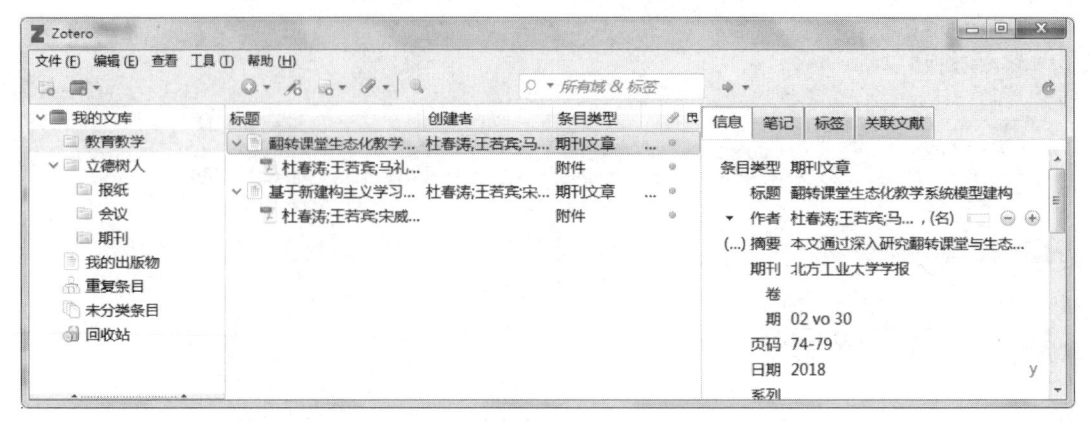

图 2.28 为文献添加附件后的效果

"添加笔记"选项，这时就可以在右侧窗口中录入笔记内容，并为笔记添加标签，如图 2.29 所示。也可以为一个文献添加多个笔记。

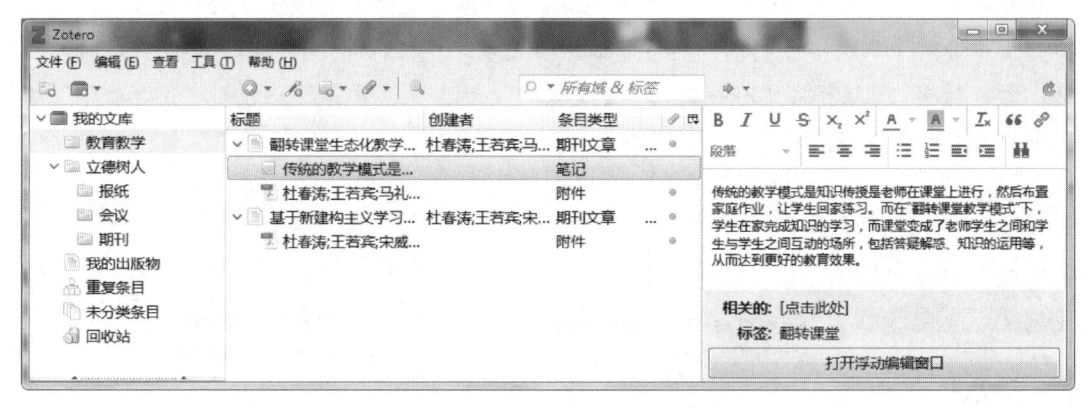

图 2.29 为文献添加笔记后的效果

案例 2.7 文献同步

2.7.1 案例描述

文献同步是指在任何装有 Zotero 软件的能上网的计算机上登录 Zotero 账户时，文献能够保持同步。文献同步包括数据同步和文件同步。数据同步是指除文献附件以外的其他文献数据同步包括文献信息、文献笔记等，数据同步是免费的，而且不受限制。文件同步是指包括文献附件在内的所有内容进行同步，附件内容可以是 PDF 文件、音频、视频或图片等。此外，文献同步包括两个过程一是利用本机 Zotero 文献信息更新云端数据库，二是利用云端数据库更新本机 Zotero 文献数据库。设计一个案例，实现文献数据同步。

2.7.2 实现效果

文献数据同步的实现效果如图 2.30 所示。

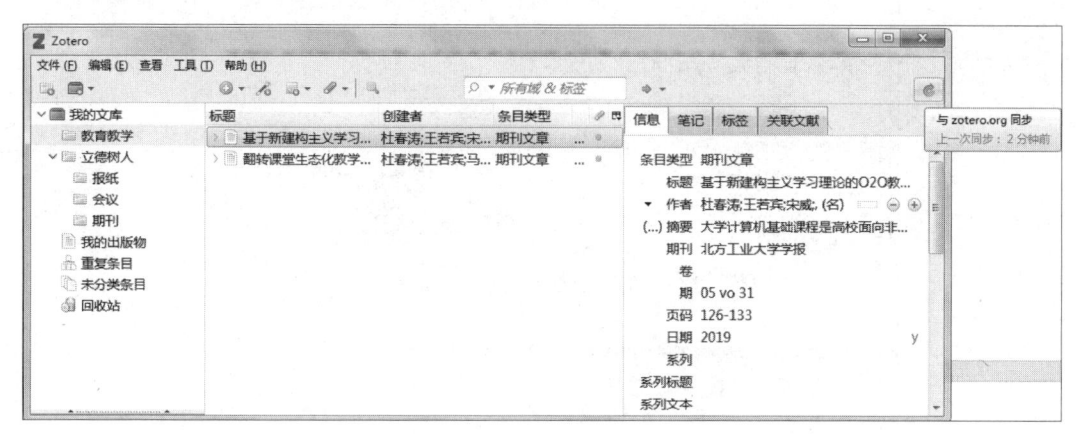

图 2.30 文献数据同步的实现效果

2.7.3 案例实现

1. 登录 Zotero 账号。打开 Zotero 软件，选择"编辑→首选项"菜单，打开 Zotero 首选项对话框，单击"同步"图标，输入"用户名"和"密码"，如图 2.31 所示。

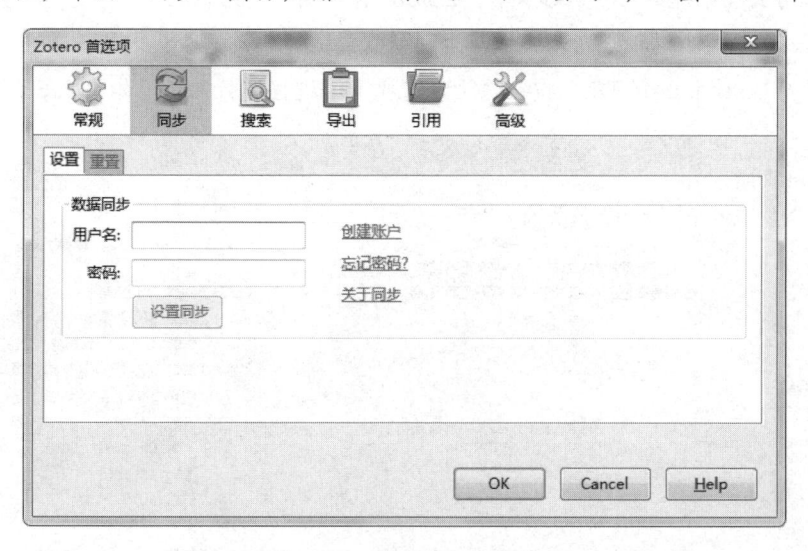

图 2.31 登录 Zotero 账号

2. 单击"设置同步"按钮，在出现的信息中，为了节省同步时间，去掉所有复选框选项，如图 2.32 所示，然后单击"OK"按钮。

3. 将 Zotero 本地文献库同步到云端文献库。当在本地 Zotero 文献库中添加、删除或修改文献后，需要将修改后的 Zotero 本地文献库更新到 Zotero 云文献库中，实现 Zotero

图 2.32 设置文献同步

本地文献库与云文献库的同步。如果在"Zotero 首选项"对话框的"同步"中设置了"自动同步"，那么这个同步过程会自动完成，否则就需要进行手动同步，方法是单击 Zotero 软件右上方的"与 zotero.org 同步"按钮，此时需要一个过程进行同步，如图 2.33 所示。

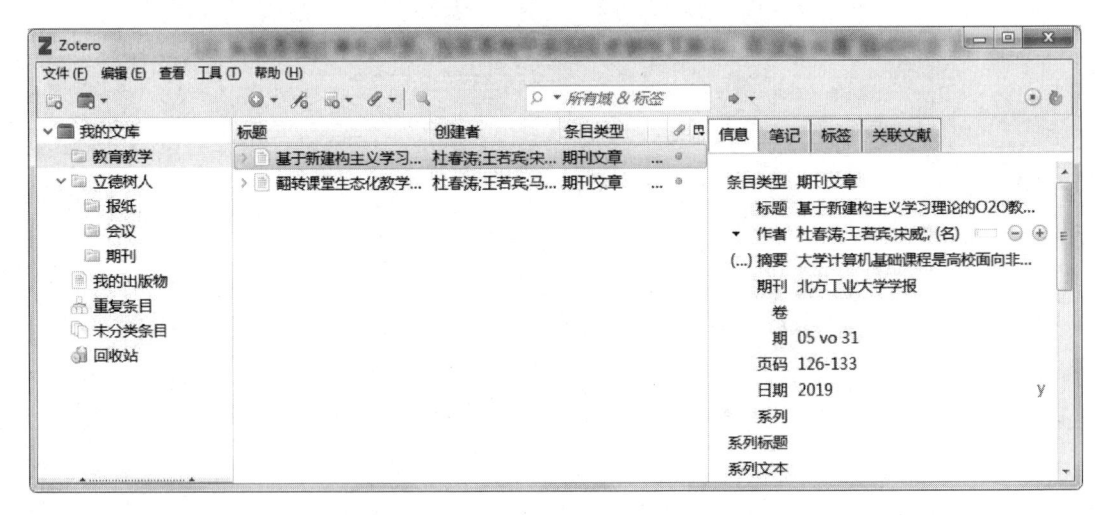

图 2.33 Zotero 本地文献库到云文献库的同步

4. 同步完成后，把光标放在"与 zotero.org 同步"按钮上时，就会显示上次同步距离现在的时长，如图 2.34 所示。

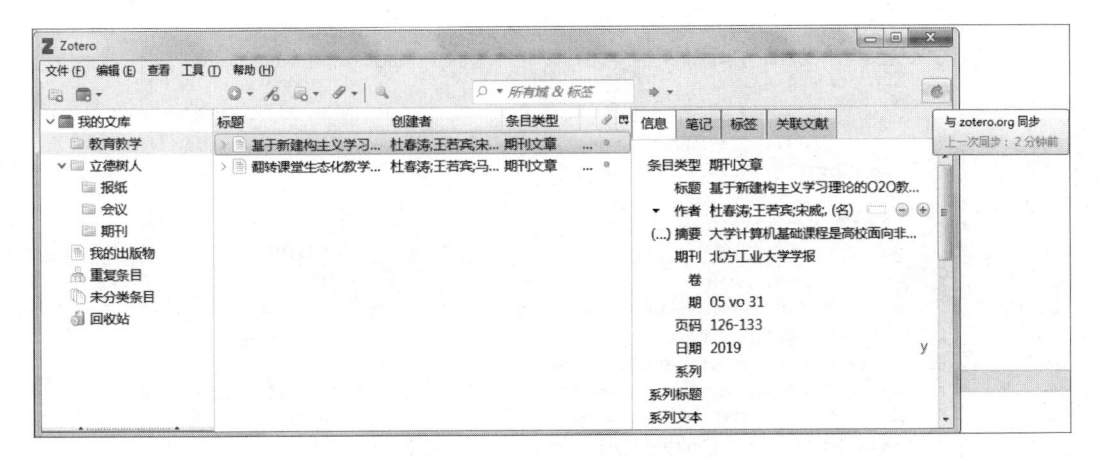

图 2.34　查看上次同步距离现在的时间

5. Zotero 云端文献库同步到本地文献库。当在任意一台联网的计算机上打开 Zotero 软件并登录账号后，单击 Zotero 软件界面右上角的"与 zotero.org 同步"按钮（如果设置了"自动同步"，则不用单击该按钮就可以实现自动同步），Zotero 云文献库将会更新本地 Zotero 文献库，从而实现本地文献库与 Zotero 云端文献库的同步。

案例 2.8　添加文献样式

2.8.1　案例描述

不同期刊和出版社等对参考文献样式的要求往往不同，作者需要根据期刊或出版社的要求使用相应的参考文献样式。Zotero 提供了很多类型的文献样式。设计一个案例，在 Zotero 中添加 China National Standard GB/T 7714-2015 文献样式。

2.8.2　实现效果

添加 China National Standard GB/T 7714—2015 文献样式后，在"Zotero 首选项"的"引用"中的"样式管理器"列表中将会显示该样式，实现效果如图 2.35 所示。

2.8.3　案例实现

1. 打开 Zotero 软件和 Word 文档，在 Word 文档中选择选项卡"Zotero→Add/Edit Citation"，如图 2.36 所示。

2. 选择选项卡"Zotero→Document Preferences"，弹出"Zotero 文档首选项"对话框，如图 2.37 所示。如果"引用样式"列表中有需要的样式，直接选择该样式并单击

图 2.35　添加 China National Standard GB/T 7714—2015 文献样式后的实现效果

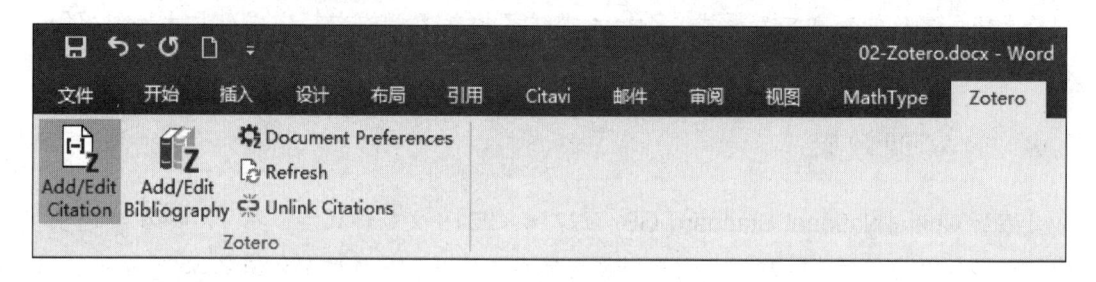

图 2.36　Word 中的 Zotero 选项卡

"OK"按钮即可。

3. 如果"引用样式"列表中没有需要的样式，则单击"引用样式"列表框右下角的"管理样式…"链接，弹出"Zotero 首选项"对话框（也可以直接在 Zotero 软件中选择菜单"编辑→首选项→引用"）。此时在"样式管理器"列表中显示目前可以直接使用的文献样式类型，如图 2.38 所示。

图 2.37 Zotero 文档首选项对话框

图 2.38 Zotero 首选项中的引用界面

4. 单击"样式管理器"左下角的"获取更多样式……"链接，打开"Zotero Style Repository"（Zotero样式库）对话框，如图2.39所示。

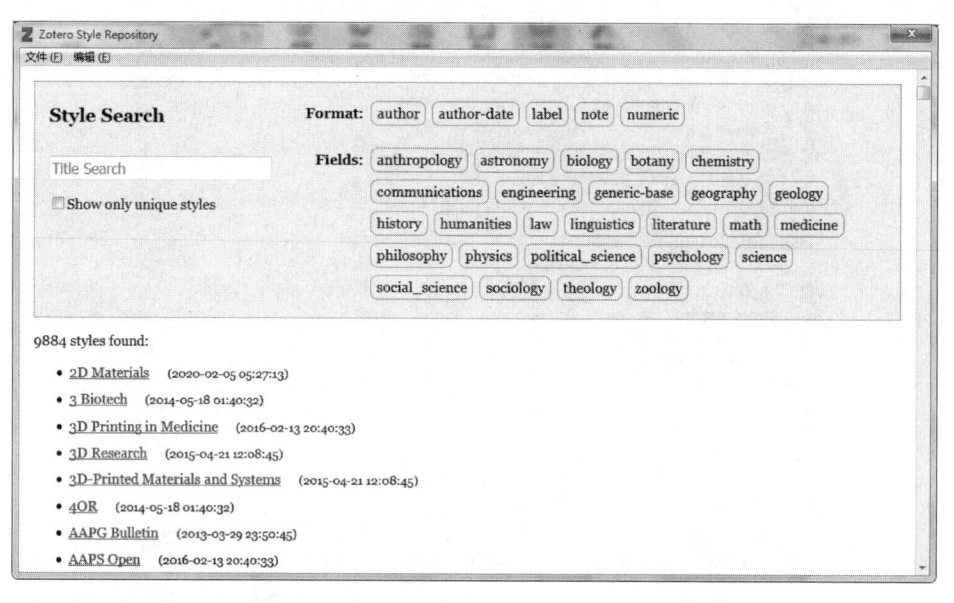

图 2.39 Zotero Style Repository（Zotero 样式库）界面

5. 在"Zotero Style Repository"（Zotero样式库）窗口的"Style Search"文本框中输入想查找的样式名称或名称中的部分字符，例如，在其中输入GB，则显示样式名中所有包含GB字符的样式。当把光标放在某种样式上面时，则弹出该样式的引用（Citations）和文献（Bibliography）格式，如图2.40所示。

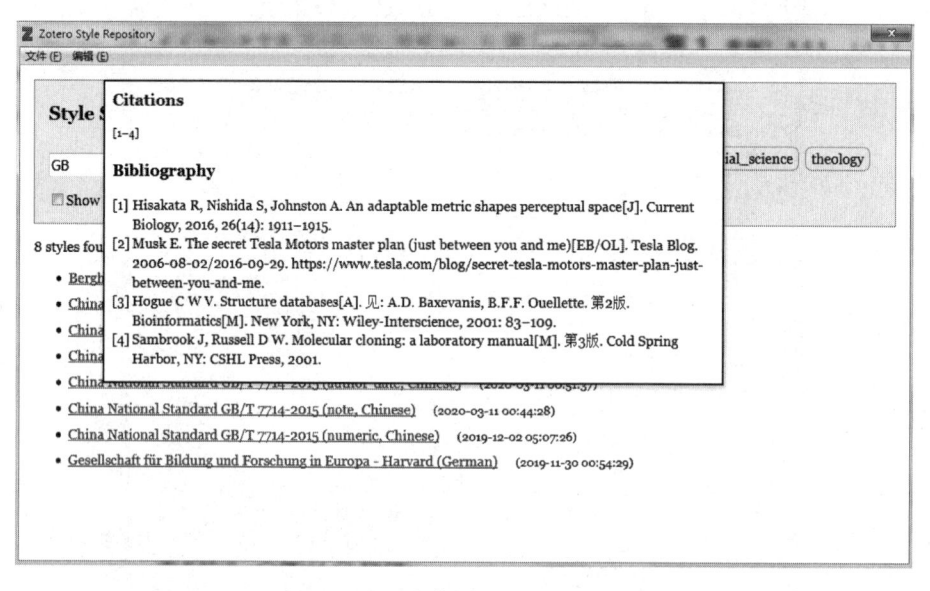

图 2.40 搜索需要的文献样式

6. 单击需要的文献样式，如"China National Standard GB/T 7714—2015（numeric，Chinese）（2019-12-02 05:07:26）"，此时该样式将显示在"Zotero 首选项"窗口"引用"中的样式管理器中，如图 2.35 所示。

案例 2.9　在 Word 文档中插入参考文献

2.9.1　案例描述

设计一个案例，在 Word 文档中插入 Zotero 文献库中的文献，文献样式为 China National Standard GB/T 7714—2015（numeric，Chinese）。

2.9.2　实现效果

在 Word 文档中利用 Zotero 插入 China National Standard GB/T 7714—2015（numeric，Chinese）样式的文献引用及参考文献，实现效果如图 2.41 所示。从图中可以看出，在文档中的一个位置可以插入一个或多个文献引用，两个文献引用之间使用逗号分割，三个及以上的连续文献之间使用连字符分割，参考文献出现的顺序按文献引用的顺序排列。

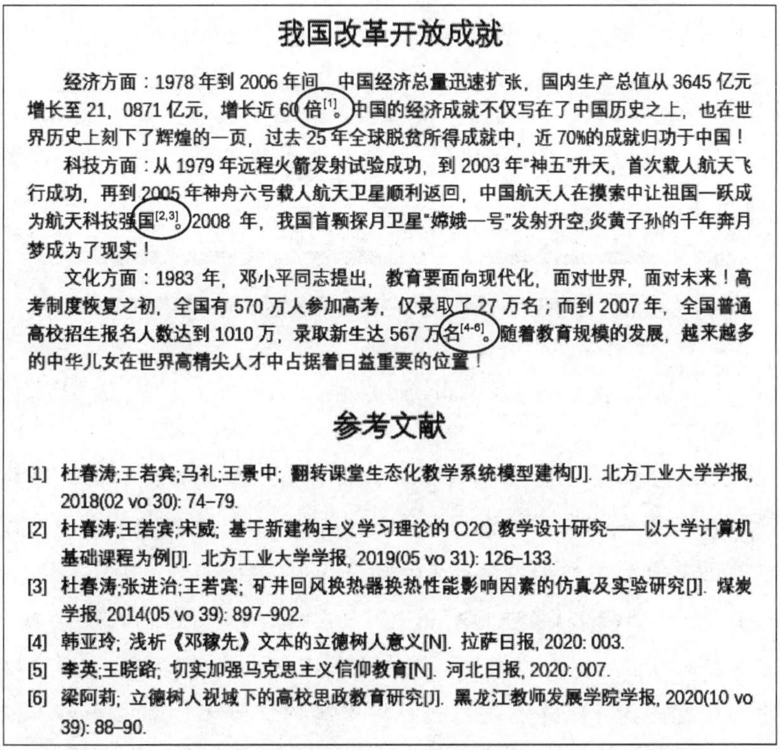

图 2.41　在 Word 文档中插入文献引用及参考文献后的实现效果

2.9.3 案例实现

1. 打开 Zotero 软件和 Word 文档。将插入点放在 Word 文档中要插入文献的位置，然后单击"Zotero→Add/Edit Citation"选项，如图 2.42 所示。

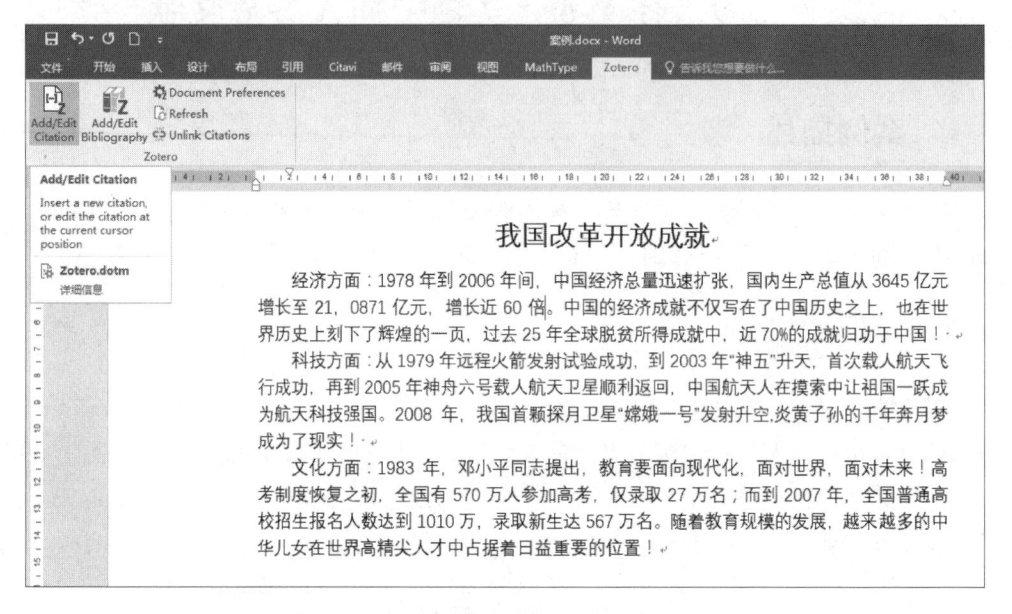

图 2.42　在 Word 文档中插入文献步骤（1）

2. 此时弹出"Zotero 文档首选项"对话框，在其中选择"China National Standard GB/T 7714—2015（numeric，Chinese）"样式后单击"OK"按钮。此时将弹出一个对话框，如图 2.43 所示。

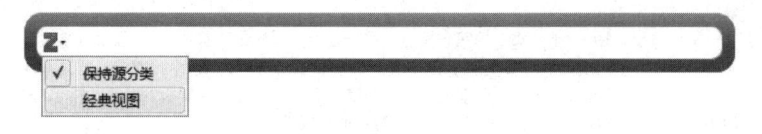

图 2.43　在 Word 文档中插入文献步骤（2）

3. 单击图 2.43 左侧 Z 图标右侧的箭头，将弹出一个菜单，单击"经典视图"菜单项，将弹出"添加/编辑引文"对话框，如图 2.44 所示。选择需要的某一文献，然后单击"OK"按钮，即可将文献引用插入到插入点所在位置。

4. 如果要在某一位置插入多个文献引用，则单击图 2.44 中左下角的"多重来源……"按钮，此时在窗口右侧将出现一个列表框，在左侧列表框中选择需要的文献，然后单击两个列表框之间的 ⇒ 图标，就可以将左侧列表框中选择的文献添加到右侧列表框中。如果删除右侧列表框中的文献或者调整右侧列表框中文献的顺序，则可以单击相应的箭头图标来实现，如图 2.45 所示。

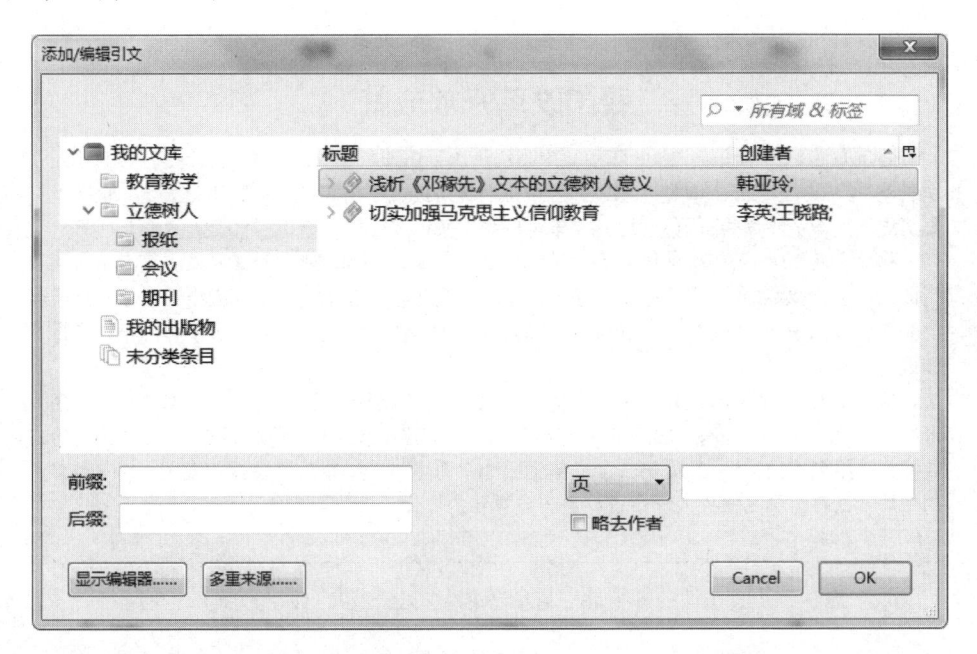

图 2.44　在 Word 文档中插入文献步骤（3）：选择文献

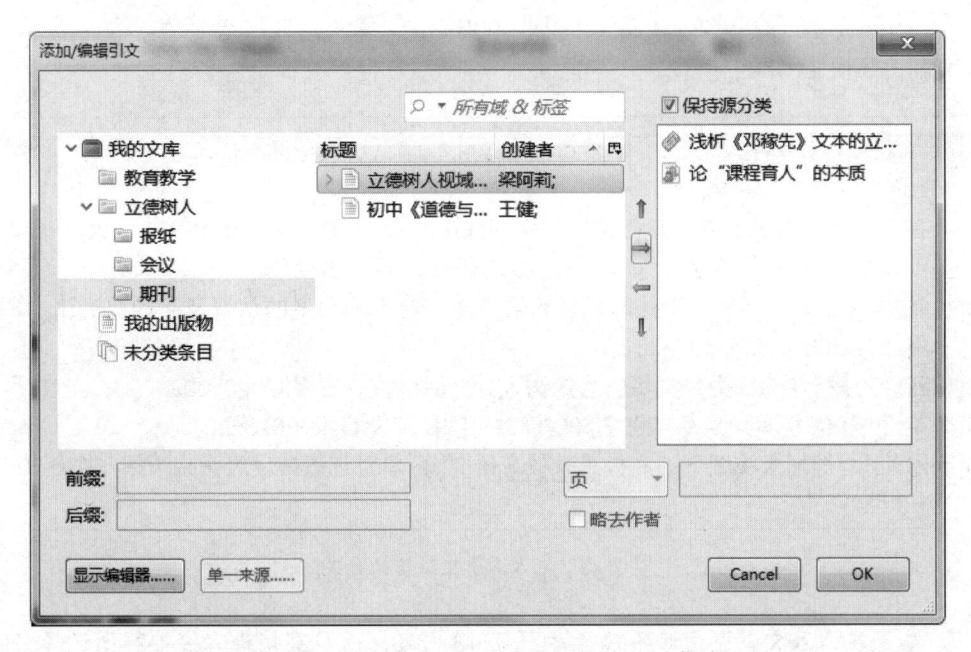

图 2.45　在 Word 文档中插入文献步骤（4）：选择多个文献

5. 文献选择完成后单击"OK"按钮，即可完成文献引用的插入。所有文献引用插入后的效果如图 2.46 所示。从图中可以看出，当插入 2 个文献时，引用编号之间使用逗号隔开，当插入 3 个及以上连续文献时，文献之间利用连字符连接。

> **我国改革开放成就**
>
> 经济方面：1978 年到 2006 年间，中国经济总量迅速扩张，国内生产总值从 3645 亿元增长至 21,0871 亿元，增长近 60 倍[1]。中国的经济成就不仅写在了中国历史之上，也在世界历史上刻下了辉煌的一页，过去 25 年全球脱贫所得成就中，近 70%的成就归功于中国！
>
> 科技方面：从 1979 年远程火箭发射试验成功，到 2003 年"神五"升天，首次载人航天飞行成功，再到 2005 年神舟六号载人航天卫星顺利返回，中国航天人在摸索中让祖国一跃成为航天科技强国[2,3]。2008 年，我国首颗探月卫星"嫦娥一号"发射升空，炎黄子孙的千年奔月梦成为了现实！
>
> 文化方面：1983 年，邓小平同志提出，教育要面向现代化，面对世界，面对未来！高考制度恢复之初，全国有 570 万人参加高考，仅录取了 27 万名；而到 2007 年，全国普通高校招生报名人数达到 1010 万，录取新生达 567 万名[4-6]。随着教育规模的发展，越来越多的中华儿女在世界高精尖人才中占据着日益重要的位置！

图 2.46　插入引用编号后的效果

6. 插入文献。文献引用插入完成后，将插入点放在 Word 文档中需要插入参考文献的位置，然后单击"Zotero→Add/Edit Bibliography"选项，此时将插入文献引用对应的参考文献，如图 2.47 所示。

> [1]杜春涛;王若宾;马礼;王景中. 翻转课堂生态化教学系统模型建构[J]. 北方工业大学学报, 2018(02 vo 30): 74–79.
> [2]杜春涛;王若宾;宋威. 基于新建构主义学习理论的 O2O 教学设计研究——以大学计算机基础课程为例[J]. 北方工业大学学报, 2019(05 vo 31): 126–133.
> [3]杜春涛;张进治;王若宾. 矿井回风换热器换热性能影响因素的仿真及实验研究[J]. 煤炭学报, 2014(05 vo 39): 897–902.
> [4]韩亚玲. 浅析《邓稼先》文本的立德树人意义[N]. 拉萨日报, 2020: 003.
> [5]李英;王晓路. 切实加强马克思主义信仰教育[N]. 河北日报, 2020: 007.
> [6]梁阿莉. 立德树人视域下的高校思政教育研究[J]. 黑龙江教师发展学院学报, 2020(10 vo 39): 88–90.

图 2.47　插入参考文献后的效果

7. 如果在插入文献引用时不想显示图 2.43 内容，而是直接进入经典视图选择文献，则可以在 Zotero 软件中单击"编辑→首选项"菜单，打开"Zotero 首选项"对话框，选择"引用"按钮和"文字处理软件"选项卡，勾选"使用添加引用的经典对话框"如图 2.48 所示。这样在插入文献引用时就会跳过图 2.43 的内容，直接打开图 2.44 的内容选择文献。

图 2.48　使用添加引用的经典对话框

案例 2.10　编 辑 文 献

2.10.1　案例描述

在上一个案例的基础上对文献进行编辑，包括在 Word 文档中利用快速格式化引文窗口编辑文献引用、在 Word 文档中利用添加/编辑引文窗口编辑文献引用、在 Word 文档中直接编辑文献内容、在 Zotero 软件中编辑文献内容并在 Word 文档中进行更新、取消文献引用与文献的链接等。

2.10.2　实现效果

对上一个案例的文献编辑后的实现效果如图 2.49 所示。

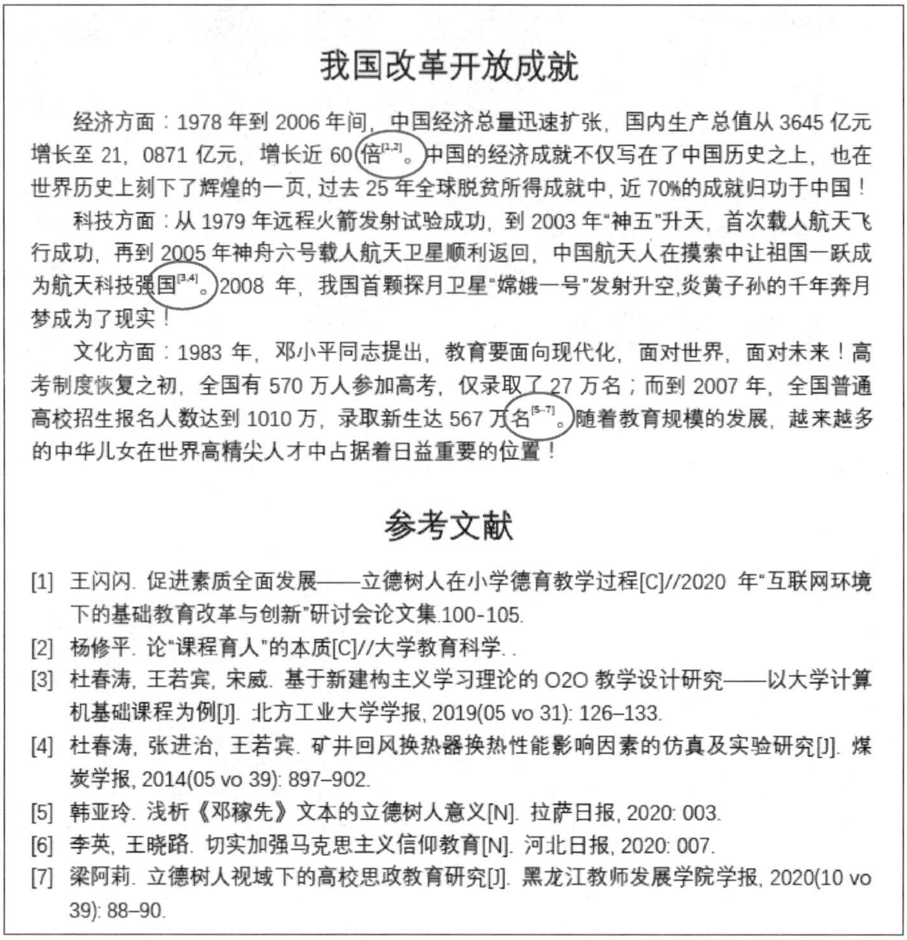

我国改革开放成就

经济方面：1978 年到 2006 年间，中国经济总量迅速扩张，国内生产总值从 3645 亿元增长至 21,0871 亿元，增长近 60 倍[1,2]。中国的经济成就不仅写在了中国历史之上，也在世界历史上刻下了辉煌的一页，过去 25 年全球脱贫所得成就中，近 70%的成就归功于中国！

科技方面：从 1979 年远程火箭发射试验成功，到 2003 年"神五"升天，首次载人航天飞行成功，再到 2005 年神舟六号载人航天卫星顺利返回，中国航天人在摸索中让祖国一跃成为航天科技强国[3,4]。2008 年，我国首颗探月卫星"嫦娥一号"发射升空，炎黄子孙的千年奔月梦成为了现实！

文化方面：1983 年，邓小平同志提出，教育要面向现代化，面对世界，面对未来！高考制度恢复之初，全国有 570 万人参加高考，仅录取了 27 万名；而到 2007 年，全国普通高校招生报名人数达到 1010 万，录取新生达 567 万名[5-7]。随着教育规模的发展，越来越多的中华儿女在世界高精尖人才中占据着日益重要的位置！

参考文献

[1] 王闪闪. 促进素质全面发展——立德树人在小学德育教学过程[C]//2020 年"互联网环境下的基础教育改革与创新"研讨会论文集.100-105.
[2] 杨修平. 论"课程育人"的本质[C]//大学教育科学.
[3] 杜春涛, 王若宾, 宋威. 基于新建构主义学习理论的 O2O 教学设计研究——以大学计算机基础课程为例[J]. 北方工业大学学报, 2019(05 vo 31): 126–133.
[4] 杜春涛, 张进治, 王若宾. 矿井回风换热器换热性能影响因素的仿真及实验研究[J]. 煤炭学报, 2014(05 vo 39): 897–902.
[5] 韩亚玲. 浅析《邓稼先》文本的立德树人意义[N]. 拉萨日报, 2020: 003.
[6] 李英, 王晓路. 切实加强马克思主义信仰教育[N]. 河北日报, 2020: 007.
[7] 梁阿莉. 立德树人视域下的高校思政教育研究[J]. 黑龙江教师发展学院学报, 2020(10 vo 39): 88–90.

图 2.49　文献修改后的实现效果

2.10.3　案例实现

1. 在 Word 文档中利用快速格式化引文窗口编辑文献引用。在 Word 文档中把插入点放在文献引用位置，单击"Zotero→Add/Edit Citation"选项，弹出快速格式化引文窗口，如图 2.50 所示。在该窗口中可以直接删除文献或调整文献顺序。

图 2.50　利用快速格式化引文窗口编辑文献引用

2. 在 Word 文档中利用经典视图编辑文献引用。单击图 2.50 窗口左侧 Z 图标右侧的箭头，在弹出的菜单中选择"经典视图"选项，此时弹出"添加/编辑引文"对话框，单击对话框下面的"多重来源……"按钮，此时在窗口右侧显示选中文献列表框，选择中间列表框文献库中的文献，或右侧列表框中选择的文献，利用图标 ⇐ 或 ⇒ 删除或添加选择的文献，利用图标 ↑ 或 ↓ 修改选择文献出现的顺序，如图 2.51 所示，最后单击"OK"按钮，此时文献引用和内容将自动更新。

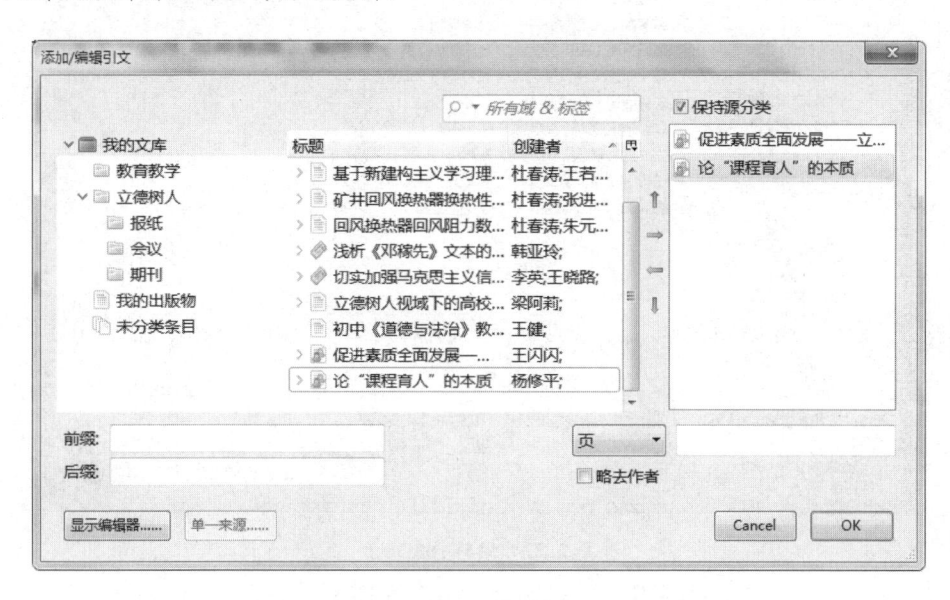

图 2.51　利用添加/编辑引文窗口修改文献引用

3. 在 Word 文档中利用 Zotero 插件编辑文献内容。方法是把插入点放在文献中，单击"Zotero→Add/Edit Bibliography"选项，将会弹出"编辑引文目录"对话框，如图 2.52 所示。在窗口中间列表框中选择需要编辑的文献，利用 ⇒ 加入到右侧列表框后并选中，就可以在下面的文本框中进行编辑。但在这里编辑后，文献将无法与 Zotero 文献库中的数据库或样式进行同步更新，而且在 Word 文档中的参考文献顺序也会发生变化，因此建议尽量不要在这里编辑文献。

4. 在 Zotero 文献库中编辑文献。如果文献信息有问题，最好的办法是在 Zotero 文献库中直接编辑文献，然后在 Word 文档中进行更新。例如本案例中所有文献的作者都是中文名字，应该放在一个文本框中，而且每位作者各占一行，作者后面不应带有分号，将以上这些问题在 Zotero 文献库中进行修改。某一个文献在编辑前的效果，如图 2.53 所示，编辑后的效果，如图 2.54 所示。

5. 在 Word 文档中更新文献。在 Zotero 中编辑完文献后，打开 Word 文档，单击"Zotero→Refresh"选项，此时所有在 Zotero 文献库中编辑的文献都将在 Word 文档中进行更新，如图 2.55 所示，从图中可以看出，如果文献有多个作者，作者之间使用逗号分开，最后一个作者后面使用句点分隔。

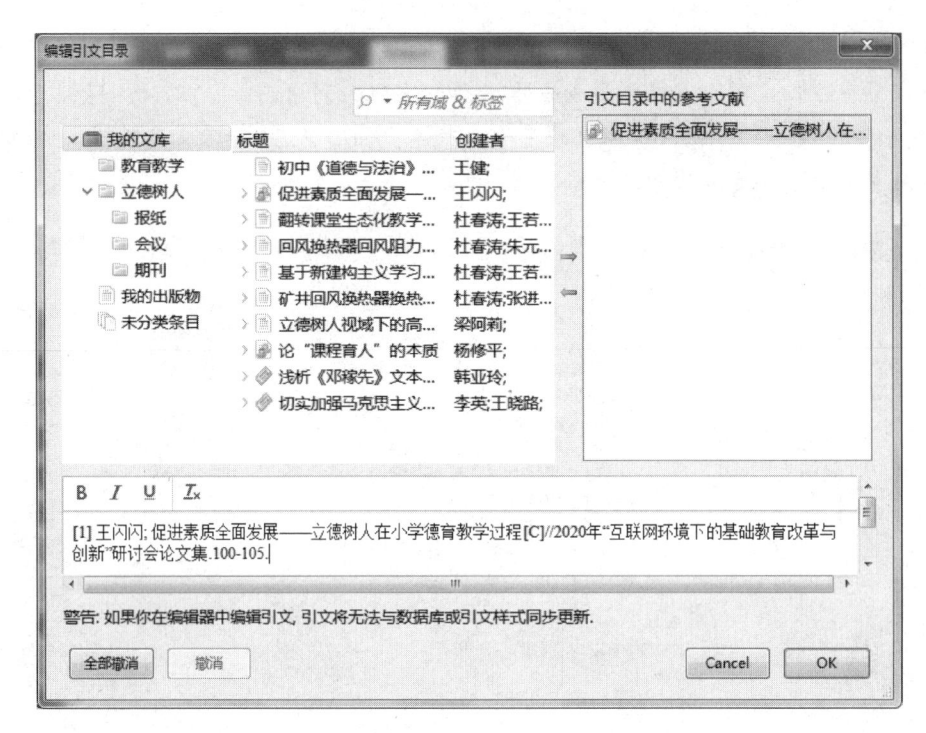

图 2.52 编辑引文目录

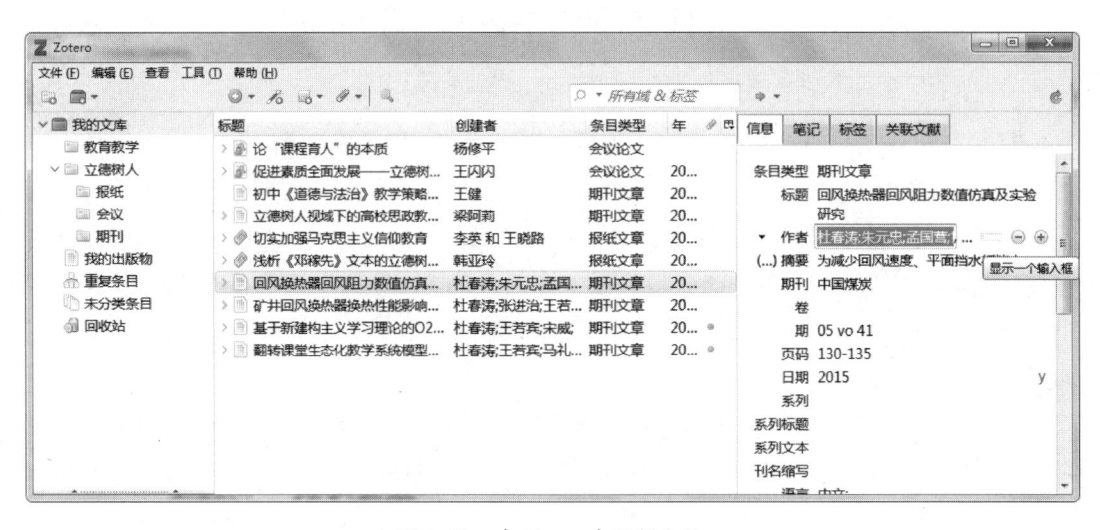

图 2.53 在 Zotero 中编辑文献

6. 取消文献引用与文献的链接。有些期刊或书籍要求文献不能带有链接或域代码，这时就需要取消文献引用与文献的链接，删除文献域代码。方法如下：选择文献，单击"Zotero→Unlink Citations"选项即可。

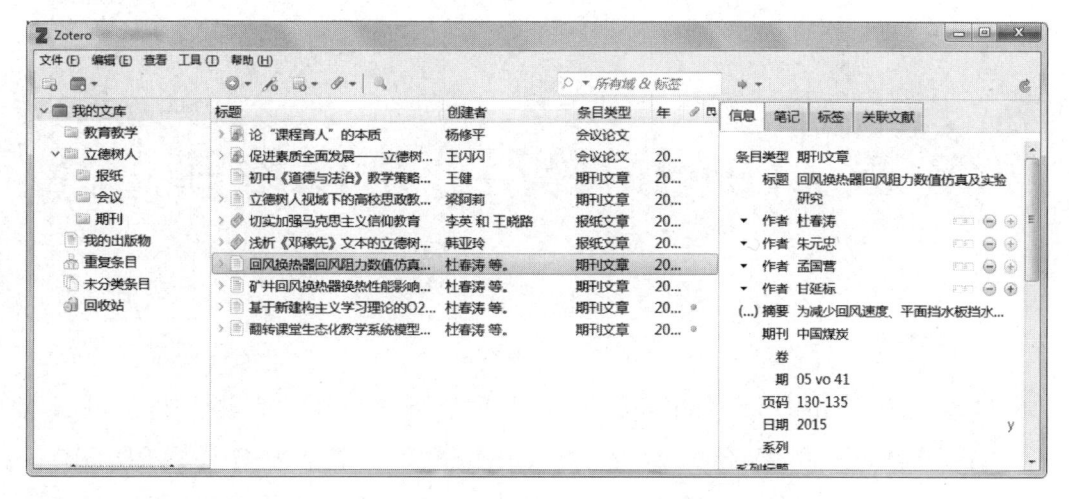

图 2.54 在 Zotero 中编辑文献后的效果

参考文献

[1] 王闪闪. 促进素质全面发展——立德树人在小学德育教学过程[C]//2020 年"互联网环境下的基础教育改革与创新"研讨会论文集.100-105.

[2] 杨修平. 论"课程育人"的本质[C]//大学教育科学.

[3] 杜春涛, 王若宾, 宋威. 基于新建构主义学习理论的 O2O 教学设计研究——以大学计算机基础课程为例[J]. 北方工业大学学报, 2019(05 vo 31):126–133.

[4] 杜春涛, 张进治, 王若宾. 矿井回风换热器换热性能影响因素的仿真及实验研究[J]. 煤炭学报, 2014(05 vo 39):897–902.

[5] 韩亚玲. 浅析《邓稼先》文本的立德树人意义[N]. 拉萨日报, 2020:003.

[6] 李英, 王晓路. 切实加强马克思主义信仰教育[N]. 河北日报, 2020:007.

[7] 梁阿莉. 立德树人视域下的高校思政教育研究[J]. 黑龙江教师发展学院学报, 2020(10 vo 39):88–90.

图 2.55 在 Word 中更新文献后的效果

第 3 章 Origin 数据分析图绘制工具

Origin 是由 OriginLab 公司开发的一个科学绘图、数据分析软件，支持在 Microsoft Windows 下运行。Origin 软件支持各种各样的 2D/3D 图形。Origin 软件中的数据分析功能包括统计、信号处理、曲线拟合以及峰值分析等。Origin 软件中的曲线拟合是采用基于 Levernberg-Marquardt 算法（LMA）的非线性最小二乘法拟合。Origin 软件有强大的数据导入功能，支持多种格式的数据，包括 ASCII、Excel、NI TDM、DIADem、NetCDF、SPC 等。图形输出格式多样，包括 JPEG,GIF,EPS,TIFF 等。内置的查询工具可通过 ADO 访问数据库数据。

案例 3.1　基 本 绘 图

3.1.1　案例描述

给定 x 坐标（x=1、2、3、4、5），根据公式 y=2*x+1 计算 y 坐标，根据（x,y）坐标绘制一条直线，并添加图表边界。

3.1.2　实现效果

基本绘图案例的实现效果如图 3.1 所示。

3.1.3　实现过程

1. 打开 Origin 软件，在 Book1 的 A(X) 列输入如图 3.1 所示的数据，在 B(Y) 列的 F(x)= 行中输入公式 2*A+1，这样 B(Y) 列中的数据就自动生成。

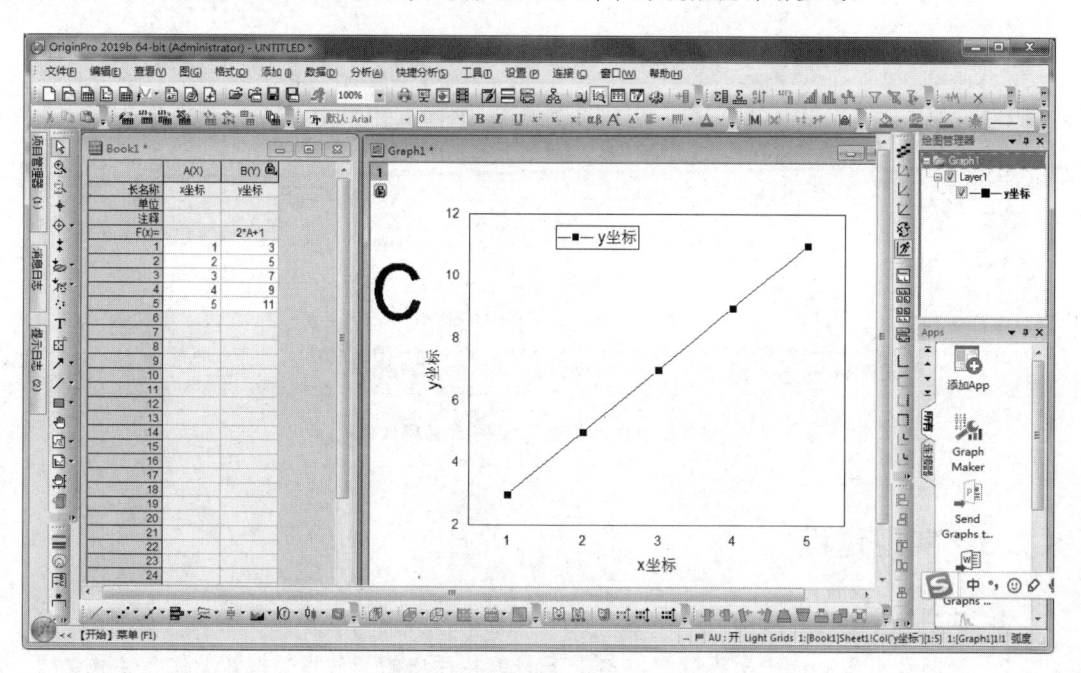

图 3.1　基本绘图案例的实现效果

2. 选中所有数据，单击窗口左下角的"点线图"按钮，自动生成点线图。
3. 单击"查看→显示→框架"菜单，自动生成右侧和上面的边框。

案例 3.2 线性拟合图

3.2.1 案例描述

设计一个案例，利用给定的数据绘制线性拟合图。

3.2.2 实现效果

线性拟合图案例的实现效果如图 3.2 所示。

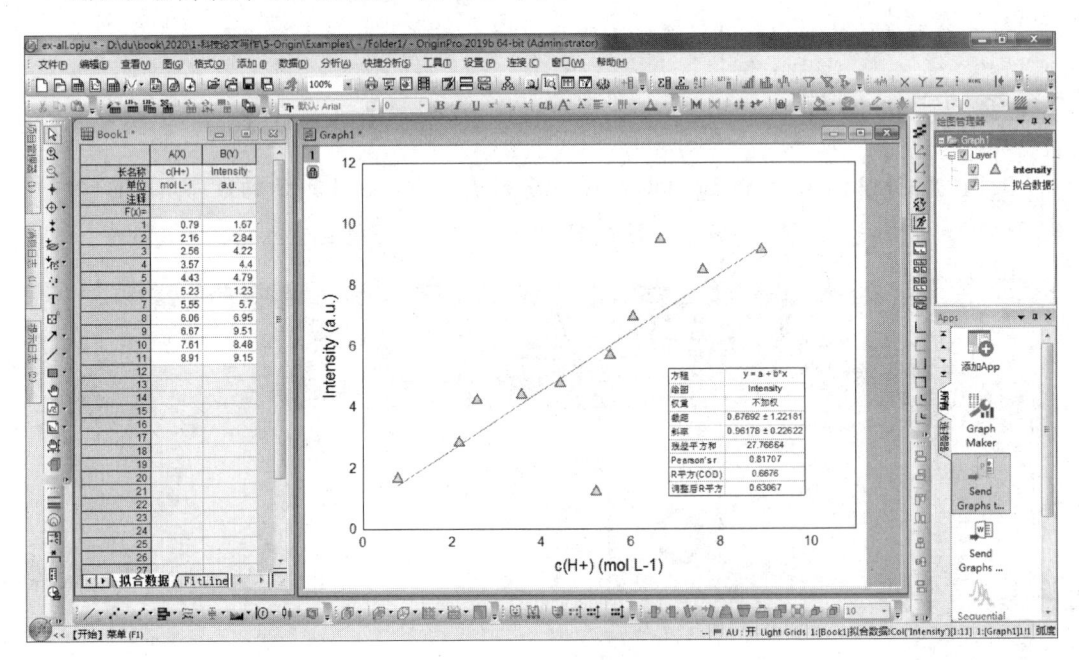

图 3.2 线性拟合图案例的实现效果

3.2.3 实现过程

1. 数据的导入。新建项目数据表，将原数据复制到工作表中，并修改表名称。

2. 绘制散点图。选中所有数据，单击下面工具栏中的"散点"按钮绘制散点图。

3. 修改刻度范围：双击"Y 轴"，在弹出的窗口中选择"刻度"选项卡，将 Y 轴的刻度范围设置为 0~12，主刻度值改为 2，如图 3.3 所示，最后单击"确定"按钮。

4. 修改刻度线方向全部朝内。选择图中的"轴线和刻度线"标签，将"主刻度"和"次刻度"的样式修改为"朝内"。

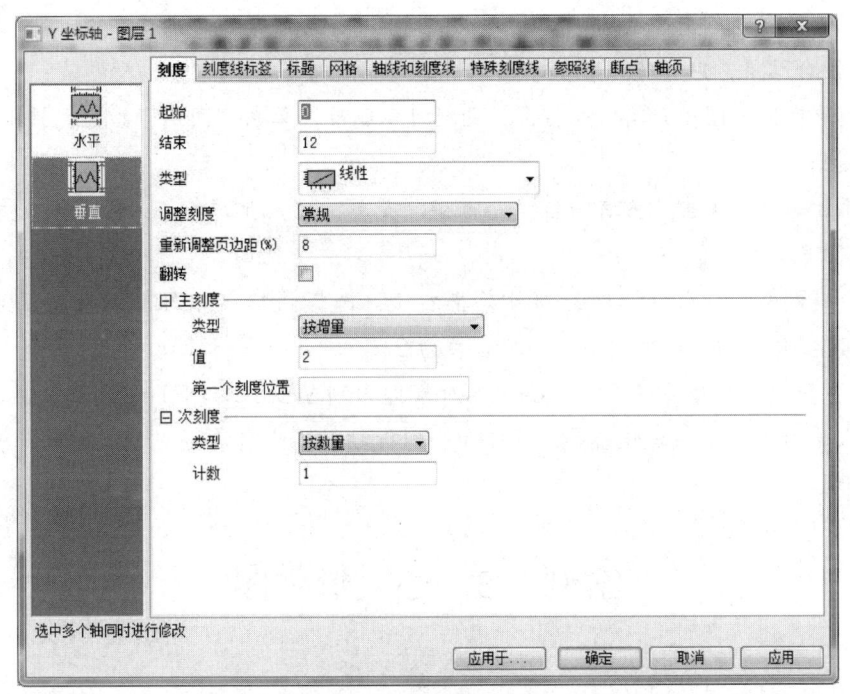

图 3.3 修改坐标轴格式

5. 修改散点符号。双击"散点"按钮，打开窗口如图 3.4 所示。在"符号"页面，选择"△"符号，大小改为 12，设置边线宽度为 40，边缘颜色改为红色，填充色改为黄色，单击"确定"按钮。

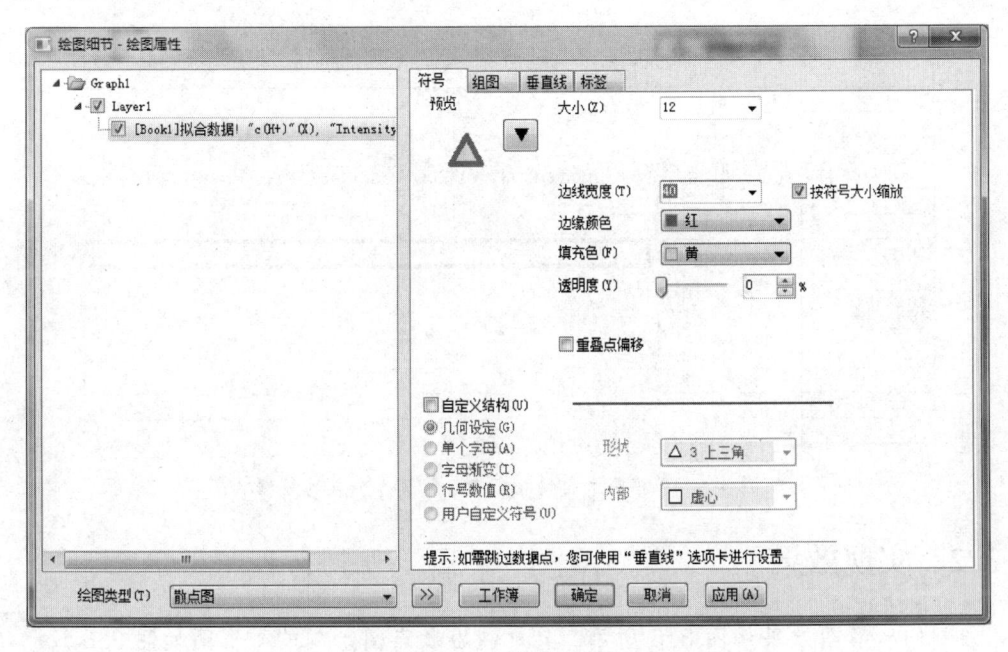

图 3.4 设置符号颜色

6. 线性拟合。单击"分析→拟合→线性拟合→打开"菜单，直接单击"确定"按钮即可得到拟合结果，包含截距 a、斜率 b、R2。

7. 删除图例。图中只有一个样品，图例可以删除，单击"图例"按钮，按键盘"Delete"键进行删除。

8. 添加边框。单击"查看→显示→框架"菜单，自动生成右侧和上面的边框，最后的效果如图 3.2 所示。

9. 一键调整图形边距。在空白处单击右键，选择快捷菜单的"调整图层至页面大小"选项，在弹出的对话框中设置边框宽度为 2。

10. 图形输出。如果将 Origin Graph 对象插入到 Word 或 PPT 中，可以通过快捷键"Ctrl+J"进行复制，通过快捷键"Ctrl+V"进行粘贴，也可以通过"文件→导出图形"选项来实现。

案例 3.3　心　形　图

3.3.1　案例描述

利用公式自动生成 760 行的 X 和 Y 坐标值（其中 Y 坐标值只有 315 个有效，其他行的 Y 坐标值无效，显示为 -），如图 3.5 所示。根据生成的数据，利用散点图和点线图绘制心形图。

	A(X)	B(Y)	
长名称	I	U	
单位		a.u.	
注释		all	
F(x)=	(i-380)/100	(sqrt(cos(A))*cos(200*A)+sqrt(abs(A))-0.7)*(4-A^2)^0.01	
1	-3.79	--	
2	-3.78	--	
3	-3.77	--	
4	-3.76	--	
5	-3.75	--	
6	-3.74	--	
7	-3.73	--	
8	-3.72	--	
9	-3.71	--	
10	-3.7	--	

图 3.5　根据公式自动生成 760 行 315 个点的数据

3.3.2　实现效果

绘制的心形图效果如图 3.6 所示，其中利用散点图绘制的心形图如图 3.6（a）所示，利用点线图绘制的心形图如图3.6（b）所示。

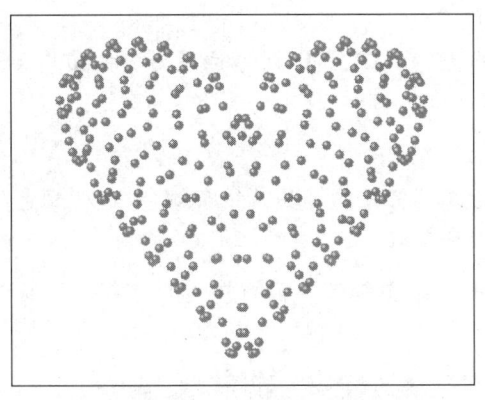

（a）利用散点图绘制的心形图　　　　　　　（b）利用点线图绘制的心形图

图3.6　绘制的心形图效果

3.3.3　实现过程

1. 设置X列数据，获得-3.8~3.8之间的760个点的X坐标数据。选中A(X)列并单击右键，在弹出的快捷菜单中首先设置"设置为类别"快捷菜单不被选中，再通过快捷菜单选择"设置列值"菜单项（或直接通过快捷键"Ctrl+Q"），在弹出的"设置值"对话框中设置Row(i)从1到760，在"Col(A)="列表中输入"(i-380)/100"，如图3.7所示，最后单击"确定"按钮，此时在A(X)列中将自动完成数据填充。

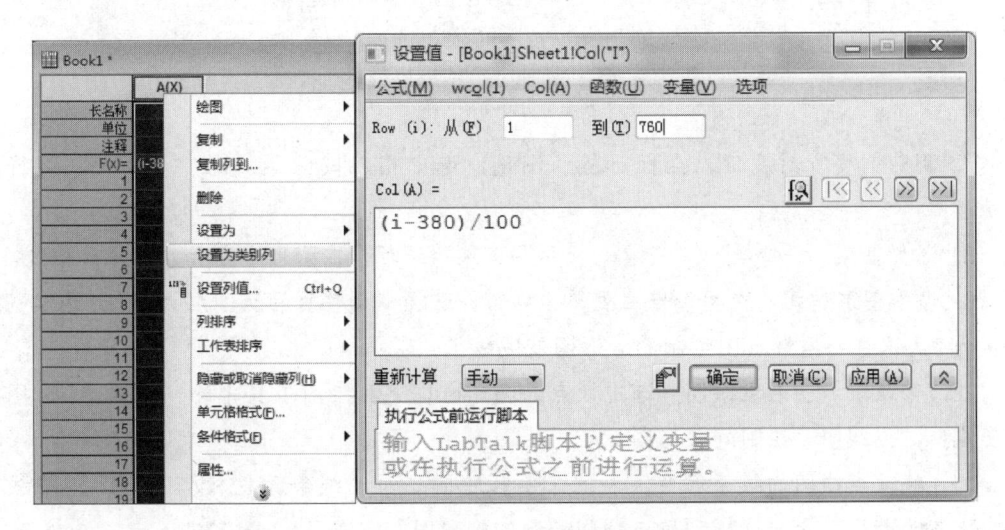

图3.7　在A列填充数据及"设置为类别列"不选中

2. 设置B(Y)列数据。在B列的f(x)单元格中输入"(sqrt(cos(A))*cos(200*A)+sqrt(abs(A))-0.7)*(4-A^2)^0.01"公式。输入完公式并按回车键，在该

列将自动填充与 A（X）列中的数据相对应的数据。注：该列中只有中间的 305 个数据能被计算出来，其他数据没有结果，显示"–"符号。

3. 修改 AB 列的长名称。A 列为"I"、B 列为"U"、B 列单位设为"a.u."、B 列的注释设为"all"。

4. 选择数据绘图。绘制散点图。

5. 修改散点颜色。单击选中点，利用上面工具栏中的工具"线条颜色/边框颜色"工具，将散点设置为红色。

6. 修改散点形状。双击某个点，在打开的"绘图细节"窗口中选择"符号"标签，将形状修改为"球形"，如图 3.8 所示。

图 3.8　绘图细节窗口

7. 删除刻度、刻度值、坐标标签、图例，选中相应的元素并按"Delete"键将其删除。

8. 添加框架。选择菜单"查看→显示→框架"选项，在图形上面和右侧添加框线。

9. 调整图形边距。在图形空白处单击右键，选择"调整页面至图层大小"，边框宽度设置为 2。这样利用散点图绘制的心形图就完成了。

10. 修改散点图为点线图。选中散点，选择窗口下面绘图工具中的"点线图"，图形将变成以"点线图"绘制的心形图。

11. 修改点线图的线条颜色。利用工具栏中的工具"线条颜色/边框颜色"，将线条颜色设置为紫罗兰色。这样利用点线图绘制的心形图就完成了。

12. 图片输出。如果将 Origin Graph 对象插入 Word 或 PPT 中，直接通过快捷键"Ctrl+J"进行复制，利用快捷键"Ctrl+V"进行粘贴即可，也可以将图形导出为矢量图 EPS 或 PDF 文件。

案例 3.4 棉 棒 图

3.4.1 案例描述

利用给定数据绘制棉棒图。棉棒图是在散点图的基础上,通过绘制所有点到某条水平线的垂线得到的图形。

3.4.2 实现效果

根据给定的数据绘制棉棒图的实现效果如图 3.9 所示。每个棉棒的颜色是有区别的。

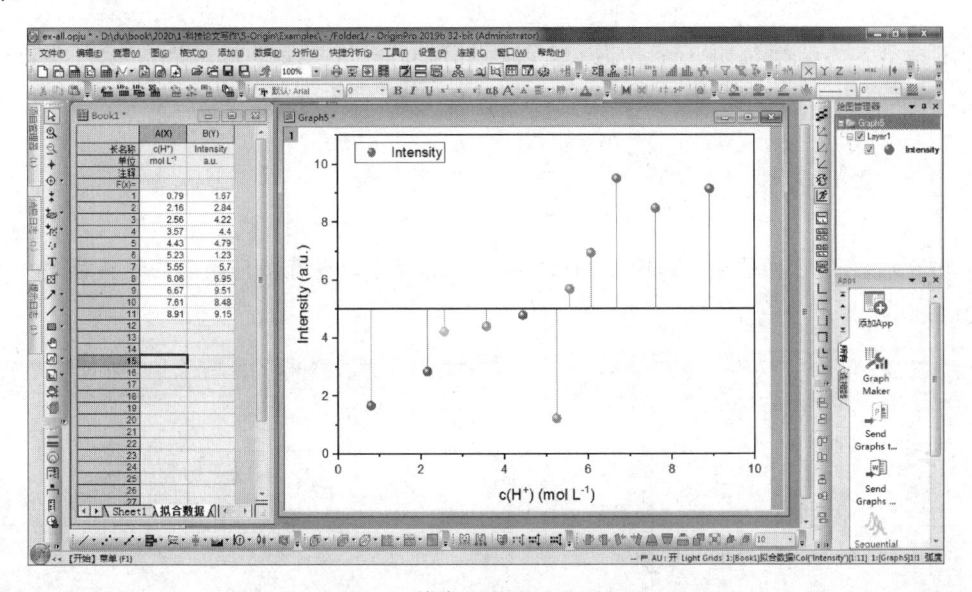

图 3.9 棉棒图案例的实现效果

3.4.3 实现过程

1. 将数据导入或拷贝到 Origin 工作表中。
2. 按快捷键 "Ctrl+A" 全选数据,绘制散点图。
3. 修改散点符号。双击散点,修改符号为 "球形",大小为 12。
4. 添加水平附加线。双击 "X 轴",在弹出的窗口中选择 "网格" 选项卡,在底部 "附加线" 中勾选 "Y=",数值填写为 5,然后单击 "确定" 按钮。
5. 添加垂线。双击 "散点",在弹出的窗口中选择 "垂线" 选项卡,勾选 "垂直" 复选框,将 "下垂至" 改为 "Y=自定义附加线",然后单击 "确定" 按钮。

6. 修改配色。设置"按点"配色。双击散点,在弹出的窗口中选择"符号"选项卡,修改边缘颜色"按点",选择糖果盒(色号为Q02),并设置"增量开始于"某种颜色,然后单击"确定"按钮。

7. 显示边框。选择菜单"查看→显示→框架"选项来显示边框。

8. 调整图形大小。图形空白处单击右键,在弹出的菜单中选择"调整图层至页面大小"按钮,在弹出的对话框中采用默认设置,然后单击"确定"按钮。

案例 3.5 误差图和气泡图

3.5.1 案例描述

根据给定的数据绘制一个气泡+颜色映射图和一个根据误差列进行颜色映射的误差图。

3.5.2 实现效果

气泡+颜色映射图的效果如图 3.10 所示,利用误差列进行颜色映射的误差图的效果如图 3.11 所示。

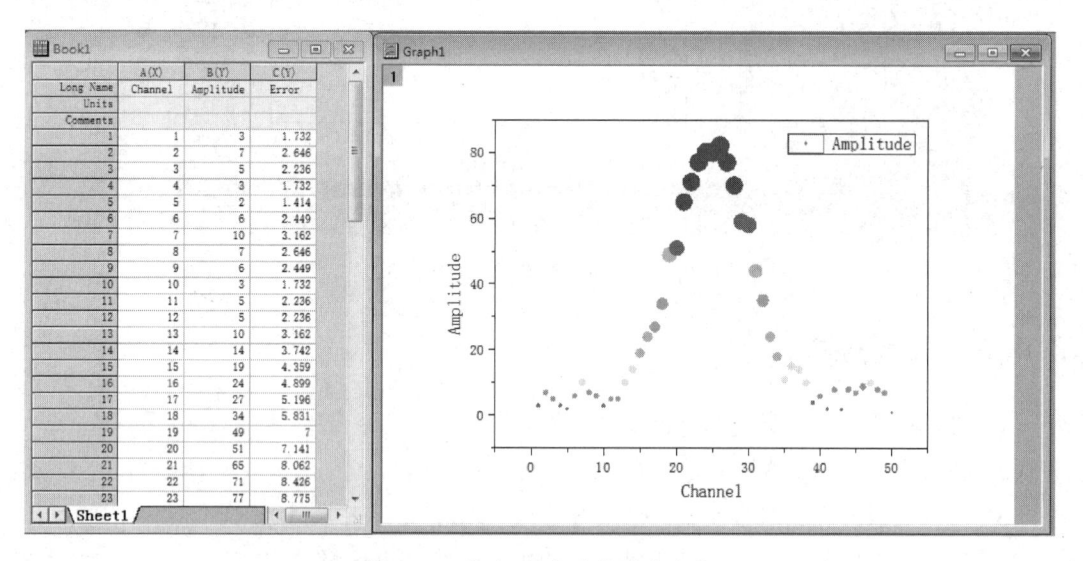

图 3.10 气泡+颜色映射图的效果

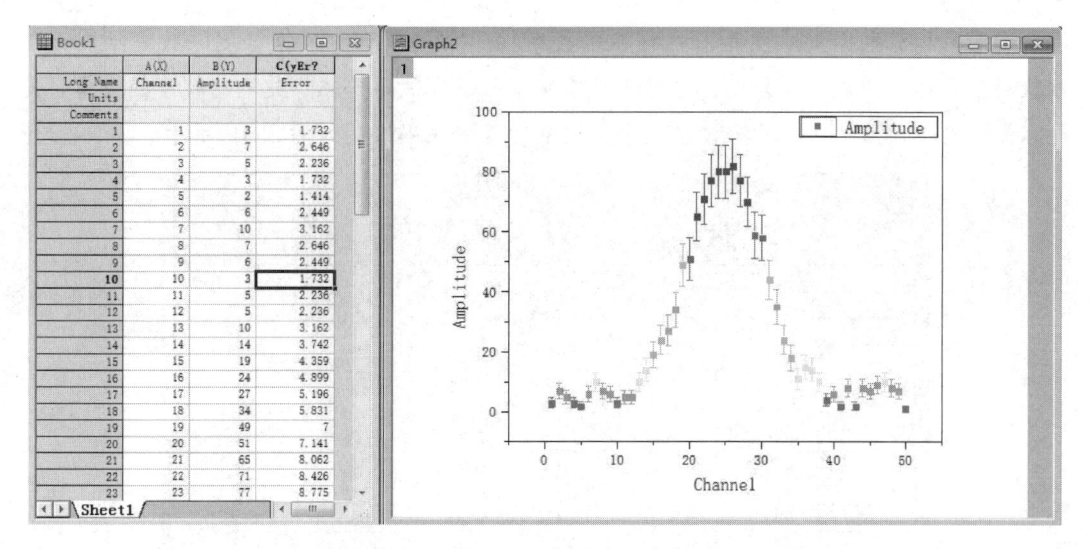

图 3.11 利用误差列进行颜色映射的误差图的效果

3.5.3 实现过程

1. 数据导入。把数据导入"Book1"中的"Sheet1"中。

2. 气泡+颜色映射图的绘制。选中所有数据,单击下方绘图工具中的"气泡+颜色映射图",这样图形就直接绘制出来了。

3. 误差图的绘制。选中 Book1 中的第三列数据,将它设置为"Y 误差",然后选择所有数据,单击下方绘图工具中的"Y 误差图",这样误差图就绘制出来了。

4. 设置误差图颜色映射。双击误差图中的符号,在弹出的窗口中选择"符号"选项卡,单击"符号颜色"按钮,在弹出的窗口中选择"按点"选项卡中的"映射 Col(C):Error"选项,此时误差图的颜色根据第三列数据进行变化。

5. 显示边框。选择菜单"查看→显示→框架"选项就可以显示边框。

6. 调整图形大小。在图形空白处单击右键,在弹出的菜单中选择"调整图层至页面大小",在弹出的对话框中采用默认设置,然后单击"确定"按钮就可以调整图形大小。

案例 3.6　柱状误差图

3.6.1 案例描述

分组柱状误差图是指将每次充放电倍率下的充电损失率柱状误差图和放电损失率误差图分别绘制,但是作为一组;而堆积柱状误差图是指将每次充放电倍率下的充电损失率柱状误差图和放电损失率误差图绘制在同一个柱子上的图形。根据给定的数据绘制分组柱状误差图和堆积柱状误差图。给定的数据其中包含充放电倍率、充电的容量损失率、充电容量损失率误差、放电的容量损失率、放电容量损失率误差如图 3.12 所示。

图 3.12 给定的数据

3.6.2 实现效果

绘制的分组柱状误差图的效果如图 3.13 所示，绘制的堆积柱状误差图的效果如图 3.14 所示。

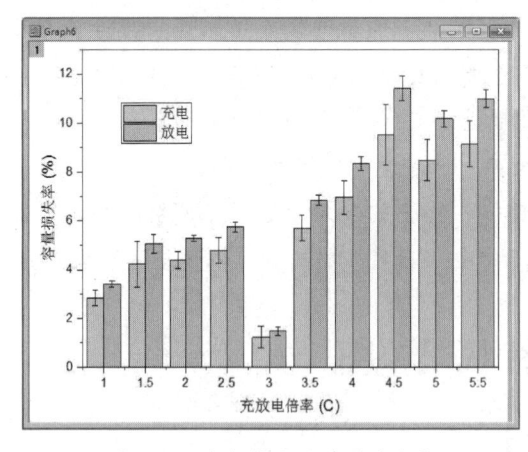

图 3.13 分组柱状误差图的效果 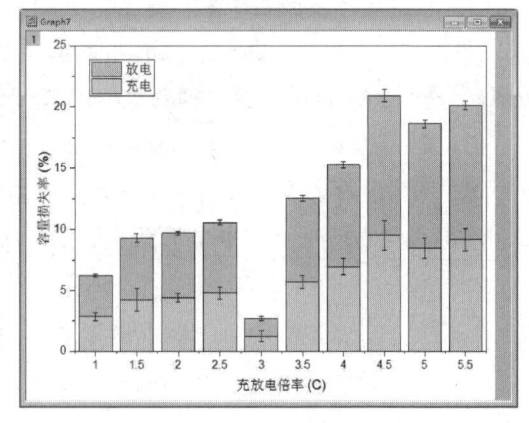　　　　图 3.14 堆积柱状误差图的效果

3.6.3 实现过程

1. 将给定的数据导入或者拷贝到工作簿的数据表中。

2. 将 C 列和 E 列数据设置为"Y 误差"。选择数据列后单击右键，选择"设置为→Y 误差"快捷菜单。

3. 绘制分组柱状误差图。先选中所有数据，然后选择底部工具栏中的"柱状图"，就绘制出分组柱状误差图，如图 3.13 所示。

4. 绘制堆积柱状误差图。先选中所有数据，然后选择底部工具栏中的"堆积柱状图"，就绘制出堆积柱状误差图，如图 3.14 所示。

5. 显示边框。选择菜单"查看→显示→框架"选项就可以显示边框。

6. 调整图形大小。在图形空白处单击右键，在弹出的菜单中选择"调整图层至页面大小"，在弹出的对话框中采用默认设置，然后单击"确定"按钮就可以调整图形大小。

案例 3.7 Y 偏移堆积线图

3.7.1 案例描述

利用给定数据绘制 Y 偏移堆积线图。Y 偏移堆积线图是指一个 x 坐标对应多个 y 坐标值，当 x 坐标不断增加时，就能在 y 方向连续绘制多条线，从而形成 Y 偏移堆积线图。

3.7.2 实现效果

利用图 3.15（a）中的数据绘制 Y 偏移堆积线图，效果如图 3.15（b）所示。从（a）图中可以看出，X 坐标值只有一个，Y 坐标值有 5 个，从而能够在 Y 的不同位置绘制出 5 条线。

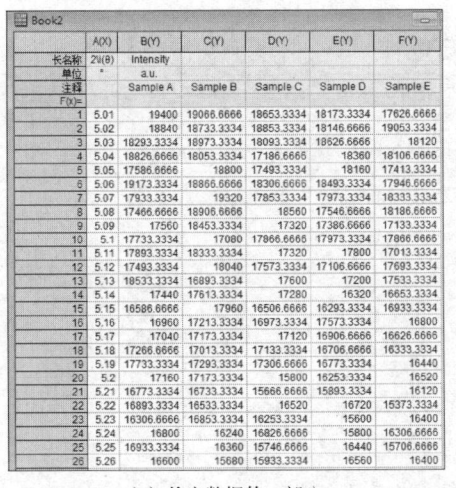

（a）给定数据的一部分　　　　　　　　（b）Y 偏移堆积线图

图 3.15 绘制的 Y 偏移堆积线图的效果

3.7.3 实现过程

1. 导入或拷贝数据。把给定的数据导入或拷贝到"Origin"数据表中。
2. 绘制图形。选择底部工具栏中的"Y偏移堆积线图"绘制图形。
3. 设置线条宽度。选中图形中的线条,利用上面工具栏中的"线条宽度"工具,设置线条宽度为2。
4. 添加文本。在图形空白处单击右键,在弹出的快捷菜单中选择"添加文本"选项,然后输入"Sample A"到"Sample E",并将这些文本移动到合适的位置。
5. 显示边框。选择菜单"查看→显示→框架"选项就可以显示边框。
6. 调整图形大小。在图形空白处单击右键,在弹出的菜单中选择"调整图层至页面大小",在弹出的对话框中采用默认设置,然后单击"确定"按钮。

案例 3.8 雷 达 图

3.8.1 案例描述

雷达图也称为网络图,蜘蛛图,星图,蜘蛛网图,不规则多边形图,极坐标图或Kiviat图。它是以从同一点开始的轴上表示的三个或更多个定量、变量的二维图表的形式来显示多变量数据的图形方法,轴的相对位置和角度通常是无信息的。本案例要求利用雷达图比较100g的Avocado和Pineapple两种水果中各种矿物质的含量。两种水果100g中各种矿物质的含量,如图3.16所示。

	A(X)	B(Y)	C(Y)
长名称	Minerals	Avocado	Pineapple
单位			
注释		Avocado (100 g)	Pineapple (100 g)
F(x)=			
1	Calcium (mg)	12	13
2	Iron (mg)	0.55	0.29
3	Magnesium (mg)	29	12
4	Phosphorus (mg)	52	8
5	Potassium (mg)	485	109
6	Sodium (mg)	7	1
7	Zinc (mg)	0.64	0.12
8			

图 3.16 两种水果各种矿物质的含量

3.8.2　实现效果

两种水果矿物质含量的雷达图的实现效果如图 3.17 所示。从图中可以看出，Avocado 的 Calcium 含量比 Pineapple 高，其他矿物质的含量都比 Pineapple 的少。

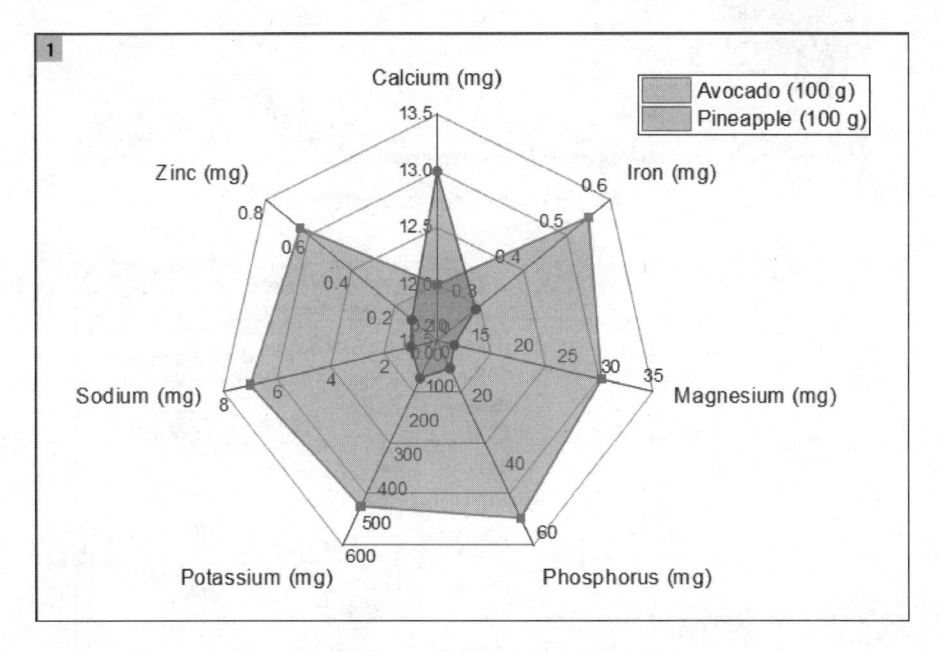

图 3.17　雷达图的实现效果

3.8.3　实现过程

1. 数据准备。将给定的数据导入或拷贝到"Origin"工作表中。
2. 图形绘制。选中所有数据，单击下方工具栏中的"雷达图"。
3. 坐标轴显示比例调整。双击某个坐标轴，在弹出的窗口中选中"显示"选项卡，勾选"各轴各自调整刻度"复选框，如图 3.18 所示。
4. 图形填充。双击雷达图中的某一条连线，打开"绘图细节"窗口，选中"线条"选项卡，在"颜色"下拉框中可以设置线条颜色，勾选下面的"填充曲线之下的区域"复选框，并在其下面的下拉框中选择"填充区域内容-在缺失值处断开"，如图 3.19 所示。然后打开"图案"选项卡，可以在该选项卡中设置填充颜色。

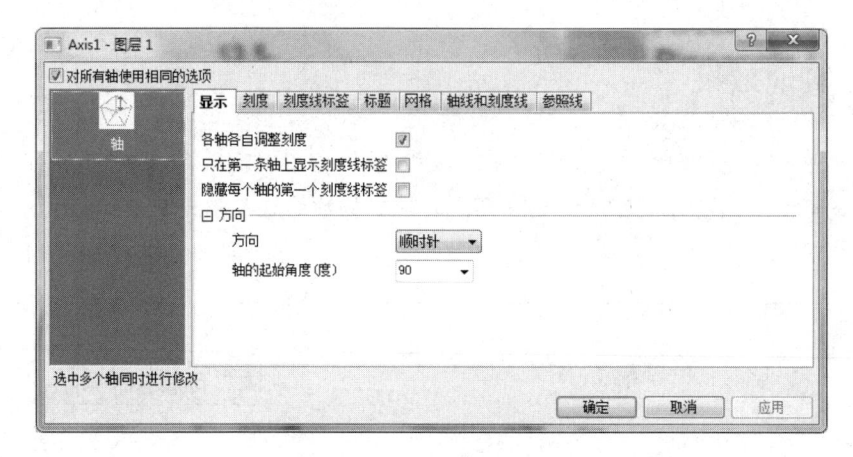

图 3.18 设置各坐标轴刻度

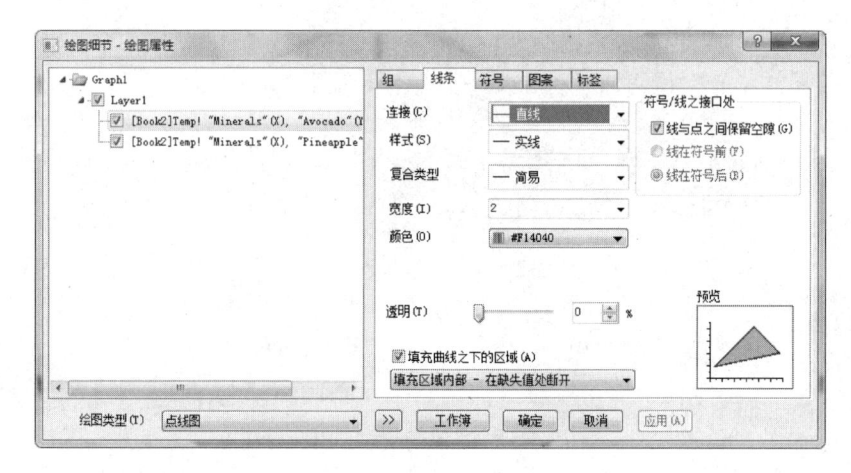

图 3.19 设置雷达图内部填充及颜色

第 4 章　XMind 思维导图绘制

XMind 是一款非常实用的商业思维导图软件，它不仅可以绘制思维导图，还能绘制鱼骨图、二维图、树形图、逻辑图、组织结构图等，并且可以方便地在这些展示形式之间进行转换，同时还可以导入 MindManager、FreeMind 数据文件。

XMind 在企业和教育领域都有很广泛的应用。在企业中，它可以用来进行会议管理、项目管理、信息管理、计划和时间管理、企业决策分析等；在教育领域，它通常被用于教师备课、课程规划、头脑风暴等。

XMind 的文件可以导出成 Microsoft Word、Microsoft PowerPoint、PDF、图片（包括 PNG、JPG、GIF、BMP 等）、RTF、TXT 等格式，同时可以方便地将 XMind 绘制的成果与朋友和同事共享。

XMind Cloud 是 XMind 公司推出的云服务，主要功能是实现不同平台编辑思维导图的云端同步，如用户可在 Mac、PC、iPhone 和 iPad 查看、编辑同一张导图并进行云端同步。

案例 4.1　基本思维导图

4.1.1　案例描述

利用各种工具绘制一个基本思维导图，使用的方法包括：思维导图结构的选择和修改方法，思维导图风格的选择和修改方法，分支主题和子主题的添加方法，画布及各级主题格式的设置方法，主题中图片和图标的插入方法、备注、批注和任务信息的添加方法等。

4.1.2　实现效果

思维导图案例的最后实现效果如图 4.1 所示。

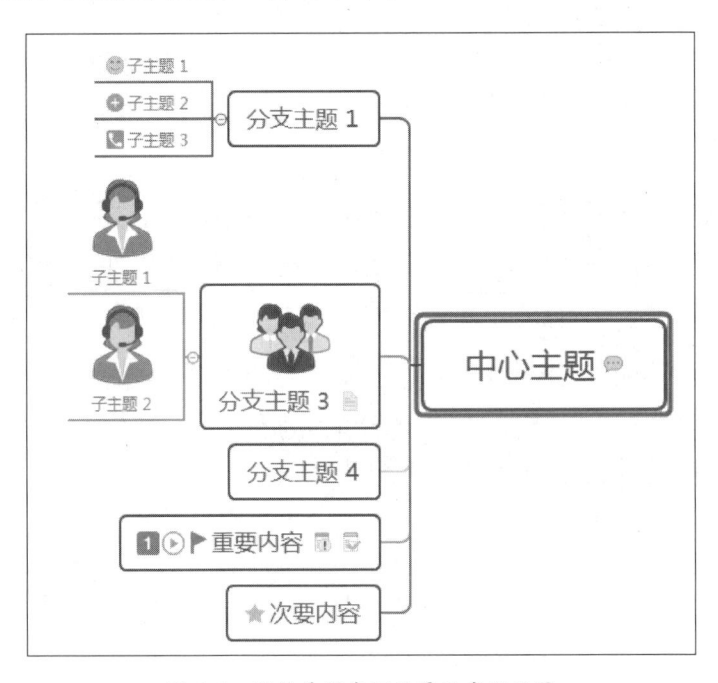

图 4.1　思维导图案例的最后实现效果

4.1.3　实现过程

1. 新建文件并选择思维导图结构。打开 XMind 软件，单击"文件→新建"选项，在打开的窗口中单击"空白图"按钮，将会显示如图 4.2 所示的界面，从中选择需要的结构。

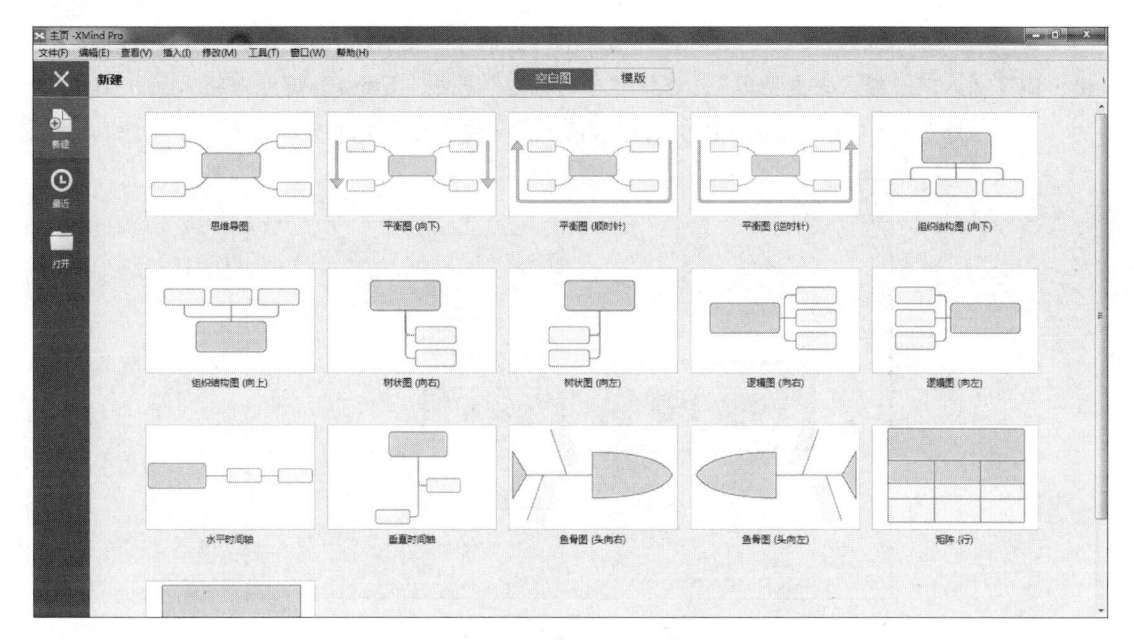

图 4.2　新建空白思维导图界面

2. 选择思维导图风格。选择导图结构后将出现如图 4.3 所示的"选择风格"对话框，从中选择一种思维导图的风格，这里假设选择默认的"专业"风格，然后单击"新建"按钮。

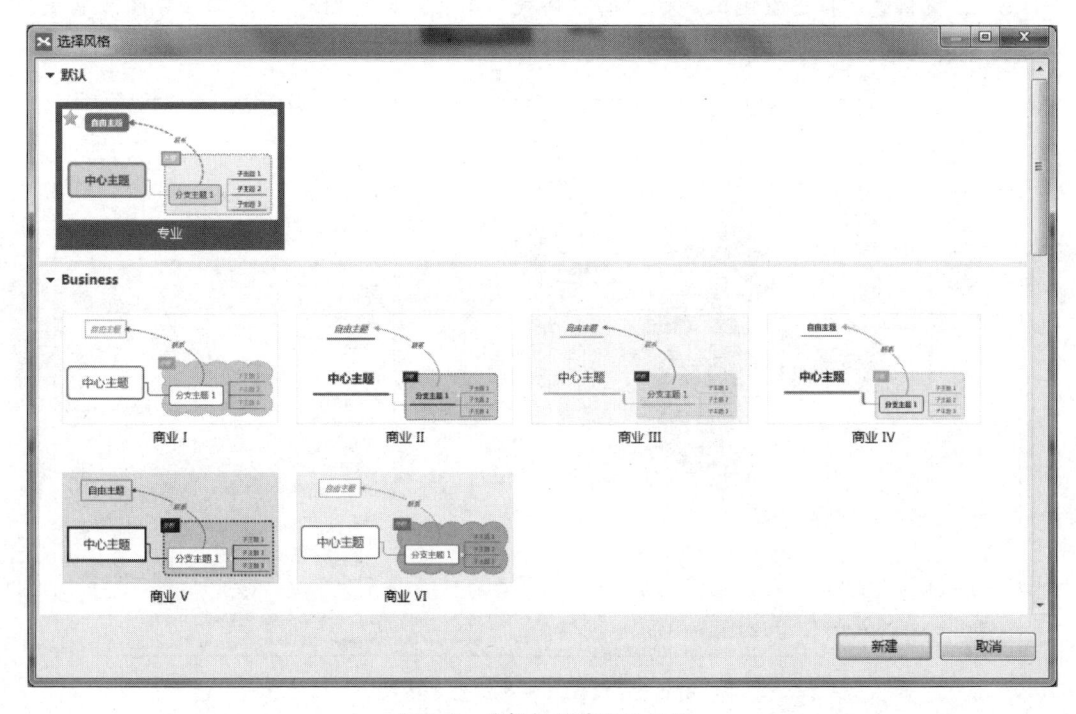

图 4.3　选择思维导图的风格

3. 绘制思维导图。在打开的如图 4.4 所示的界面中，选择"中心主题"后按"Enter"键，即可插入下一级"分支主题"，选择"分支主题"并按"Enter"键可以插入另一个平级的"分支主题"，如果按"Tab"键，则可以插入"分支主题"的下一级分支"子主题"。

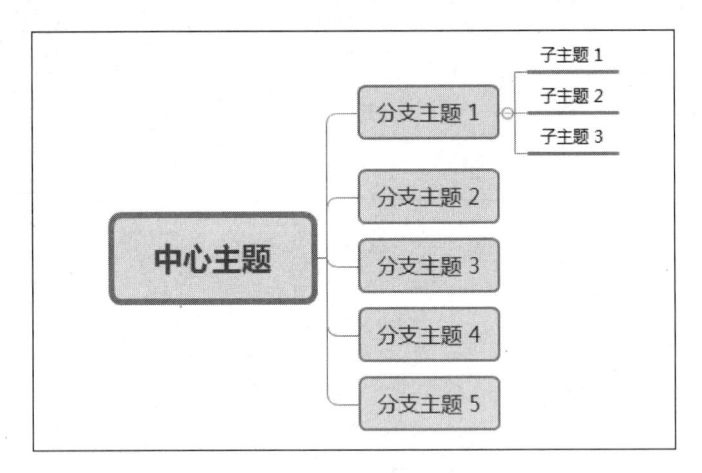

图 4.4 绘制思维导图

4. 输入文字。选择"中心主题""分支主题"或"子主题"即可输入文字，也可以单击最右侧工具栏中的"大纲"工具，在"大纲"列表中双击某个主题，此时也可以修改主题的文本。

5. 设置格式。单击右侧工具栏中的"格式"工具，即可对选择的思维导图元素设置格式，元素包括画布、分支主题和子主题等，如图 4.5 所示。

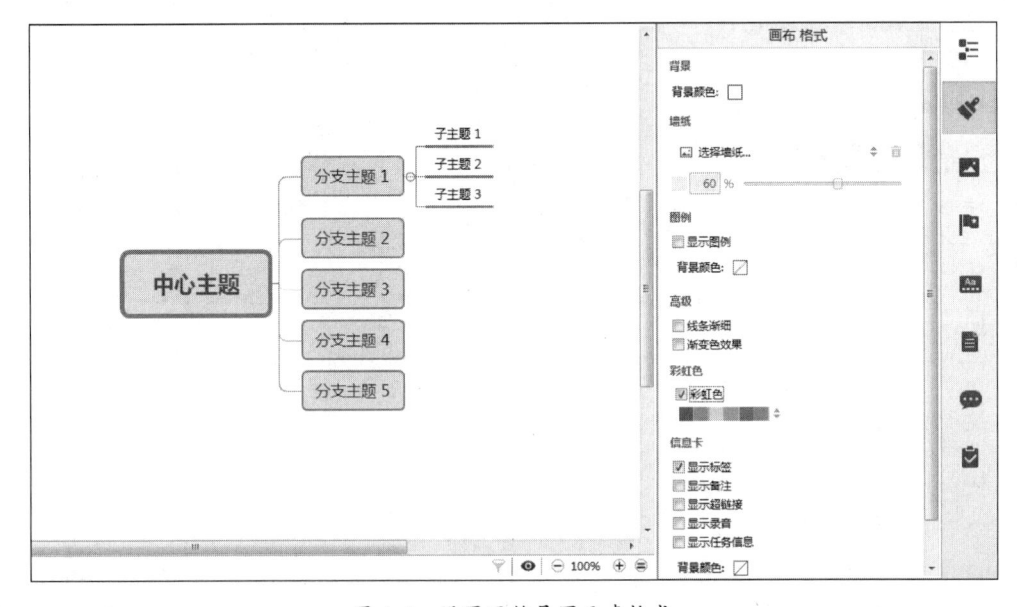

图 4.5 设置思维导图元素格式

6. 插入图片。选择右侧工具栏中的"图片"工具，将会弹出图片列表栏，包括剪贴画和 IconFinder。选择某个主题，单击需要的图形，即可将该图形插入选择的主题，如图 4.6 所示。

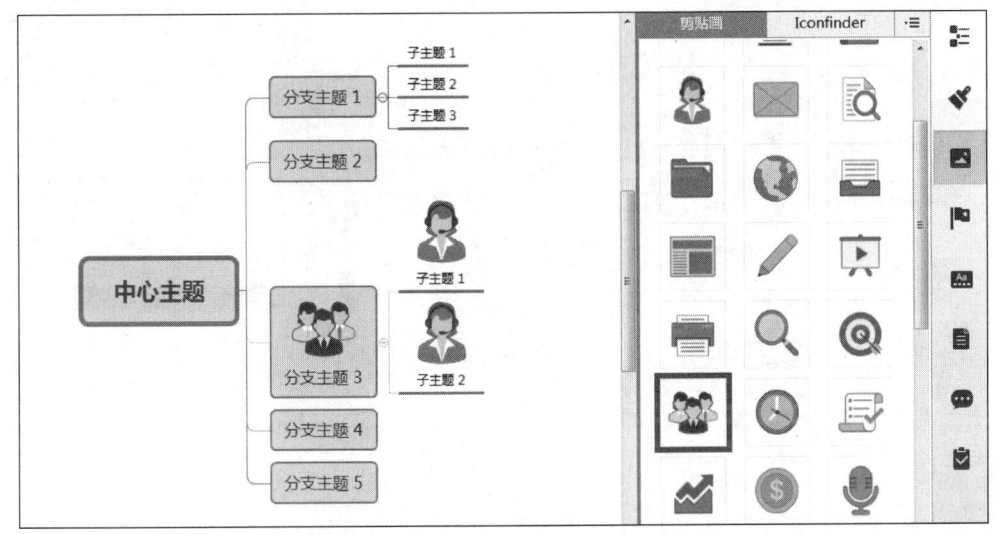

图 4.6　插入图形

7. 插入图标。选择右侧工具栏中的"图标"按钮，就会在工具栏左侧显示"图标"列表。选择某个需要添加图标的主题，然后选择某个图标即可，如图 4.7 所示。

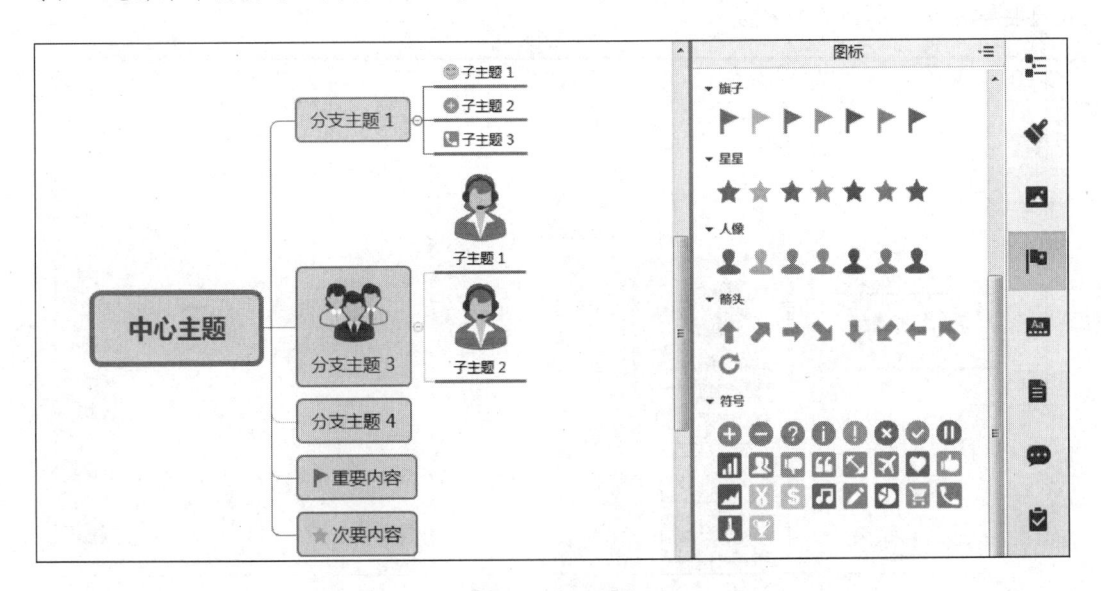

图 4.7　插入图标

8. 设置风格。选择右侧工具栏中的"风格"按钮，就会在工具栏左侧显示"风格"列表。鼠标双击某个风格图标，将弹出"修改思维图风格"对话框，如果不想保留主题的样式，则单击"覆盖"按钮，否则单击"保留"按钮，如图4.8所示。

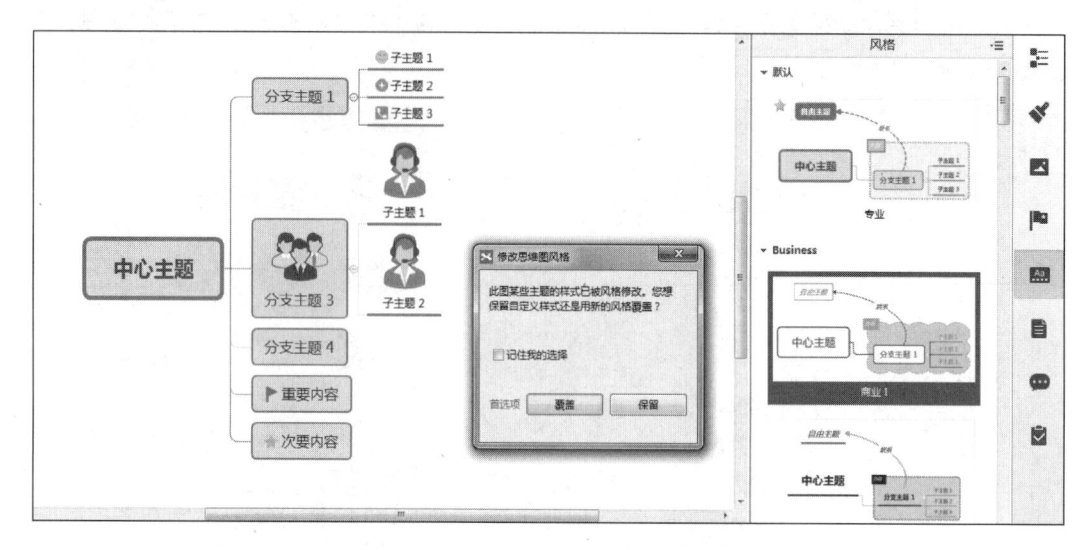

图4.8 设置风格

9. 添加备注信息。如果要对某个主题添加备注信息，则选择右侧工具栏中的"备注"按钮，然后再选择某个主题，此时则可以在工具栏右侧的备注列表中输入该主题的备注信息。添加备注的主题右下角会有一个"备注"图标，把光标放在这个图标上时，备注信息将会出现，如图4.9所示。

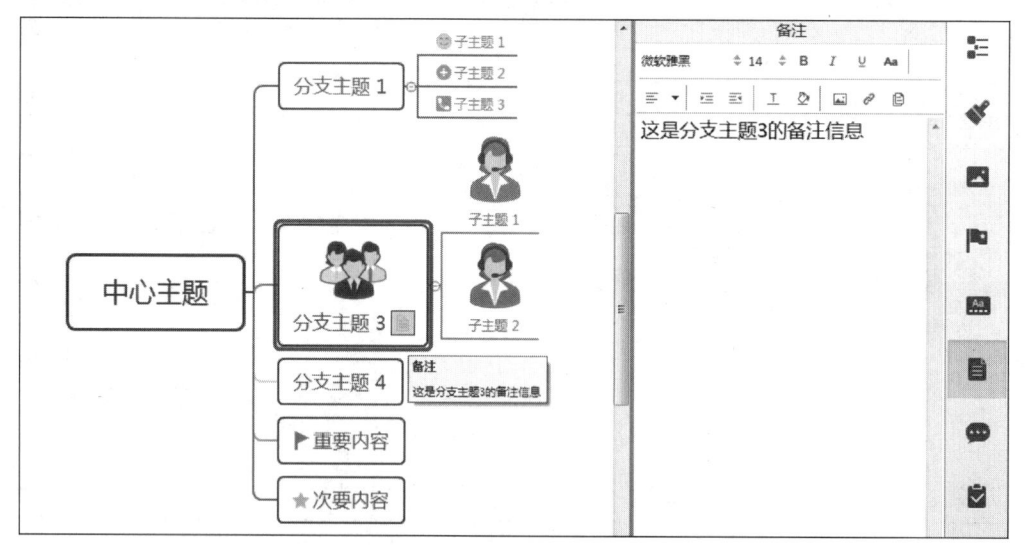

图4.9 添加备注信息

10. 添加批注信息。如果要对某个主题添加批注信息，则选择右侧工具栏中的"批注"按钮，然后再选择某个主题，此时可以在工具栏右侧的批注列表中插入该主题的批注信息。添加批注的主题右侧会有一个"批注"图标，把光标放在这个图标上时，批注信息将会出现，如图 4.10 所示。

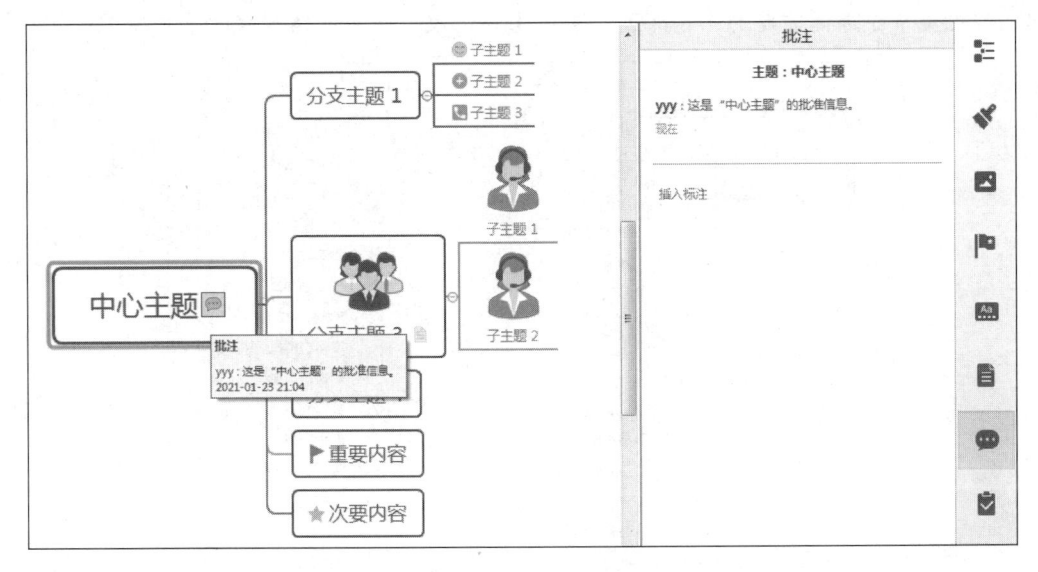

图 4.10 添加批注信息

11. 添加任务信息。如果要对某个主题添加任务信息，则选择右侧工具栏中的"任务信息"按钮，然后再选择某个主题，此时可以在工具栏右侧的任务信息列表中插入针对该主题的任务信息。添加任务信息的主题会出现相应任务信息的图标，把光标放在这些图标上会显示相应的提示信息，如图 4.11 所示。

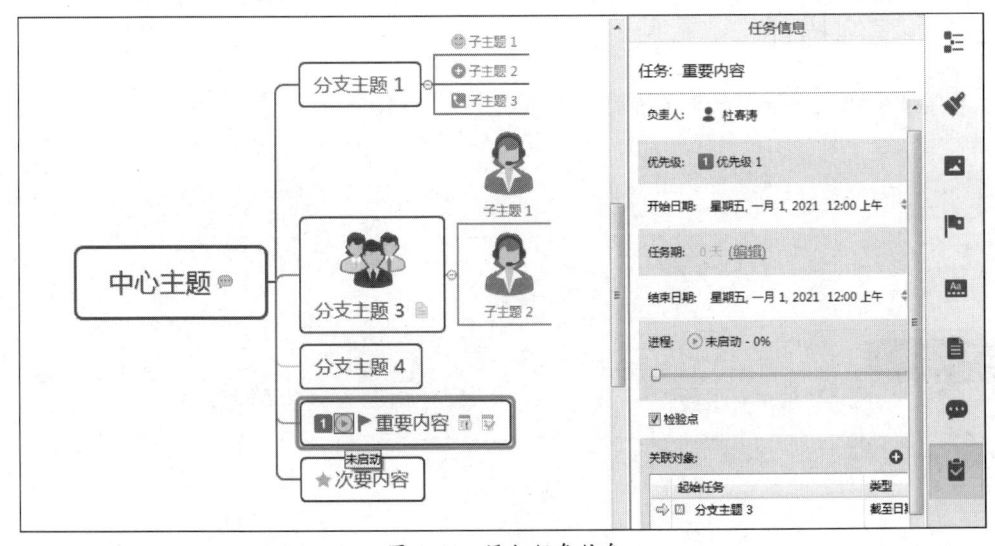

图 4.11 添加任务信息

12. 修改思维导图结构。如果想修改整个思维导图结构，可以使用鼠标右键单击"中心主题"节点，在弹出的快捷菜单中选择某种结构即可，如图 4.12 所示。如果想修改"分支主题"或"子主题"的结构，则直接在需要修改结构的主题上单击鼠标右键，在弹出的快捷菜单中选择需要的结构即可。图 4.1 是修改中心主题结构后的思维导图。

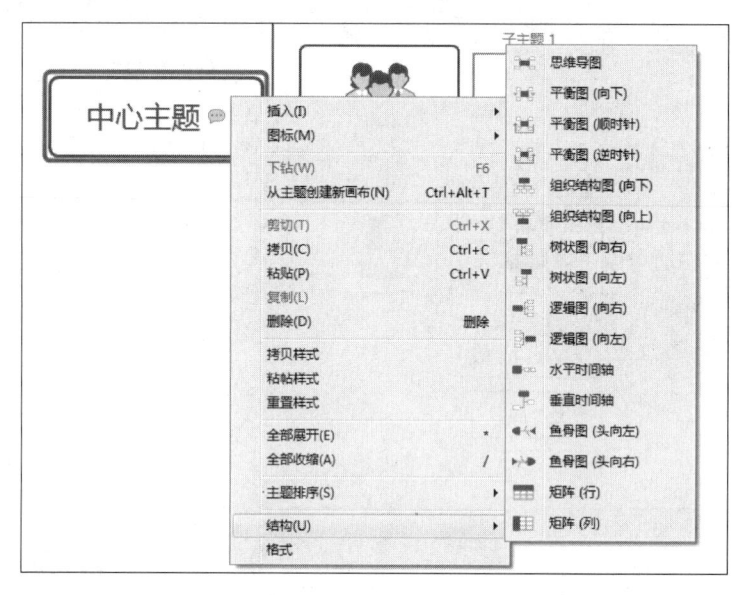

图 4.12　修改主题结构

案例 4.2　资产负债表

4.2.1　案例描述

参照"资产负债表"绘制一个思维导图，如图 4.13 所示。

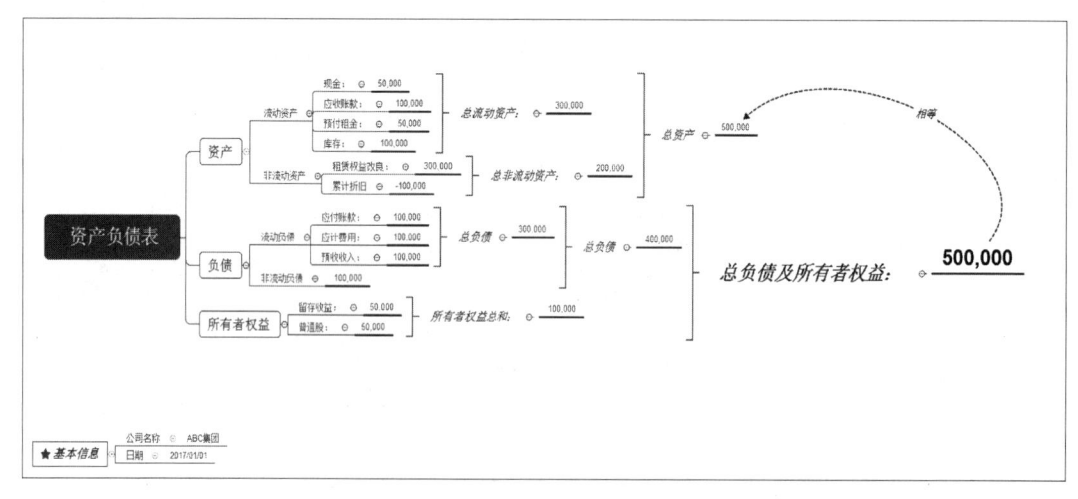

图 4.13　资产负债表

4.2.2 实现效果

资产负债表案例的实现效果如图 4.14 所示。

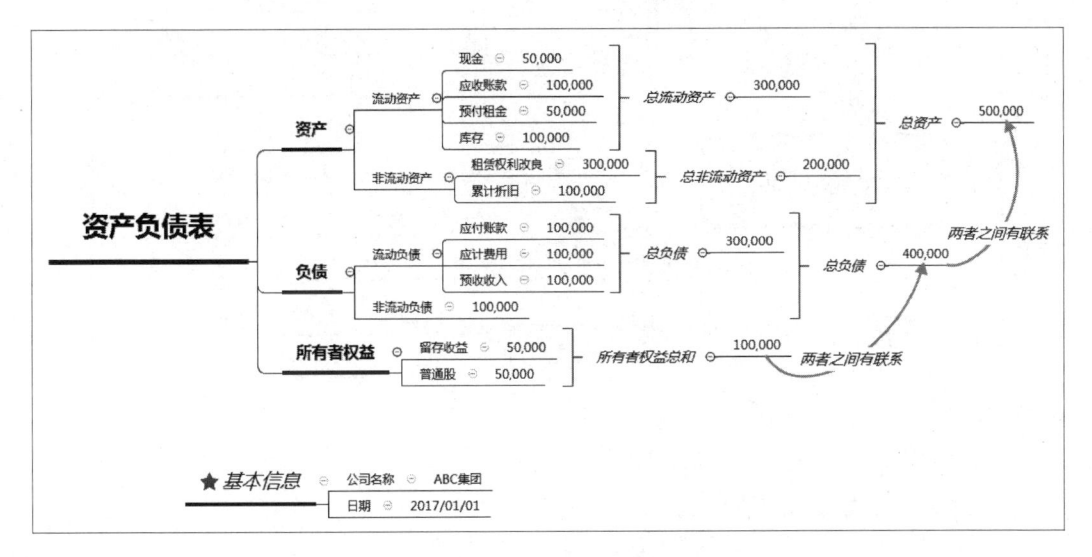

图 4.14 资产负债表案例实现效果

4.2.3 实现过程

1. 打开 XMind 软件，选择菜单"文件→新建"选项，然后单击"空白图"按钮，从中选择"逻辑图（向右）"。

2. 在弹出的"选择风格"对话框中选择默认的"专业"风格。

3. 绘制基本图形。利用 Enter 键、Tab 键、方向键等绘制基本导图内容，如图 4.15 所示。

4. 添加"概要"。如果添加"流动资产"子主题后面的概要，首先要选择"流动资产"子主题，然后单击工具栏中的"概要"工具，此时将在"流动资产"子主题后方添加"概要"。如果要添加"资产"分支主题后面的"概要"，首先选择"资产"分支主题，然后选择"概要"工具即可。添加"概要"后面的分支，直接使用"Tab"键即可，如图 4.16 所示。

5. 节点之间添加"联系"。如果两个节点之间存在联系，则可以选择其中的起始节点，然后单击工具栏中的"联系"工具，再利用鼠标在起始节点与终止节点之间添加联系（两个节点之间的连线），并在联系中添加文本信息。

6. 创建"自由主题"。在绘图区空白处单击鼠标右键，在弹出的快捷菜单中选择"自

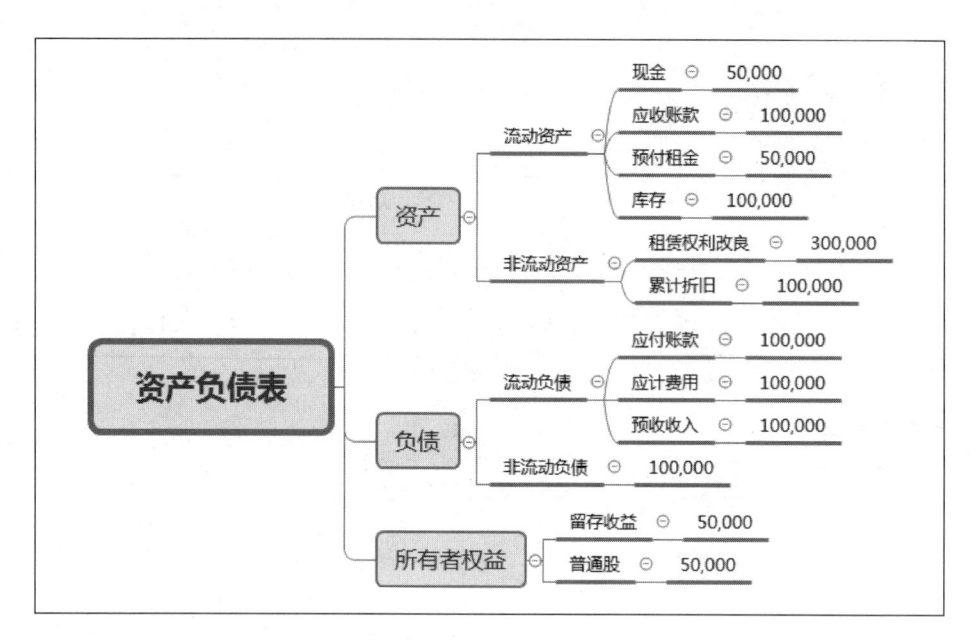

图 4.15 基本图形绘制

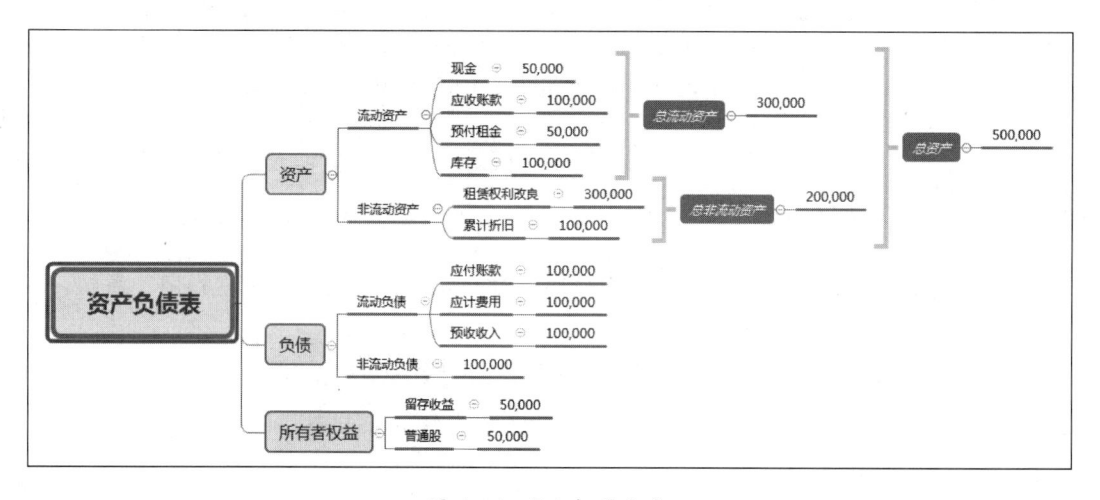

图 4.16 添加概要方法

由主题"菜单项,即可以添加自由主题。

7. 添加"图标"。选择自由主题中的"基本信息"项,并在右侧工具栏中选择"图标"工具,在打开的"工具"列表中选择合适的图标即可。

8. 设置图形"风格"。单击右侧工具栏中的"风格"工具,选择合适的"风格",本案例选择了"商业Ⅱ"风格,最后的图形效果如图 4.14 所示。

案例 4.3　商业计划图

4.3.1　案例描述

参照"商业计划"模板图绘制一个相关思维导图,如图 4.17 所示。

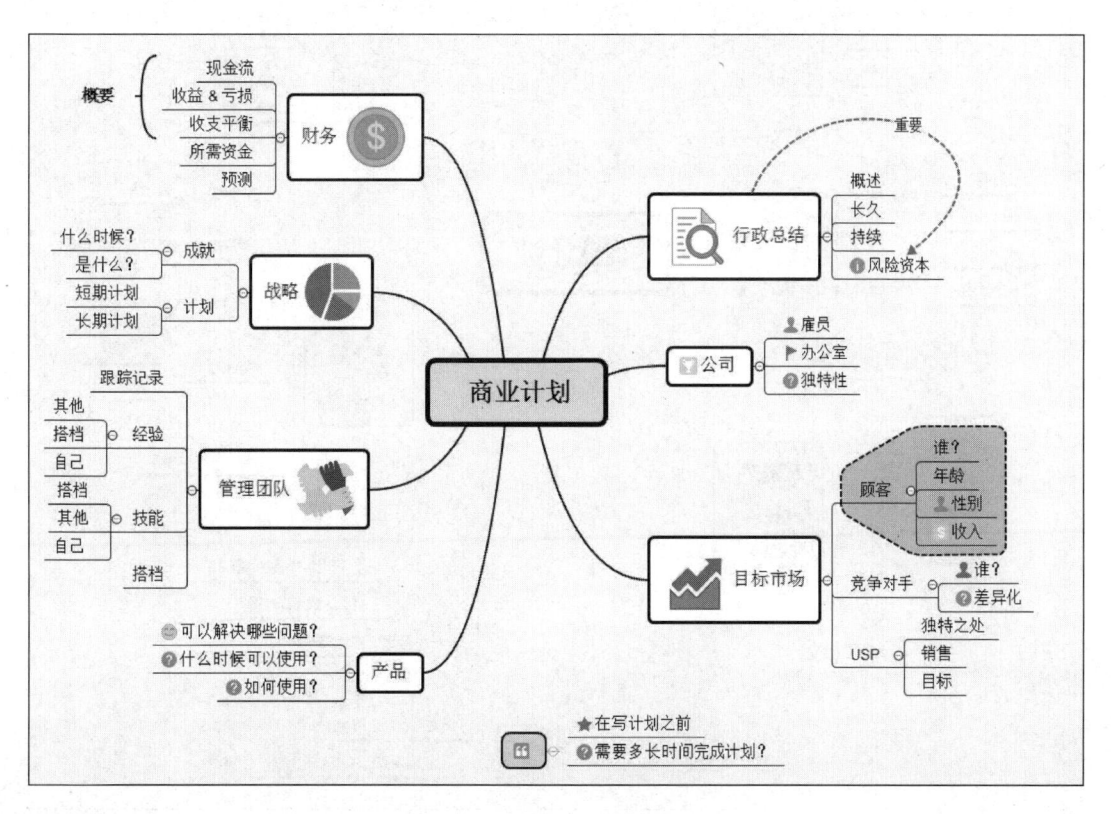

图 4.17　商业计划思维导图

4.3.2　实现效果

商业计划图案例的实现效果如图 4.18 所示。

4.3.3　实现过程

1. 新建图形文件。根据参考图结构以及左右分支的个数,在新建思维导图时选择

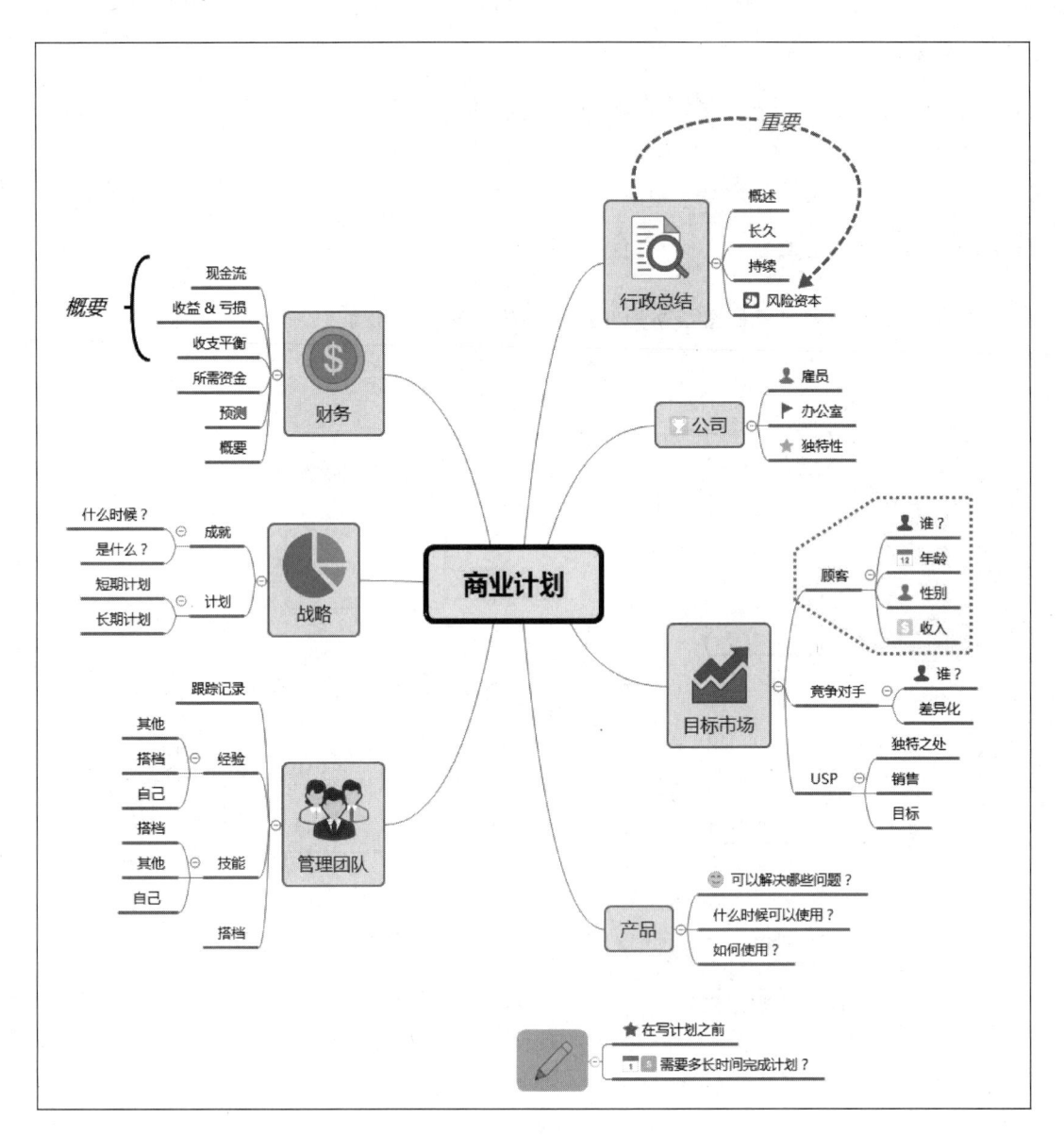

图 4.18 商业计划图案例的实现效果

"空白图:平衡图(逆时针)",也可以选择其他方向的"空白图:平衡图"或"空白图:思维导图"。

2. 建立图形结构。利用"Enter"键建立具有 4 个左分支和 3 个右分支的图形结构,如图 4.19 所示。

3. 添加"中心主题""分支主题"和各级"子主题"的内容,如图 4.20 所示。

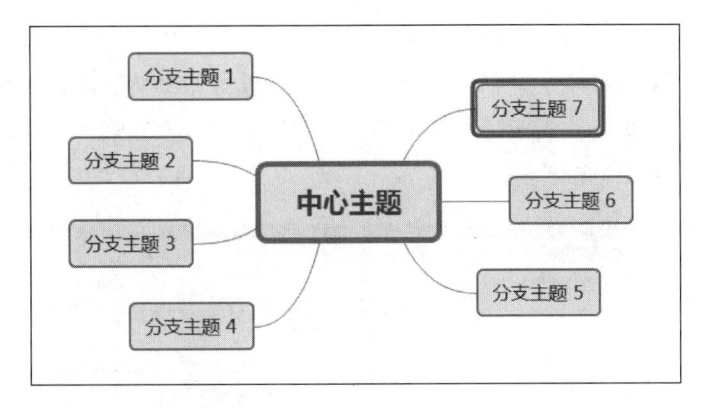

图 4.19　建立具有 4 个左分支和 3 个右分支的图形结构

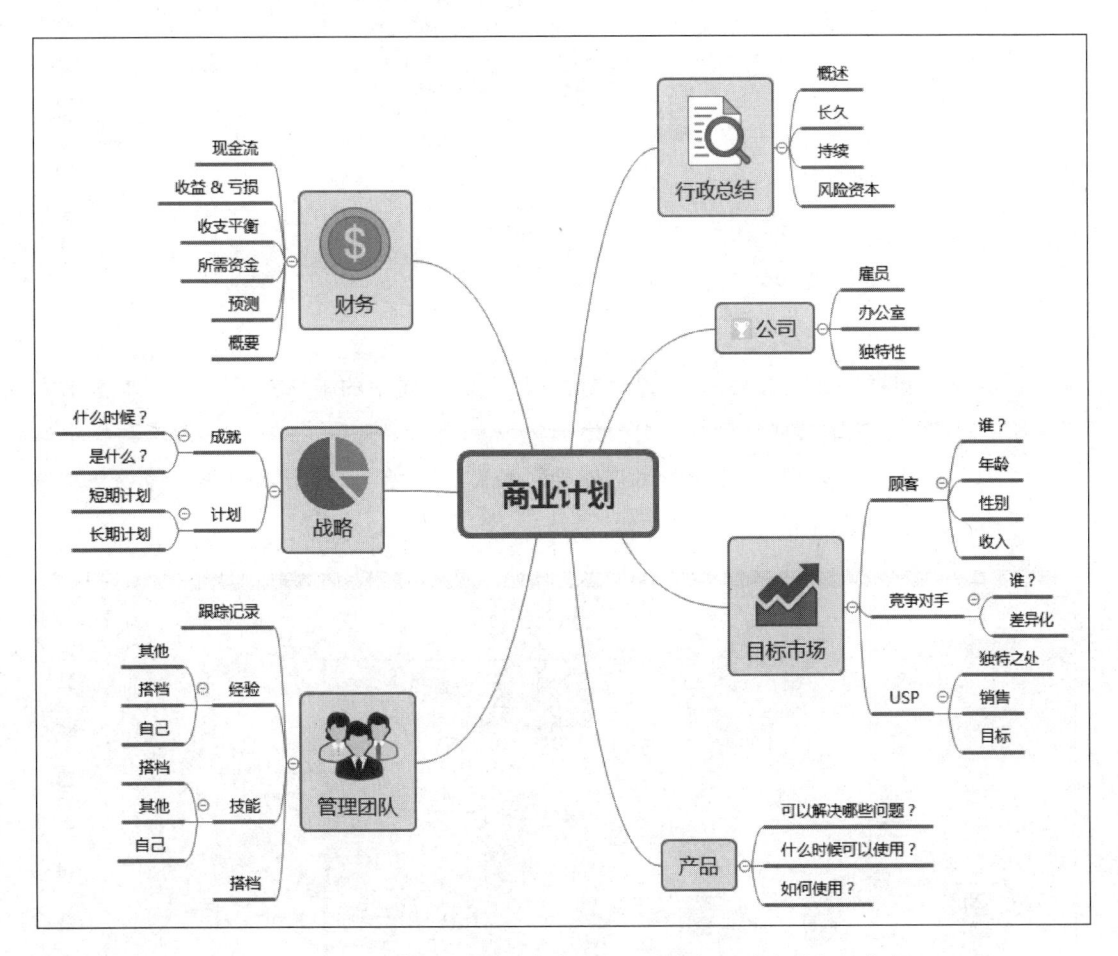

图 4.20　添加"中心主题""分支主题"和各级"子主题"的内容

4. 添加"外框"并调整其格式。 选择"目标市场"中的"顾客"子主题,单击工具栏中的"外框"工具即可添加外框,此时的外框默认是矩形结构,选择外框后,单击右侧工具栏中的"格式"工具,利用该工具中的"外形"和"线条"调整外框的形状、线条类型和填充色,如图 4.21 所示。

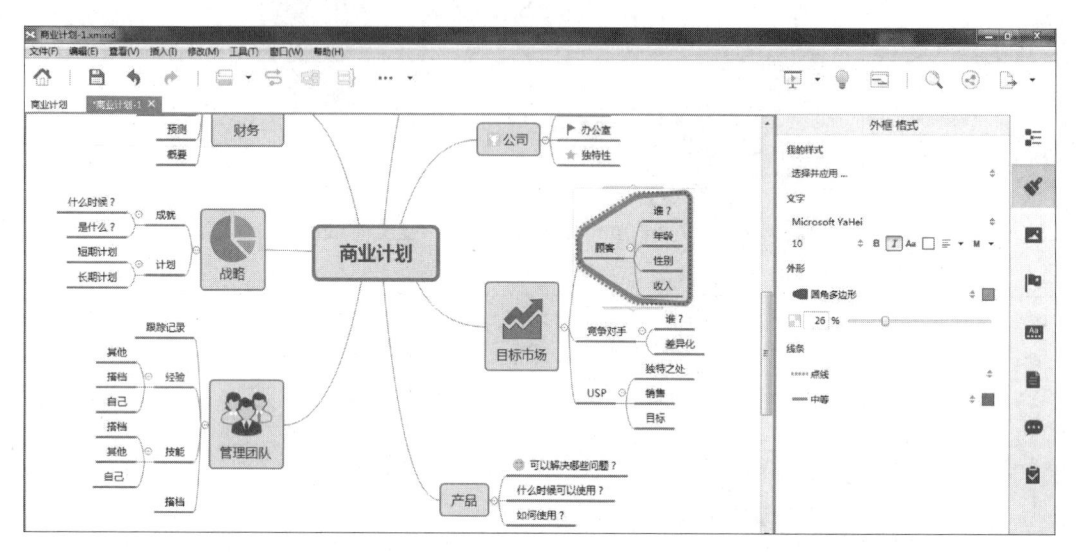

图 4.21 添加"外框"并设置格式

5. 添加"概要"并设置格式。 选择"财务"分支主题中的前三项子主题,单击上方工具栏中的"概要"工具即可添加概要,添加完成后选中"概要",单击右侧工具栏中的"格式"工具,在显示的列表框中利用"概要的线条""文字""外形 & 外框"等调整"概要"格式,如图 4.22 所示。

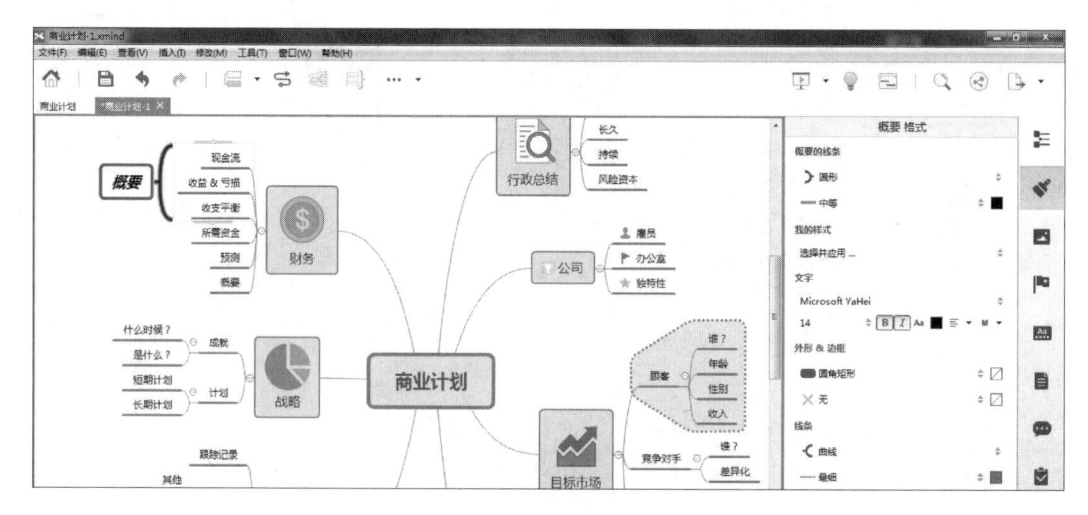

图 4.22 添加"概要"并设置格式

6. 添加"联系"并设置格式。选择"行政总结"分支主题，单击工具栏中的"联系"工具，然后再单击"风险资本"子主题，即可在"行政总结"和"风险资本"之间建立联系，即在两者之间绘制一条带箭头的曲线，通过调整线条两端的控制柄可以调整线条的位置和形状，此时单击右侧工具栏中的"格式"工具，利用显示列表中的"文字""外形"和"线条"内容设置联系线条的样式和文本格式，如图 4.23 所示。

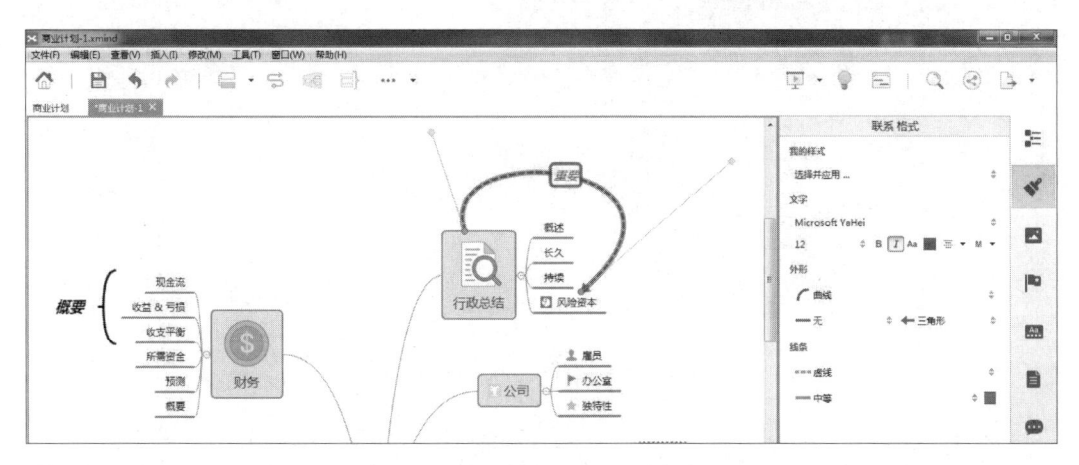

图 4.23　添加"联系"并设置其格式

7. 设置中心主题格式。选中中心主题"商业计划"，单击右侧工具栏中的"格式"，在"主题 格式"列表中利用"文字""外形 & 边框"等项目设置文字、背景颜色和边框等内容，如图 4.24 所示。

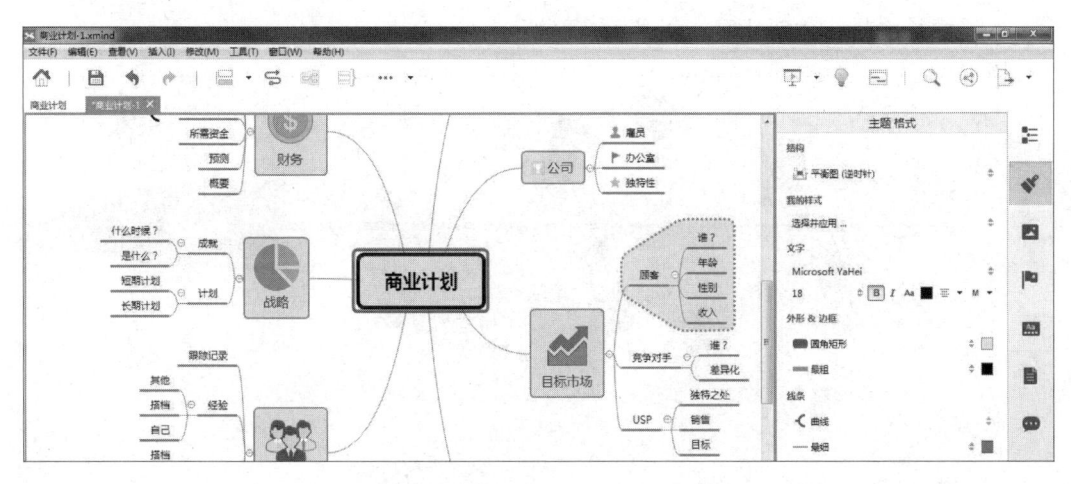

图 4.24　设置"中心主题"格式

8. 添加"自由主题"。鼠标右键单击空白处，在弹出的快捷菜单中选择"自由主题"，如图 4.25 所示。自由主题中的分支主题添加和"中心主题"一样，这里就不再赘述。

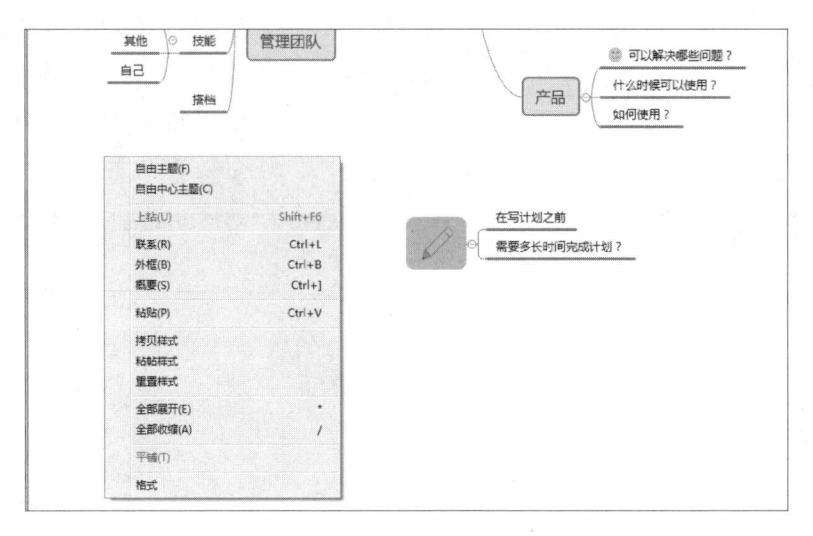

图 4.25 添加"自由主题"

案例 4.4 鱼 骨 图

4.4.1 案例描述

参照模板绘制一个鱼骨图，如图 4.26 所示。

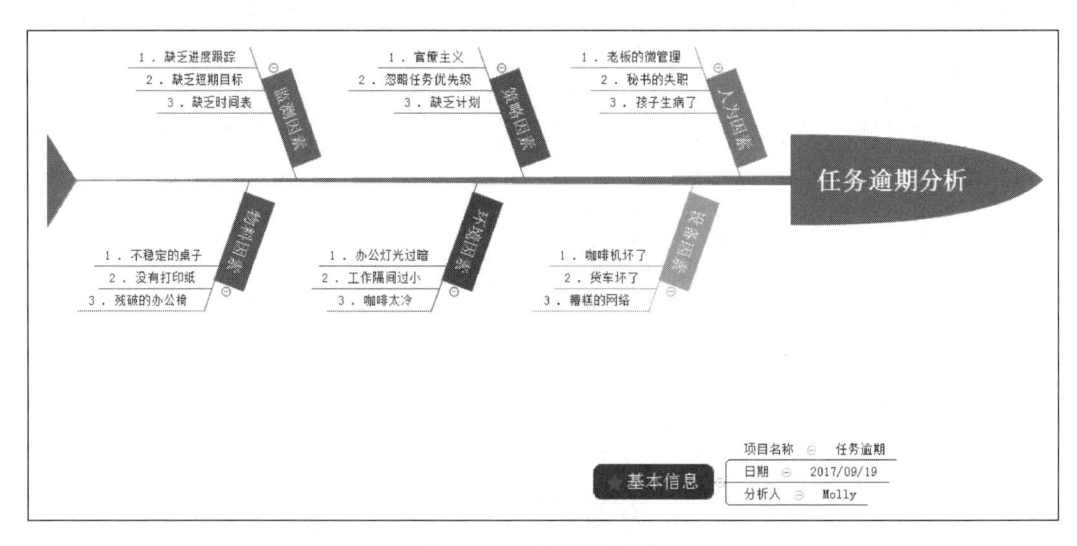

图 4.26 "鱼骨图"模板

4.4.2 实现效果

"鱼骨图"案例实现效果如图4.27所示。

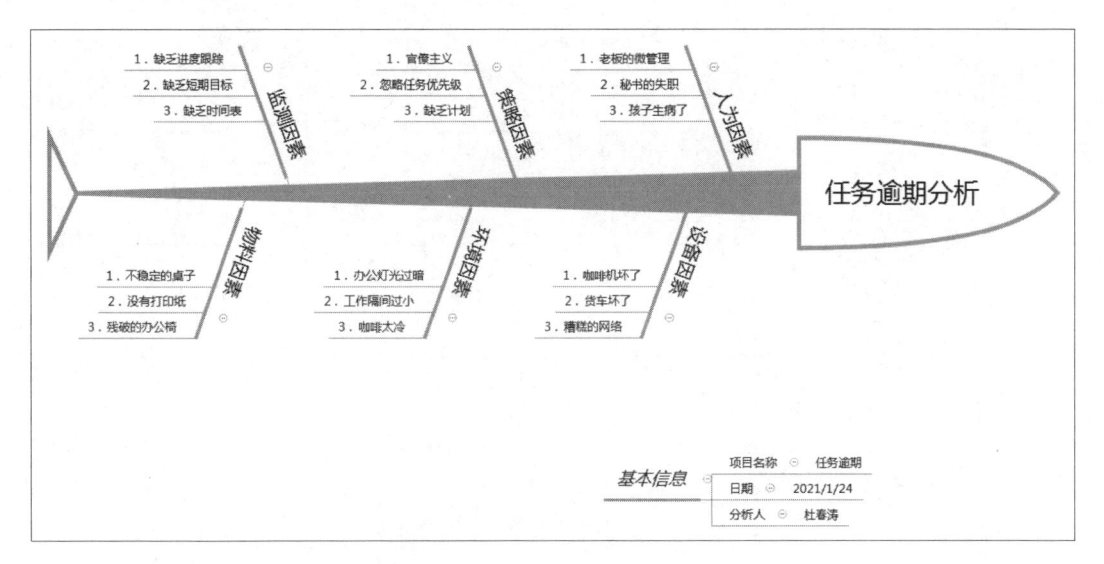

图4.27 "鱼骨图"案例实现效果

4.4.3 实现过程

1. 新建思维导图。采用"空白图：鱼骨图（头向右）"结构和"商业Ⅱ"风格创建。
2. 利用"Enter"键直接添加分支，并输入分支内容。
3. 自由主题添加和前面介绍图形中自由主题添加方法一样，这里就不再赘述。

案例4.5　公司组织结构图

4.5.1 案例描述

参照"公司组织结构"模板图绘制思维导图，如图4.28所示。

4.5.2 实现效果

"公司组织结构"案例实现效果如图4.29所示。

4.5.3 实现过程

1. 新建思维导图。采用"空白图：组织结构图（向下）"结构和"商业Ⅲ"风格。

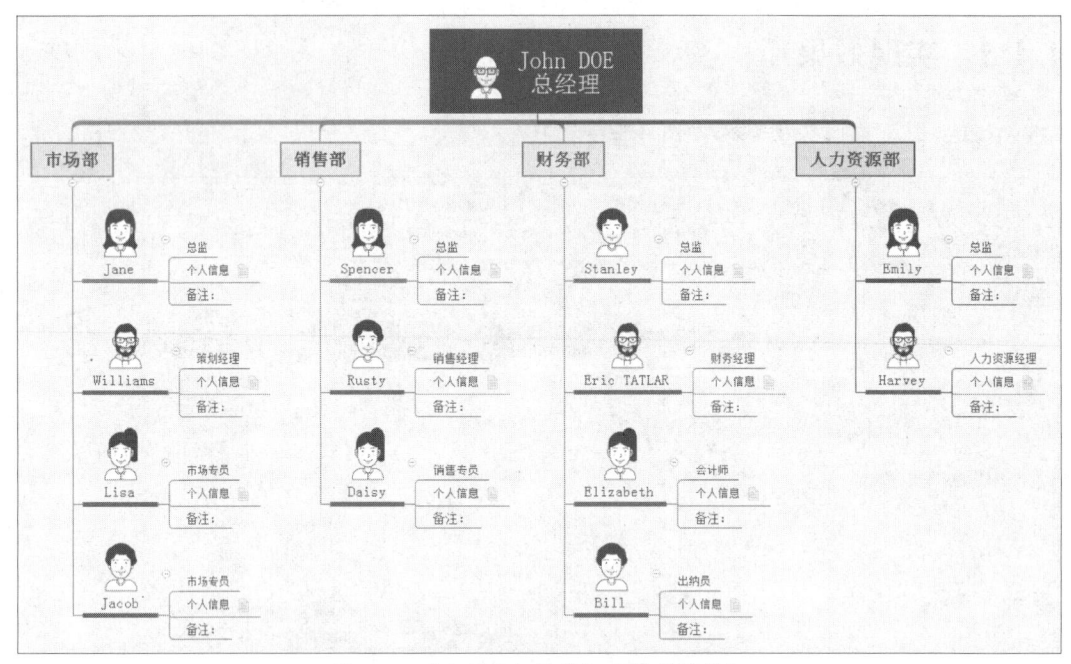

图 4.28 "公司组织结构"思维导图模板

图 4.29 "公司组织结构"案例实现效果

2. 参照"公司组织结构"模板图添加思维导图文本内容，文本内容可以直接从模板中导出文本文件，然后采用复制粘贴的方式添加文本内容。文本内容完成后的部分结构如图 4.30 所示。

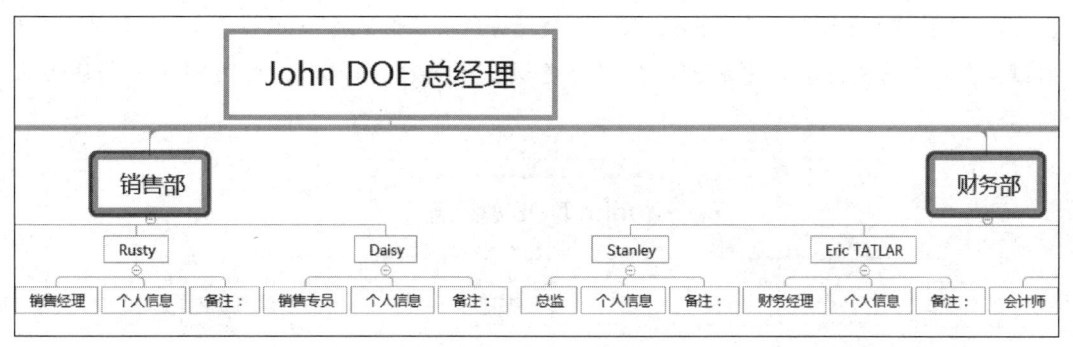

图 4.30 文本内容添加

3. 设置"分支主题"结构。将 4 个分支主题的结构设置为"树状图（向右）"，设置方法：在分支主题上单击右键，在弹出的快捷菜单中选择"结构→树状图（向右）"选项。设置完成后如图 4.31 所示。

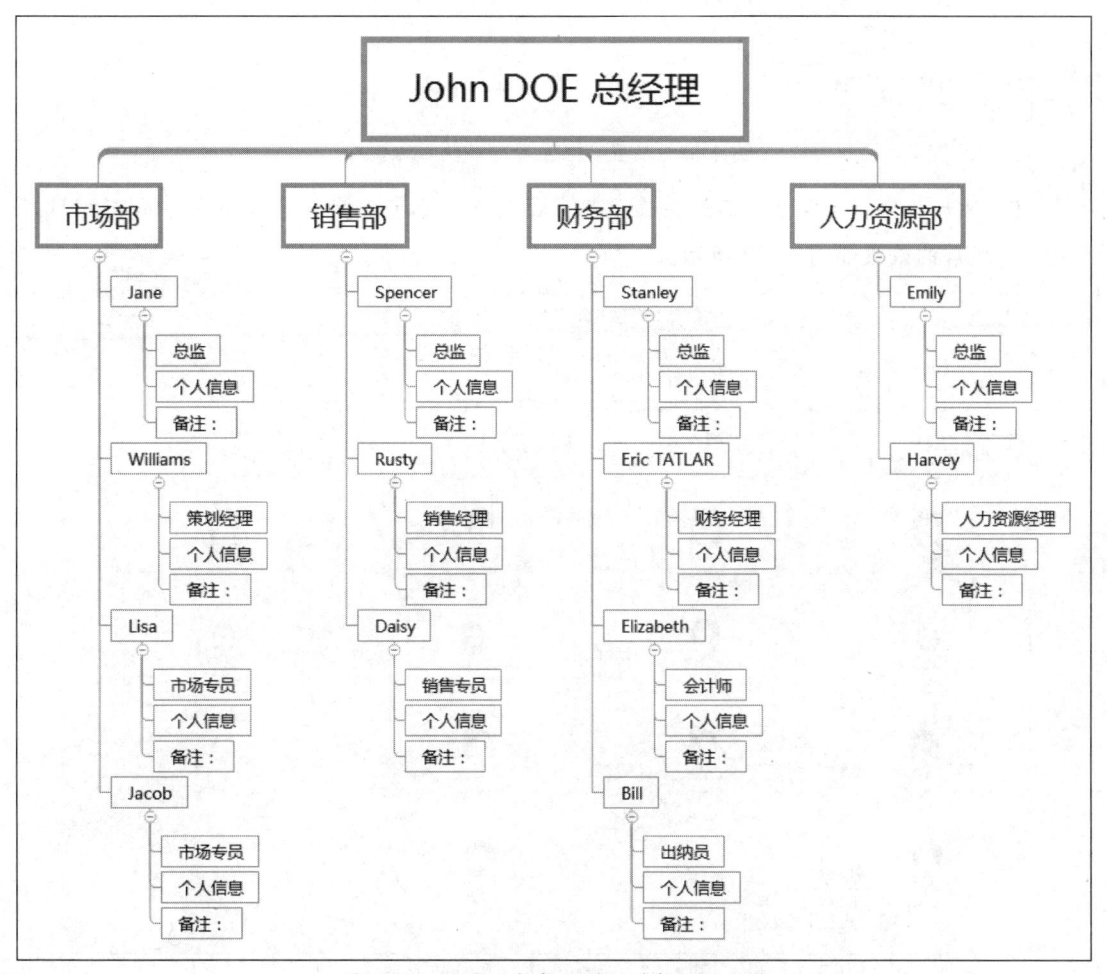

图 4.31 设置"分支主题"结构后的效果

4. 设置"子主题"结构。按住"**Ctrl**"键选择所有"子主题"（所有人），然后单击鼠标右键，在弹出的快捷菜单中选择"结构→逻辑图（向右）"选项，此时的图形如图 4.32 所示。

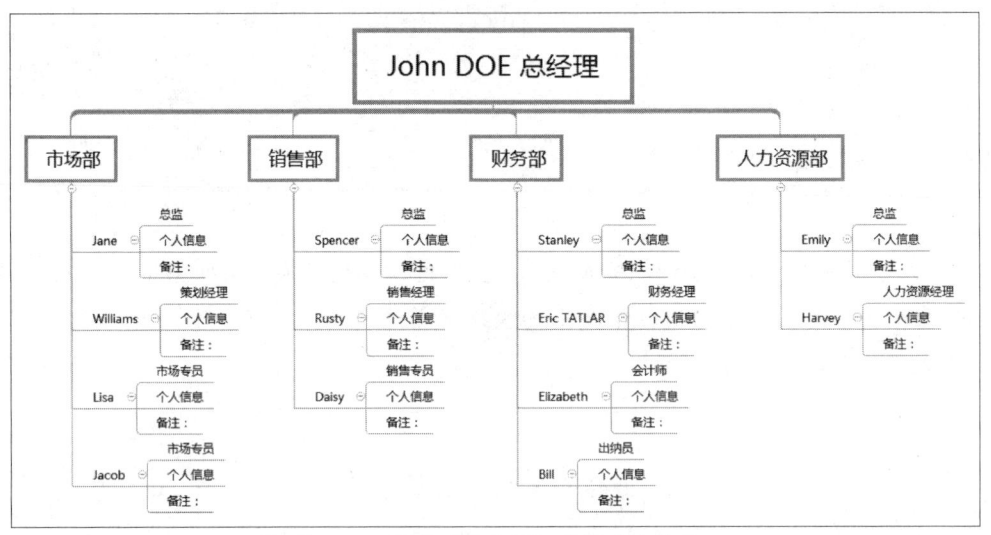

图 4.32　设置"子主题"结构后的效果

5. 添加头像。为每个人添加头像信息，该头像信息可以直接从模板图中进行拷贝。添加完成后的效果如图 4.33 所示。

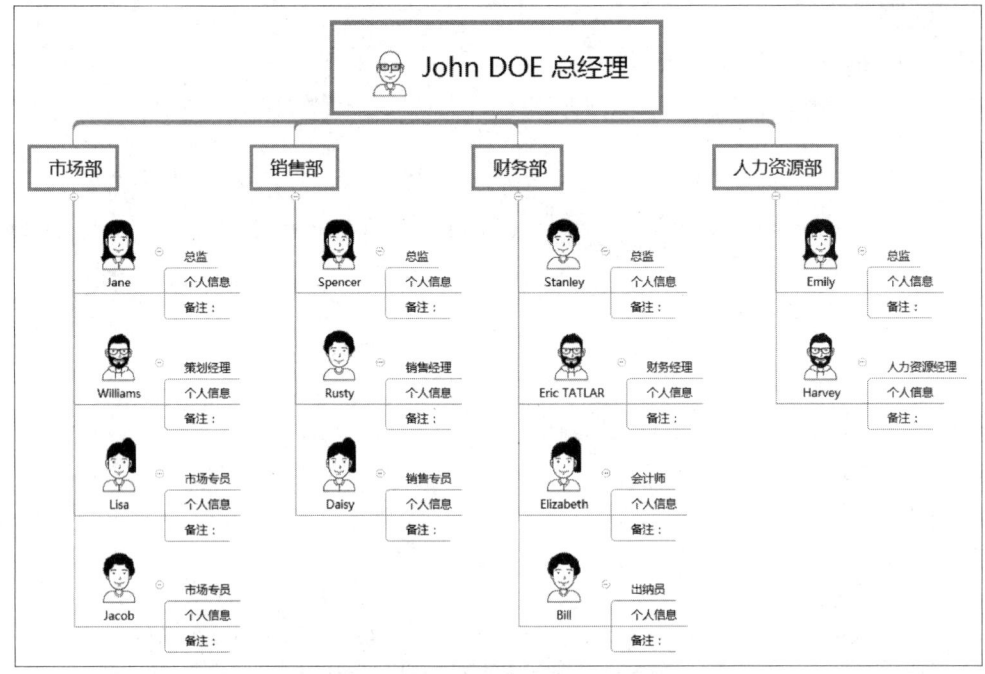

图 4.33　添加头像信息后的效果

6. 为每个人的"个人信息"项添加备注。选中"个人信息"项，单击右侧工具栏中的"备注"工具，然后在"备注"列表中输入每个人的备注信息。添加备注信息后的"个人信息"项后面会出现一个备注图标，如图 4.34 所示。当光标放到备注图标上时将显示备注信息。

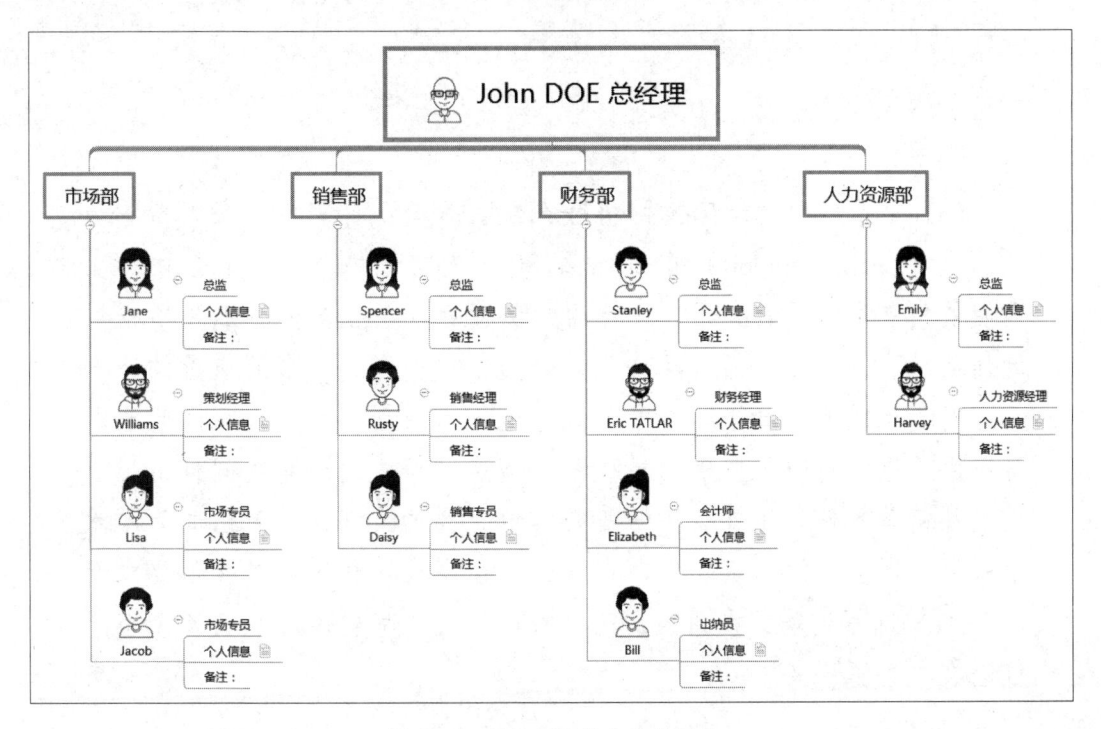

图 4.34　添加备注信息后的效果

7. 完善图形信息。设置画布格式为"彩虹色"，设置"中心主题"的填充色和边框等完善图形信息，最后的效果如图 4.29 所示。

第 5 章　LaTeX 文档排版

  LaTeX 是一种基于 TeX 的排版系统，是美国计算机学家莱斯利·兰伯特（Leslie Lamport）在 20 世纪 80 年代初开发的。利用这种系统，即使使用者没有排版和程序设计的知识也可以充分发挥由 TeX 所提供的强大功能，能在几天、甚至几小时内生成很多具有书籍质量的印刷品。对于生成复杂表格和数学公式，这一点表现尤为突出，因此它非常适用于生成高印刷质量的科技和数学类文档。这个系统同样适用于生成从简单信件到完整书籍的所有其他种类的文档，目前已成为学术出版界广泛使用的排版软件。在欧美，很多大学和出版机构都要求使用 LaTeX 撰写论著，在国内，已经有很多大学师生采用 LaTeX 撰写学位论文和科研论文。

案例 5.1　LaTeX 环境搭建：TeX Live + TeXstudio

5.1.1　案例描述

利用 TeX Live+TeXstudio 配置 LaTeX 软件运行环境。TeX Live 是 TUG（TeX User Group）维护和发布的 TeX 系统，可以说是官方的 TeX 系统。相比其他的系统，其优势在于既能够保证更新，兼容性强，也能保持在跨操作系统平台、跨用户的一致性。

TeXworks 是国际 Tex 用户组 TUG 发布并推荐的入门级编辑器，也是 Windows 系统下 TeX Live 预装的编辑器，即在 Windows 系统下安装 TeX Live 后，TeXworks 编辑器将会自动安装。

TeXstudio 是免费软件，内置 PDF 阅读器，具有拼写和语法检查、代码折叠扩展、文本导航、代码自动完成以及语法高亮显示等功能，能够大大提高排版质量和效率。

5.1.2　实现效果

打开 TeXworks 编辑器的界面，如图 5.1 所示。从图中可以看出，TeXworks 编辑器窗口主要由菜单栏、工具栏和代码编写窗口构成。编写代码在编辑器中进行，代码编写完成后，可以通过单击编辑器上方的绿色箭头图标进行编译和查看运行结果。

图 5.1　TeXworks 编辑器运行界面

打开 TeXstudio 编辑器的界面，如图 5.2 所示。从图中可以看出，TeXstudio 编辑器界面由左侧的文件结构窗口，中间上方的代码编辑器窗口、中间下方的消息提示窗口和右侧的 PDF 预览窗口构成。编写代码在编辑器中进行，代码编写完成后，可以通过单击编辑器上方的绿色箭头图标（快捷键 F6）来编译代码，预览结果可以通过单击编辑器上方的放大镜图标（快捷键 F7）来实现，如果编译和预览一起完成，可以直接单击编辑器上方的双箭头图标（快捷键 F5）来实现。

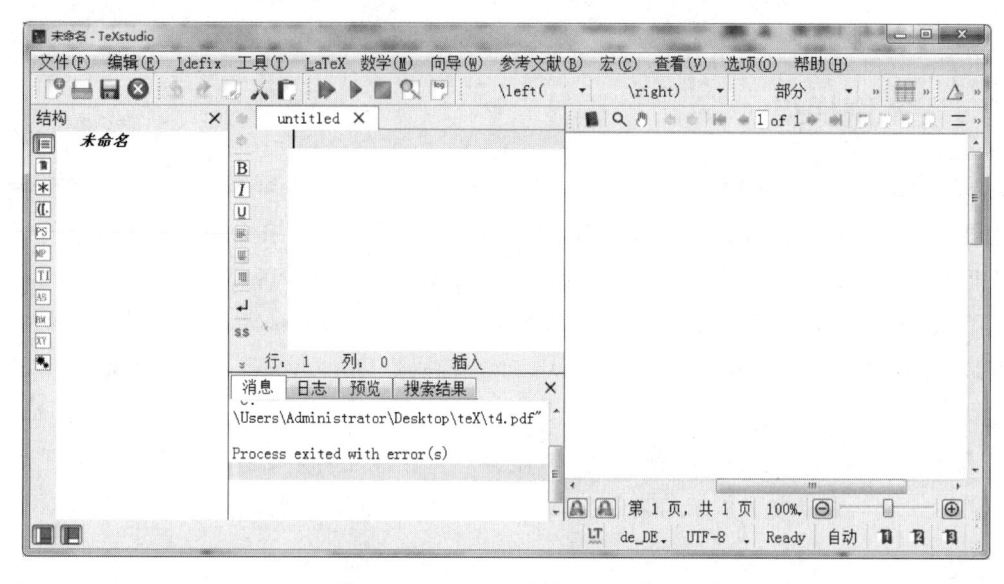

图 5.2　TeXstudio 编辑器运行界面

5.1.3　实现过程

1. TeX Live 下载。官网下载地址：https://www.tug.org/texlive/。

2. TeX Live 安装。直接按照向导安装即可，安装完成后，在"开始"菜单中就可以看到菜单项，如图 5.3 所示。其中 TeXworks editor 即为 TeXworks 编辑器，可用于编写和编译 LaTeX 代码。

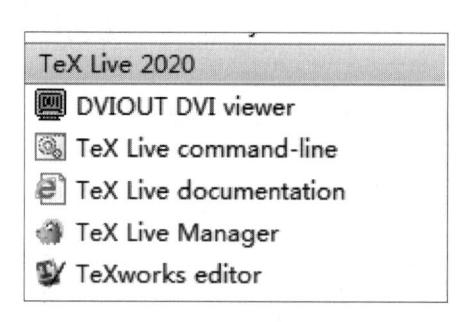

图 5.3　TeX Live 在开始菜单中显示的内容

3. 配置 TeXworks 编辑器。TeXworks 是个非常简洁的轻量级编辑工具，能够识别关键字，但打开后显示的字体非常小，需要进行配置。打开菜单"编辑→首选项"选项，打开窗口，如图 5.4 所示。打开"编辑器"选项卡可以修改显示的字体和大小，也可以添加行号等，这些修改需要重启软件才能生效。

图 5.4　配置 TeXworks 编辑器的参数

4. **TeXstudio** 下载。可以到 TeXstudio 官网下载软件，也可以直接百度搜索进行下载。

5. **TeXstudio** 安装。有的版本需要安装，有的版本下载后直接打开就可以运行，运行后的界面如图 5.5 所示。

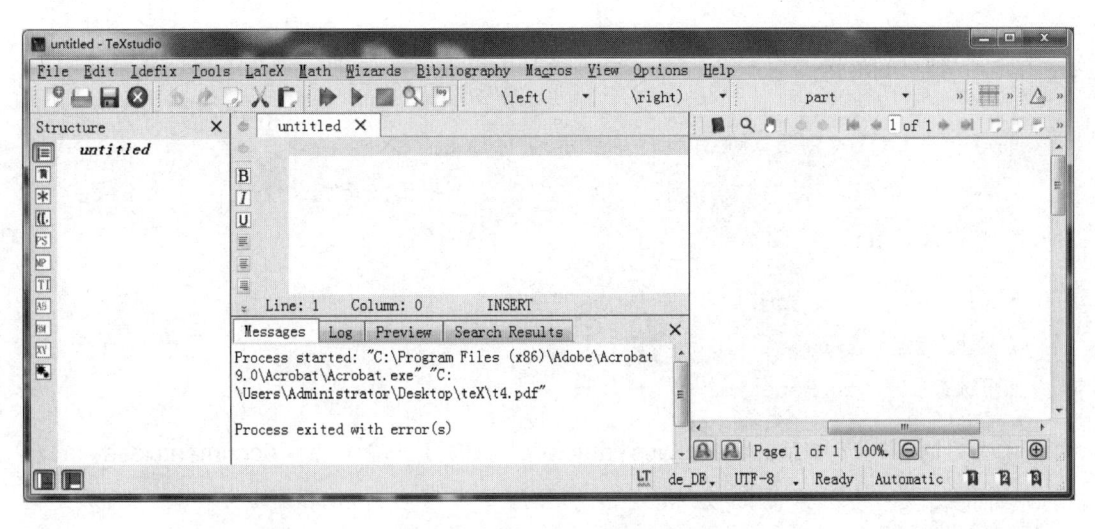

图 5.5　配置 TeXstudio 运行界面

6. TeXstudio 配置。打开菜单"Options→Configure TeXstudio..."选项后弹出的对话框，如图 5.6 所示，在对话框的左侧列表框中选择"General"选项，在右侧的"Font Size"中设置字体大小，这里设置为 12。界面语言通过 Language 进行设置，这里设置为"zh_CN"（简体中文），单击"OK"按钮后，编辑器将变为中文界面，如图 5.2 所示。

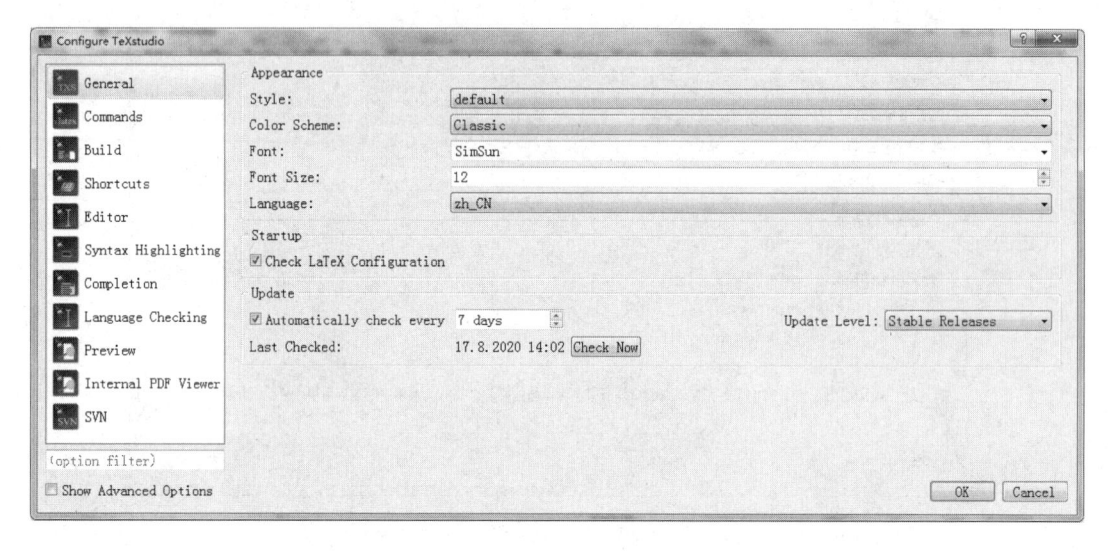

图 5.6　TeXstudio 配置窗口

案例 5.2　LaTeX 项目

5.2.1　案例描述

编写一个 LaTeX 项目，项目运行后显示：Hello LaTeX!

1. 命令。命令也称"控制序列"，以符号"\"开头，后接命令名。一个 LaTeX 命令（宏）的格式为：

无参数：　　　\command
有 n 个参数：\command{<arg_1>}{<arg_2>}...{<arg_n>}
有可选参数：\command[<arg_{opt}>]{<arg_1>}{<arg_2>}...{<arg_n>}

代码中的第一行 \documentclass{article} 中包含了一个命令：documentclass，它后面的{article}是命令的必要参数，该命令的作用是调用名为 article 的文档类。所谓文档类，是 TeX 系统预设的（或是用户自定的）一些格式的集合，不同的文档类在输出效果上会有差别。

2. 环境。begin 与 end 命令总是成对出现的，它们之间的部分称为环境。环境的一般格式是：

begin{<环境名>}
  <环境内容>
end{<环境名>}

有的环境也有参数或可选参数，格式为：

begin{<环境名>}[<可选参数>]{<参数>}...{<参数>}
  <环境内容>
end{<环境名>}

3. 本案例中使用的环境只有 document，只有在 document 环境中的内容才会被正常输出到文档中或作为命令对文档产生影响，在 \end{document} 之后插入任何内容都是无效的。

5.2.2 实现效果

LaTeX 项目运行后的实现效果如图 5.7 所示，在右侧预览窗口显示一段英文文字。

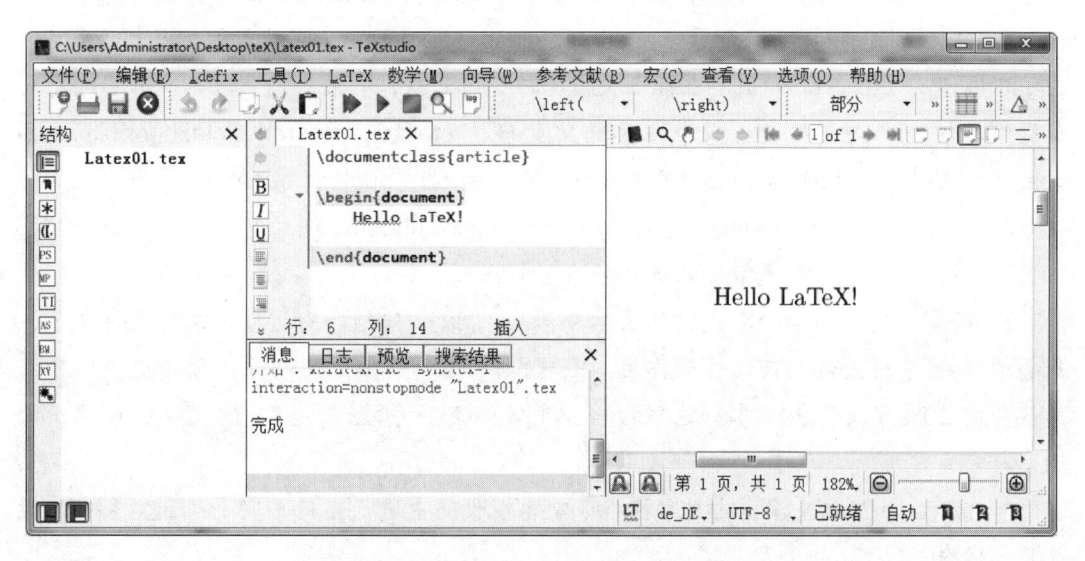

图 5.7 LaTeX 项目运行后的实现效果

5.2.3 实现过程

1. 编写代码。打开 TeXstudio 编辑器，在编辑器中输入以下代码：

```
\documentclass{article}
\begin{document}
  Hello LaTeX!
\end{document}
```

2. 保存文件。单击工具栏中的"Save"图标或直接使用"Ctrl+S"快捷键,将文件保存为"LateX01.tex"。

3. 运行代码。单击编辑器上方的双箭头图标或者直接按 F5 快捷键,当看到消息窗口中提示"完成"时,右侧预览窗口中将显示"Hello LaTeX!"的运行结果,也可以通过 F6 和 F7 快捷键分别进行编译和查看结果。

案例 5.3 中英文混排

5.3.1 案例描述

编写一个 LaTeX 项目,项目运行后显示中英文混排的内容。

1. 中文支持。第一行代码:\documentclass{ctexart}中,文档类参数由上一个案例的 article 变为 ctexart。如果要在标准文档类的基础上添加中文支持,需要使用 CTeX 宏集提供的四个中文文档类。四个中文文档类包括 ctexart、ctexrep、ctexbook 和 ctexbeamer,分别对应 LaTeX 的标准文档类 article、report、book 和 beamer。

2. 导言区。\documentclass{article} 与 \begin{document} 之间的部分被称为"导言区",导言区中的命令通常会影响整个输出文档。

3. 符号"%"。在 TeX 风格的文档中,从 "%" 开始,到该行末尾的所有字符,都会被 TeX 系统无视,只起注释作用。除非在 "%" 前加上反斜杠来取消这一特性。第 5 行的 20%写成了 20 \%,这里被当作正常的百分号处理,其后的文字也将被正常输出。

4. 换行。如果要使输出的文字换行,需要在代码中进行空行(空一行和空多行的效果是一样的)。

5.3.2 实现效果

代码运行后的实现效果如图 5.8 所示。在右侧预览效果中出现了中英文混排的 2 行文字,还包括符号"%"。

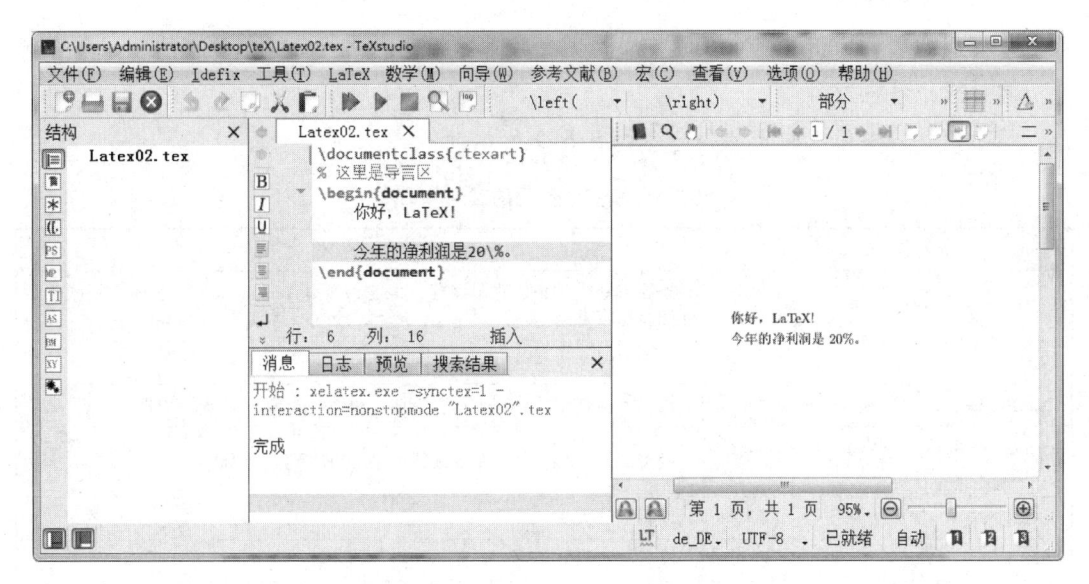

图 5.8 代码运行后的实现效果

5.3.3 实现过程

1. 编写代码。打开"TeXstudio"编辑器，新建文件"LateX02.tes"，然后在其中输入以下代码：

\documentclass{ctexart}

% 这里是导言区

\begin{document}

你好,LaTeX!

今年的净利润是 20\%。

\end{document}

2. 编译运行代码。直接按 F5 快捷键进行编译和运行代码，并在右侧窗口中显示运行结果。

案例 5.4　文本格式设置

5.4.1　案例描述

文档中经常用到各种各样的文本格式，包括字体类型、字体格式、字体大小和颜色等。本案例要求利用相关命令设置字体类型、字体加粗、字体倾斜、字体下划线、字体颜色、字体大小等。

本案例代码中使用的宏包和命令如表 5.1 所示。

表 5.1 案例中使用的宏包和命令

宏包/命令	含 义
ulem	添加下划线时必须使用该包，但它改变了 \emph 命令，它用下划线来表强调，而不是用传统的斜体字。
color	用于设置字体颜色
songti, heiti, fangsong kaishu, lishu	设置字体类型，分别表示：宋体、黑体、仿宋、楷书、隶书
tiny, small, normalsize, large, Large, LARGE, huge, Huge	设置字号大小，这些命令设置的字号有小到大排列
zihao{<字号>}	设置字号大小
textbf	设置文本粗体
textit	设置文本斜体
uline, uuline, uwave, sout, xout, dashline, dotuline	设置下划线，分别表示：下划线、双下划线、波浪下划线、删除线、斜删除线、虚下划线、点下划线
textcolor{<颜色>}	设置文本颜色
quad	设置一个汉字的空白距离
qquad	设置两个汉字的空白距离

5.4.2 实现效果

文本格式设置案例的实现效果如图 5.9 所示。

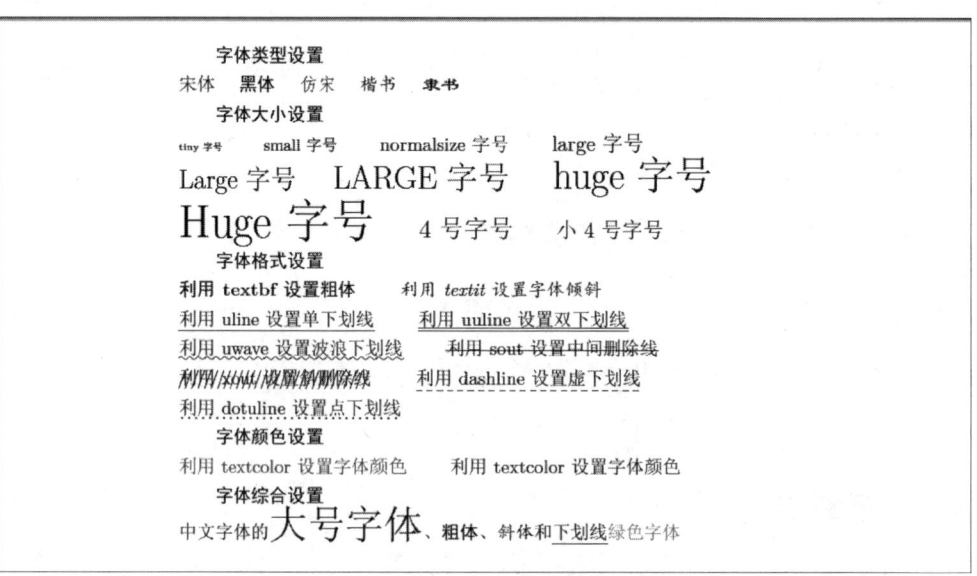

图 5.9 文本格式设置案例的实现效果

5.4.3 实现过程

案例实现代码如下：

```
\documentclass{ctexart}
\usepackage{ulem}
\usepackage{color}
% 文本格式设置
\begin{document}
    \textbf{字体类型设置}\\        %% 双斜线表示换行
    {\songti 宋体} \quad {\heiti 黑体}\quad {\fangsong 仿宋} \quad {\kaishu 楷书} \quad {\lishu 隶书}          %% quad 表示设置 1 个汉字的间距。空行表示新的一段开始，下一段首行缩进 2 个字符

    \textbf{字体大小设置}\\
    {\tiny   tiny 字号} \qquad   %% qquad 表示设置 2 个汉字的间距
    {\small  small 字号} \qquad
    {\normalsize normalsize 字号} \qquad
    {\large  large 字号} \\
    {\Large  Large 字号} \qquad
    {\LARGE  LARGE 字号} \qquad
    {\huge   huge 字号} \\
    {\Huge   Huge 字号} \qquad
    {\zihao{4} 4 号字号} \qquad
    {\zihao{-4} 小 4 号字号} \par%% par 与空行具有相同功能
    \textbf{字体格式设置} \\
    \textbf{利用 textbf 设置粗体} \qquad
    \textit{利用 textit 设置字体倾斜} \\
    \uline{利用 uline 设置单下划线} \qquad
    \uuline{利用 uuline 设置双下划线} \\
    \uwave{利用 uwave 设置波浪下划线} \qquad
    \sout{利用 sout 设置中间删除线} \\
    \xout{利用 xout 设置斜删除线} \qquad
    \dashuline{利用 dashline 设置虚下划线} \\
    \dotuline{利用 dotuline 设置点下划线} \par
    \textbf{字体颜色设置} \\
```

```
\textcolor{red}{利用 textcolor 设置字体颜色} \qquad
\textcolor{blue}{利用 textcolor 设置字体颜色} \par
\textbf{字体综合设置} \\
中文字体的{\huge 大号字体}、\textbf{粗体}、
\textit{斜体}和\uline{下划线}{\textcolor{green}{绿色字体}
\end{document}
```

案例 5.5　普通段落格式设置

5.5.1　案例描述

普通段落格式包括对齐方式、缩进、间距等。对齐方式一般包括左对齐、右对齐、两端对齐等；缩进包括段落缩进、首行缩进、悬挂缩进，段落缩进包括左缩进和右缩进。本案例通过相应的命令设置这些段落格式。

1. 正常段落格式。ctexart 宏包默认段落格式为首行缩进 2 个字符，两端对齐，段落之间没有间距。

2. 命令：\setlength \parskip{10pt}。设置段落之间的间距为 10 pt，该命令对它之前的一个段落和之后的所有段落起作用。

3. 命令：\setlength \leftskip{2em} 和 \setlength \rightskip{4em}。设置段落左缩进 2 个字符、右缩进 4 个字符，该命令只对所在段落起作用。

4. 命令：\Vnoindent。设置段落首行不缩进。

5. 命令：\setlength \parindent{4em}。设置首行缩进 4 个字符，该命令只对所在段落起作用。

6. 命令：\centering、\raggedright、\raggedleft。设置段落居中对齐、左对齐（右边不对齐）、右对齐（左侧不对齐）。

7. 命令：\hangindent=2em \hangafter=1。设置左侧悬挂缩进 2 个字符（负数用于设置右侧悬挂缩进），从第 1 行之后开始缩进（负数用于第 n 行之前开始缩进）。

5.5.2　实现效果

普通段落格式设置案例的实现效果如图 5.10 所示。

5.5.3　实现过程

案例代码如下：

> 段落首行缩进
> 　　正常段落格式。段落格式包括：对齐方式、缩进、间距等。对齐方式一般包括：左对齐、右对齐、两端对齐等；缩进包括段落缩进、首行缩进、悬挂缩进。
>
> 　　设置了首行无缩进、段落左右缩进、段落之间有间距。段落格式包括：对齐方式、缩进、间距等。对齐方式一般包括：左对齐、右对齐、两端对齐等。
>
> 　　设置了首行缩进 4 个字符且居中对齐。段落格式包括：对齐方式、缩进、间距等。对齐方式一般包括：左对齐、右对齐、两端对齐等；缩进包括段落缩进、首行缩进、悬挂缩进。
>
> 设置了段落右对齐。段落格式包括：对齐方式、缩进、间距等。对齐方式一般包括：左对齐、右对齐、两端对齐等。
>
> 设置了段落悬挂缩进 2 个字符。段落格式包括：对齐方式、缩进、间距等。对齐方式一般包括：左对齐、右对齐、两端对齐等。缩进包括段落缩进、首行缩进、悬挂缩进。

图 5.10　普通段落格式设置案例的实现效果

```
\documentclass{ctexart}
\begin{document}
```

段落首行缩进\par
　　正常段落格式。段落格式包括：对齐方式、缩进、间距等。对齐方式一般包括：左对齐、右对齐、两端对齐等；缩进包括段落缩进、首行缩进、悬挂缩进。

```
\setlength \parskip{10pt}        % 设置段间距 10pt
\setlength \leftskip{2em}        % 设置左缩进 2 个字符
\setlength \rightskip{4em}       % 设置右缩进 4 个字符
\noindent                        % 设置首行不缩进
```
设置了首行无缩进、段落左右缩进、段落之间有间距。段落格式包括：对齐方式、缩进、间距等。对齐方式一般包括：左对齐、右对齐、两端对齐等。

```
\setlength{\parindent}{4em}      % 设置首行缩进 4 个字符
```
设置了首行缩进 4 个字符且居中对齐。段落格式包括：对齐方式、缩进、间距等。对齐方式一般包括：左对齐、右对齐、两端对齐等；缩进包括段落缩进、首行缩进、悬挂缩进。

```
\centering                       % 设置段落居中对齐
```

设置了段落右对齐。段落格式包括：对齐方式、缩进、间距等。对齐方式一般包括：左对齐、右对齐、两端对齐等。

```
    \raggedleft                           % 设置段落右对齐

    \hangindent=2em \hangafter=1 % 设置悬挂缩进
```
设置了段落悬挂缩进 2 个字符。段落格式包括：对齐方式、缩进、间距等。对齐方式一般包括：左对齐、右对齐、两端对齐等。缩进包括段落缩进、首行缩进、悬挂缩进。

```
    \raggedright                          % 设置段落左对齐
```

```
\end{document}
```

案例 5.6　特殊段落格式设置

5.6.1　案例描述

本案例要求实现首字下沉和心形段落格式。
1. lettrine 宏包，用于设置首字下沉。
2. shapepar 宏包，用于设置段落形状的宏包。
3. \heartpar{<文本>}命令，用于设置心形段落。

5.6.2　实现效果

特殊段落格式设置案例的实现效果如图 5.11 所示。

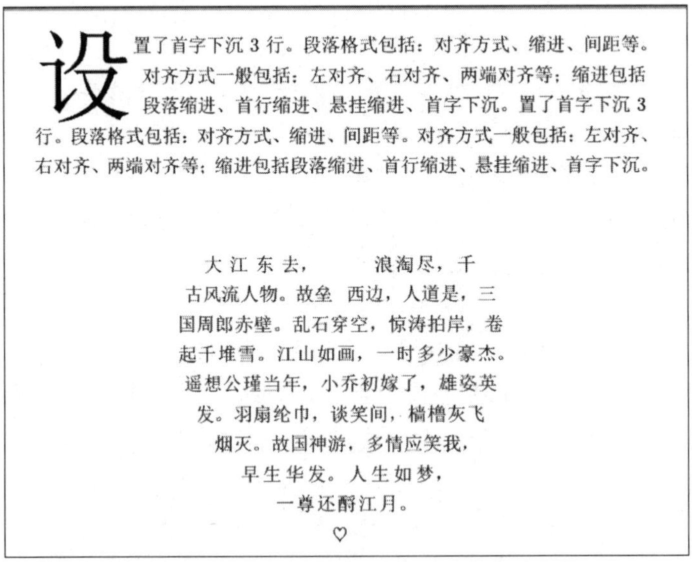

图 5.11　特殊段落格式设置案例的实现效果

5.6.3　实现过程

案例实现代码如下：

```
\documentclass{ctexart}
\usepackage{lettrine}           % 设置首字下沉的宏包
\usepackage{shapepar}           % 设置段落形状的宏包

\begin{document}
    % 设置首字下沉
    \lettrine[lines=3]{设}置了首字下沉 3 行。段落格式包括：对齐方式、缩进、间距等。对齐方式一般包括：左对齐、右对齐、两端对齐等；缩进包括段落缩进、首行缩进、悬挂缩进、首字下沉。置了首字下沉 3 行。段落格式包括：对齐方式、缩进、间距等。对齐方式一般包括：左对齐、右对齐、两端对齐等；缩进包括段落缩进、首行缩进、悬挂缩进、首字下沉。
    \vspace{2em}                % 设置垂直间距

    \heartpar{                  % 设置心形段落格式
        大江东去,浪淘尽,千古风流人物。
        故垒西边,人道是,三国周郎赤壁。
        乱石穿空,惊涛拍岸,卷起千堆雪。
        江山如画,一时多少豪杰。
        遥想公瑾当年,小乔初嫁了,雄姿英发。
        羽扇纶巾,谈笑间,樯橹灰飞烟灭。
        故国神游,多情应笑我,早生华发。
        人生如梦,一尊还酹江月。
    }

\end{document}
```

案例 5.7　文本和定理环境

5.7.1　案例描述

文本环境包括 quote 引用环境、quotation 引用环境、verse 诗歌环境、abstract 摘要环境，定理类环境需要通过 \newtheorem 命令进行定义。设计一个案例，利用这些环境实现相应的排版效果。

1. 命令：\newtheorem{thm}{定理}，用于定义"定理"环境。
2. 命令：\newtheorem{axiom}{公理}[section]，用于定义"公理"环境，该环境能够实现按 section 进行编号。
3. 常用的文本环境包括 quote、quotation、verse、abstract，它们的文本显示效果有区别，具体区别见图 5.12。
4. 自定义 thm 定理环境。利用该环境可以定义两种格式，一种带可选参数，另一种不带有可选参数，这两种格式都带有自动编号，但编号与章节无关。
5. 自定义 axiom 公理环境。该环境在定义时提供了可选参数 section，表示可以根据公理所在的 section 进行编号。

5.7.2 实现效果

文本和定理环境案例的实现效果如图 5.12 所示。从图中可以看出：quote 环境没有段落首行缩进，quotation 环境有首行缩进，verse 环境有悬挂缩进，abstract 环境具有首行缩进，而且能够自动添加"摘要"文字。定理环境的编号和公理编号方式不同，而且 2 个定理的格式也有区别。

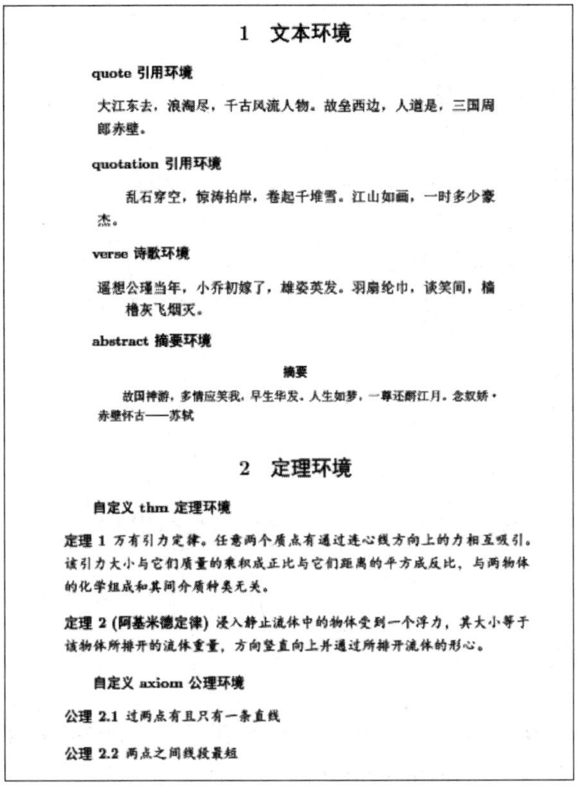

图 5.12 文本和定理环境案例的实现效果

5.7.3 实现过程

案例实现代码如下：

```latex
\documentclass{ctexart}
\newtheorem{thm}{定理}                    % 定义定理环境
\newtheorem{axiom}{公理}[section]         % 定义公理环境,按节编号
\begin{document}
    \section{文本环境}
    \textbf{quote 引用环境}
    \begin{quote}
        大江东去,浪淘尽,千古风流人物。
        故垒西边,人道是,三国周郎赤壁。
    \end{quote}

    \textbf{quotation 引用环境}
    \begin{quotation}
        乱石穿空,惊涛拍岸,卷起千堆雪。
        江山如画,一时多少豪杰。
    \end{quotation}

    \textbf{verse 诗歌环境}
    \begin{verse}
        遥想公瑾当年,小乔初嫁了,雄姿英发。
        羽扇纶巾,谈笑间,樯橹灰飞烟灭。
    \end{verse}

    \textbf{abstract 摘要环境}
    \begin{abstract}
        故国神游,多情应笑我,早生华发。
        人生如梦,一尊还酹江月。
        念奴娇·赤壁怀古——苏轼
    \end{abstract}
    \section{定理环境}
    \textbf{自定义 thm 定理环境}
    \begin{thm}
        万有引力定律。任意两个质点有通过连心线方向上的力相互吸引。该引力大小与它们质
```

量的乘积成正比与它们距离的平方成反比,与两物体的化学组成和其间介质种类无关。

  \end{thm}

  \begin{thm}[阿基米德定律]

    浸入静止流体中的物体受到一个浮力,其大小等于该物体所排开的流体重量,方向竖直向上并通过所排开流体的形心。

  \end{thm}

  \textbf{自定义 axiom 公理环境}

  \begin{axiom}

    过两点有且只有一条直线

  \end{axiom}

  \begin{axiom}

    两点之间线段最短

  \end{axiom}

\end{document}

案例 5.8　代码和制表位环境

5.8.1　案例描述

  设计一个案例,利用代码环境实现文档中程序代码的高亮显示,利用制表位环境实现数据列的水平对齐,利用脚注和边注命令添加文档的脚注和边注。

  1. listings 宏包,提供了 lstlisting 环境,用于使程序代码高亮显示。

  2. tabbing 环境,用于排版制表位。在 tabbing 环境中,各行之间使用 \\符号分行,使用 \=命令设置制表位,使用 \>命令跳到下一个制表位。

  3. \footnote{脚注内容}命令,用于产生脚注,脚注自动编号。

  4. \marginpar{边注内容}命令,用于产生边注,边注不自动编号。

5.8.2　实现效果

  代码和制表位环境案例的实现效果如图 5.13 所示。从图中可以看出,第 1 部分是通过程序代码环境生成的 C 语言程序代码,其中的关键字都进行了加粗;第 2 部分是通过制表位环境生成的 3 列的列表,每一列都是左对齐;第 3 部分有 2 个脚注和 2 个边注,脚注带有编号，边注没有编号。

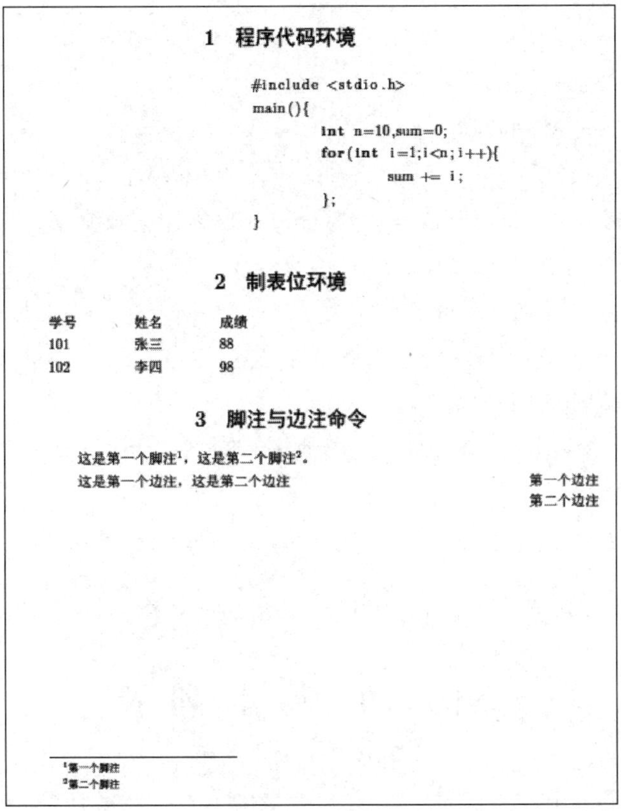

1 程序代码环境

```
#include <stdio.h>
main(){
        int n=10,sum=0;
        for(int i=1;i<n;i++){
                sum += i;
        };
}
```

2 制表位环境

学号	姓名	成绩
101	张三	88
102	李四	98

3 脚注与边注命令

这是第一个脚注[1]，这是第二个脚注[2]。

这是第一个边注，这是第二个边注　　第一个边注　第二个边注

[1]第一个脚注

[2]第二个脚注

图 5.13　代码和制表位环境案例的实现效果

5.8.3　实现过程

案例实现代码如下：

```
\documentclass{ctexart}
\usepackage{listings}                    % 使程序代码高亮显示的宏包
\begin{document}
    \section{程序代码环境}
        \begin{lstlisting}[language=C] % 代码环境
            /* C Code */
            #include <stdio.h>
            main(){
                int n=10,sum=0;
                for(int i=1;i<n;i++){
```

```
            sum += i;
        };
    }
\end{lstlisting}
\section{制表位环境}
\begin{tabbing}                    % 制表位环境
    学号\hspace{4em}\= 姓名\hspace{4em}\= 成绩\\
    101 \> 张三 \> 88 \\
    102 \> 李四 \> 98
\end{tabbing}
\section{脚注与边注命令}
    这是第一个脚注\footnote{第一个脚注},这是第二个脚注\footnote{第二个脚注}。

    这是第一个边注\marginpar{第一个边注},这是第二个边注\marginpar{第二个边注}
\end{document}
```

案例 5.9 基 本 列 表

5.9.1 案例描述

文档中经常要使用列表，包括编号列表、符号列表和描述列表等，这些列表可以嵌套使用。本案例要求实现带有三种列表嵌套功能的列表。

1. 编号列表环境 **enumerate**。该环境能够使用数字进行自动编号，默认数字为阿拉伯数字。
2. 符号列表环境 **itemize**。该环境能够使用符号建立列表，默认符号为黑点。
3. 描述列表环境 **description**。该环境建立的列表项默认情况下前面没有任何符号。
4. 列表项命令 **item**。以上三种类型的列表的列表项都使用 **item** 命令来定义。
5. 嵌套列表。列表之间可以相互嵌套，一般嵌套层数不超过 4 层。

5.9.2 实现效果

基本列表案例的实现效果如图 5.14 所示。最外层是编号列表，包括 3 个列表项，3 个列表项中又分别嵌套了编号列表、符号列表和描述列表。

1. 北京市

    (a) 西城区

    (b) 海淀区

    (c) 石景山区

2. 上海市

    • 黄浦区

    • 徐汇区

    • 长宁区

3. 广州市

    越秀区

    荔湾区

    海珠区

图 5.14　基本列表案例的实现效果

5.9.3　实现过程

本案例的代码实现如下:

```
\documentclass{ctexart}
\begin{document}
    \begin{enumerate}                  % 编号列表
        \item 北京市
            \begin{enumerate}          % 嵌套编号列表
                \item 西城区
                \item 海淀区
                \item 石景山区
            \end{enumerate}
        \item 上海市
            \begin{itemize}            % 嵌套符号列表
                \item 黄浦区
                \item 徐汇区
                \item 长宁区
            \end{itemize}
```

```
            \item 广州市
                \begin{description}    % 嵌套描述列表
                    \item 越秀区
                    \item 荔湾区
                    \item 海珠区
                \end{description}
        \end{enumerate}
\end{document}
```

案例 5.10　自定义列表

5.10.1　案例描述

在上一个案例的基础上修改编号列表的计数器和标签、修改符号列表的标签、给描述列表前面添加相应的符号。

1. 编号列表环境计数器。enumerate 是编号列表环境，它的编号是由一组计数器（counter）控制的。4 个不同层次的环境使用的计数器分别为 enumi、enumii、enumiii 和 enumiv。4 个计数器都有一个对应的命令：\the 计数器名，用来输出计数器的值，如一级 enumerate 环境使用的命令是：\theenumi。计数器的值可以使用命令：\arabic、\roman、\Roman、\alph、\Alph 或 \fnsymbol 带上计数器参数输出，它们分别表示阿拉伯数字、小写罗马数字、大写罗马数字、小写字母、大写字母或特殊符号。

2. 编号列表环境标签。enumerate 环境标签是指修饰计数器的符号，如括号、点等。enumerate 环境定义的标签命令有 \labelenumi、\labelenumii、\labelenumiii、\labelenumiv，它们分别用于设置一级、二级、三级和四级嵌套的编号列表。有关 enumerate 编号命令的汇总见表 5.2。

表 5.2　enumerate 环境编号和标签

嵌套层次	计数器	计数器命令和默认值		标签命令和默认值	
		命令	默认值	命令	默认值
1	enumi	\theenumi	\arabic{enumi}	\labelenumi	\theenumi.
2	enumii	\theenumii	\alph{enumi}	\labelenumii	(\theenumii)
3	Enumiii	\theenumiii	\roman{enumi}	\labelenumiii	\theenumiii.
4	enumiv	\theenumiv	\Alph{enumi}	\labelenumiv	\theenumiv.

3. 重新定义列表编号和标签命令：renewcommand{cmd}{def}。利用该命令可以重新等于列表编号和标签，如 \renewcommand{\theenumi}{\Alph{enumi}} 重新定义一级编号列

表计数器,计数器格式为大写字母;\renewcommand{\labelenumi}{(\theenumi)}重新定义一级编号列表标签,新标签为计数器带有括号;\renewcommand{\theenumii}{\roman{enumii}}重新定义二级编号列表计数器,计数器格式为小写罗马数字;\renewcommand{\labelenumii}{\theenumii.}重新定义二级编号列表标签,新标签为计数器后面带有符号".";\renewcommand{\labelitemi}{\textasteriskcentered}重新定义一级符号列表标签为"*"。

4. 符号列表环境标签。符号列表环境是 itemize,它没有编号,只有标签,标签是通过一组命令来控制的,如表 5.3 所示。

表 5.3 itemize 环境标签

嵌套层次	命令	默认值	效果
1	\labelitemi	\textbullet	●
2	\labelitemii	\normalfont\bfseries\textendash	–
3	\labelitemiii	\textasteriskcentered	*
4	\labelitemiv	\textperiodcentered	·

5. 可以在列表项命令 \item 后面添加可选参数直接修改符号,如 \item[\ding{47}] 直接将项目符号修改为 "\ding{47}",该符号需要使用 "pifont" 宏包。

5.10.2 实现效果

自定义列表案例的实现效果如图 5.15 所示。与上个案例的运行结果相比,一级编号列表的计数器由阿拉伯数字修改为大写英文字母,标签增加了括号。二级编号列表的计数器由小写的英文字母修改为小写的罗马数字,标签删除了括号但在数字后增加了符号"."。一级符号列表的标签由默认符号"●"修改为"*"。一级描述列表项前面增加了一个符号。

5.10.3 实现过程

案例的实现代码如下:

```
\documentclass{ctexart}
\usepackage{pifont}                               % \ding{47}命令所在宏包
\begin{document}
    \renewcommand{\theenumi}{\Alph{enumi}}        % 重新定义一级编号列表计数器
    \renewcommand{\labelenumi}{(\theenumi)}       % 重新定义一级编号列表标签
    \renewcommand{\theenumii}{\roman{enumii}}     % 重新定义二级编号列表计数器
    \renewcommand{\labelenumii}{\theenumii.}      % 重新定义二级编号列表标签
    \renewcommand{\labelitemi}{\textasteriskcentered}  % 重新定义一级符号列
```

```
表标签
    \begin{enumerate}                              % 一级编号列表
        \item 北京市
            \begin{enumerate}                      % 二级编号列表
                \item 西城区
                \item 海淀区
                \item 石景山区
            \end{enumerate}
        \item 上海市
            \begin{itemize}                        % 一级符号列表(嵌套于编号列表)
                \item 黄浦区
                \item 徐汇区
                \item 长宁区
            \end{itemize}
        \item 广州市
            \begin{description}                    % 一级描述列表(嵌套于编号列表)
                \item[ \ding{47} ] 越秀区          % item 命令带有可选参数
                \item[ \ding{47} ] 荔湾区
                \item[ \ding{47} ] 海珠区
            \end{description}
    \end{enumerate}
\end{document}
```

(A) 北京市

  i. 西城区
  ii. 海淀区
  iii. 石景山区

(B) 上海市

  * 黄浦区
  * 徐汇区
  * 长宁区

(C) 广州市

  ✏ 越秀区
  ✏ 荔湾区
  ✏ 海珠区

图 5.15　自定义列表案例的实现效果

案例 5.11 数学公式-I

5.11.1 案例描述

排版数学公式是 TeX 系统设计的初衷，它在 LaTeX 中占有特殊地位，也是 LaTeX 软件中最为人称道的功能之一。本案例要求编写行内公式和独立公式。

行内公式是指与文字或其他文档内容混编在一起的公式，不独占一行。在数学模式下，符号会使用单独的字体，字母通常是倾斜的意大利体，数字和符号则是直立体，数学符号之间的距离也与一般的水平模式不同。行内公式需要通过相应的符号来实现，如公式 a + b = c，需要这样写：＄a+b=c＄，或 \(a+b=c\)，或 \begin{math}a+b=c\end{math}，最常使用的是符号"＄"。

独立公式单独占一行，不和其他文字混编。独立公式需要的界定符号是：＄＄<公式>＄＄，或 \[<公式>\]，或 equation 环境。从运行结果可以看出，equation 环境能够对公式进行自动编号。

本案例中使用的数学符号和命令如表 5.4 所示。

表 5.4 常用公式命令、宏包和符号

符号或命令	含义或符号	命令	符号	命令或宏包	符号或含义
_	下标	\sqrt	平方根	\overbrace	上花括号
^	上标	\sum	∑	\underbrace	下花括号
\pi	π	\circ	°	\dots	…
\times	*	\ce	化学式	\text	文本
\lbrace	{	\overline	上划线	amsmath	数学宏包
\rbrace	}	\overrightarrow	上划右箭头	mhchem	化学宏包
\frac	分式	\underleftrightarrow	下左右箭头	equation	公式环境

5.11.2 实现效果

数学公式-I 案例的实现效果如图 5.16 所示。其中包括行内公式和独立公式，独立公式中包含上标、下标、括号、分式、根号、化学式、上划线、上箭头和下箭头、上括号和下括号等。

1 行内公式

在排版数学公式时，即使没有特殊符号的算式如 1+1=2，或者简单的一个字母变量 x，也要进入数学模式，使用 $1+1=2$ 和 x，而不是使用排版普通文字的方式。如：公式 2x+3y=34 需要写成：$2x+3y=34$，其效果是不一样的。

2 独立公式

独立公式单独占一行，不和其他文字混编，示例：

$$A_{i,j} = 2\pi \times 2^{i+j}$$

基本公式示例：

$$S = a_1^2 + a_2^2 + a_3^2$$

$$f(x,y) = 100 * \{[(x+y)*3] - 5\} \tag{1}$$

$$y = \frac{1}{3} + \frac{\sqrt[3]{x}}{\sqrt{5-x}}$$

$$max_n f(n) = \sum_{i=0}^{n} A_i + 90° \tag{2}$$

$$2H_2 + O_2 \xrightarrow{燃烧} 2H_2O \tag{3}$$

$$\overline{a+b} = \overline{a} + \overline{b}$$

$$\overrightarrow{a+b} = \underleftrightarrow{a-b}$$

$$\overbrace{a+b+c} = \underbrace{1+2+\cdots+n}_{共\,n\,项}$$

图 5.16　数学公式-Ⅰ案例的实现效果

5.11.3　实现过程

案例实现代码如下：

\documentclass{ctexart}
\usepackage{amsmath}   % 数学宏包
\usepackage{mhchem}   % 化学宏包
\begin{document}
　　\section{行内公式}
　　在排版数学公式时，即使没有特殊符号的算式如 1+1 = 2,或者简单的一个字母变量 x，也要进入数学模式，使用 $1+1 = 2 $ 和 $ x $,而不是使用排版普通文字的方式。如:公式 2x+3y = 34 需要写成:$ 2x+3y = 34 $,其效果是不一样的。
　　\section{独立公式}
　　独立公式单独占一行,不和其他文字混编,示例：
　　　　$$A_{i,j} = 2\pi \times 2^{i+j}　$$　　% 利用$$符号编写公式

基本公式示例：

```
\[ S=a_{1}^2+a_{2}^2+a_{3}^2 \]              % 利用\[ \]编写公式
\begin{equation}                              % 利用 equation 环境编写公式
    f(x,y) = 100 * \lbrace[(x + y) * 3] - 5\rbrace
\end{equation}
\[
    y = \frac{1}{3}+\frac{\sqrt{3}{x}}{\sqrt{5 - x}}
\]
\begin{equation}
    max_n f(n) = \sum_{i = 0}^n A_i + 90^\circ
\end{equation}
\begin{equation}
    \ce {2H2 +O2 ->[ \text{燃烧}] 2H2O}       % 化学式
\end{equation}
\[
    \overline{a+b} = \overline{a} + \overline{b}
\]
$$ \overrightarrow{a+b} = \underleftrightarrow{a-b} $$
$$ \overbrace{a+b+c} = \underbrace{1+2+\dots+n}_{\text{共 $n$ 项}} $$

\end{document}
```

案例 5.12　数学公式-II

5.12.1　案例描述

利用根式、矩阵、积分等符号，以及 equation、equation+split、gather、gather*、align、align*、multiline 等环境编写数学公式。

1. 本案例所使用的宏包、命令和符号见表 5.5。

表 5.5　本案例中使用的公式命令、宏包和符号

环境	含义或功能	命令	符号
pmatrix	使用小括号的矩阵	\infty	无穷大符号
bmatrix	使用中括号的矩阵	\lim	lim
equation	公式环境，公式不换行	\, \mathrm	使字符直立

续表

环境	含义或功能	命令	符号
split	使 equation 环境中的公式换行的环境	\to	→
gather	公式环境,能够实现公式换行、居中对齐、自动编号	\bigcap	∩
gather*	公式环境,能够实现公式换行、居中对齐、但不自动编号	\bigcup	∪
align	通过 & 控制符号对齐、换行、自动编号	\dots	…
align*	通过\& 对齐多列公式、不自动编号、换行	\ddots	斜向点
multline	单个长公式实现换行、编号	\vdots	垂直方向点
\cos	cos	\sin	sin

2. 给矩阵加括号。方式有很多,大致可分为两种,使用 \left … \right,或者把公式命令中的 matrix 改成 pmatrix(小括号)、bmatrix(中括号)、Bmatrix(大括号)、vmatrix(单垂线 | |)、Vmatrix(双垂线 ‖ ‖)等。

3. 分数导致字母太小问题。在 LaTeX 软件中,\frac 有时会导致字母显示很小,解决方案是使用 \dfrac,其中 \dfrac 即为 \displaystyle \frac 的意思。

4. 求和符号上下限位置问题。默认行内公式 $ \sum_{k=1}^n{x_k} $ 的上下限标注在右侧,默认行间公式 $$ \sum_{k=1}^n{x_k} $$ 的上下限标注在上下,可以通过 \limits 命令强制行内公式 $ \sum \limits_{k=1}^n{x_k} $ 的上下限标注在上下,通过 \nolimits 命令强制行间公式 $$ \sum \nolimits_{k=1}^n{x_k} $$ 的上下限标注在右侧。

5.12.2 实现效果

数学公式-Ⅱ案例的实现效果如图 5.17 所示。

5.12.3 实现过程

案例实现代码如下:

```
\documentclass{ctexart}
\usepackage{amsmath}
\begin{document}
    \bfseries 根式、矩阵、积分等符号
    \[   %根式与分式
        \sqrt[n]{\frac{x^2+\sqrt[3]{2}}{x+y}}=
        (x^p+y^q)^{\frac{1}{1/p+1/q}}
    \]
    \[   %矩阵,小括号(parentheses)使用 pmatrix 环境
        A=\begin{pmatrix}
```

根式、矩阵、积分等符号

$$\sqrt[n]{\frac{x^2+\sqrt[3]{2}}{x+y}} = (x^p+y^q)^{\frac{1}{1/p+1/q}}$$

$$A = \begin{pmatrix} a_{11} & a_{12} & a_{13} \\ a_{21} & a_{22} & a_{23} \\ a_{31} & a_{32} & a_{33} \end{pmatrix}$$

$$B = \begin{bmatrix} a_{11} & \cdots & a_{1n} \\ & \ddots & \vdots \\ 0 & & a_{nn} \end{bmatrix}$$

$$\sum_{k=0}^{\infty}\int_0^1 f_k(x,t)\,\mathrm{d}t = \lim_{j\to\infty}\lim_{k\to\infty}\bigcap_{j=1}^{J}\bigcup_{k=j}^{K} A_k$$

使用 equation 环境：公式不换行、自动编号

$$a+b = b+aa = b \tag{1}$$

使用 equation+split 环境：公式换行、自动整体编号、右对齐

$$\begin{aligned} a+b &= b+a \\ a &= b \end{aligned} \tag{2}$$

使用 gather 环境：公式换行、居中对齐、自动编号

$$a+b = b+a \tag{3}$$
$$a = b \tag{4}$$

使用 gather* 环境：公式换行、居中对齐、不自动编号

$$a = b$$
$$a\times b = b\times a$$

使用 align 环境：通过 & 控制符号对齐、自动编号、换行

$$x = t + \cos t + 1 \tag{5}$$
$$y = 2\sin t \tag{6}$$

使用 align* 环境：通过 & 对齐多列公式、不自动编号、换行

$$\begin{aligned} x &= t & x &= \cos t & x &= \sin t \\ y &= 2t & y &= \sin t & y &= \sin(t+1) \end{aligned}$$

使用 multline 环境：单个长公式实现换行、编号

$$\begin{multlined} a+b+c+x+y+z \\ +d+e+f \\ = g+h+i \end{multlined} \tag{7}$$

图 5.17 数学公式-Ⅱ案例的实现效果

```
            a_{11} & a_{12} & a_{13} \\
            a_{21} & a_{22} & a_{23} \\
            a_{31} & a_{32} & a_{33}
        \end{pmatrix}
\]
\[  % 矩阵,中括号(brackets)使用 bmatrix 环境
    B = \begin{bmatrix}
        a_{11} & \dots  & a_{1n} \\
               & \ddots & \vdots \\
        0      &        & a_{nn}
    \end{bmatrix}
\]
\[
    \sum_{k=0}^{\infty} \int_0^1 f_k(x,t) \, \mathrm{d}t =
    \lim_{j\to\infty} \lim_{k\to\infty}
    \bigcap_{j=1}^J \bigcup_{k=j}^K A_k
\]
\bfseries 使用 equation 环境：公式不换行、自动编号
\begin{equation}
    a+b=b+a \\
    a=b
\end{equation}
\bfseries 使用 equation+split 环境：公式换行、自动整体编号、右对齐
\begin{equation}
    \begin{split}       % 实现公式换行
        a+b=b+a \\
        a=b
    \end{split}
\end{equation}


\bfseries 使用 gather 环境：公式换行、居中对齐、自动编号
\begin{gather}          % 公式换行、居中对齐、自动编号
    a+b=b+a \\
    a=b
\end{gather}
\bfseries 使用 gather* 环境:公式换行、居中对齐、不自动编号
\begin{gather*}         % 公式不自动编号
```

```
        a = b \\
        a \times b = b \times a
    \end{gather*}
    \bfseries 使用 align 环境：通过\& 控制符号对齐、自动编号、换行
    \begin{align}          % 通过& 控制符号对齐、自动编号、换行
        x &= t+\cos t + 1 \\
        y &= 2\sin t
    \end{align}
    \bfseries 使用 align*环境：通过\& 对齐多列公式、不自动编号、换行
    \begin{align*}          % 通过& 控制符号对齐、自动编号、换行
        x &= t   &x  &= \cos t &x &= \sin t \\
        y &= 2t & y &= \sin t &y &= \sin (t+1)
    \end{align*}
    \bfseries 使用 multline 环境：单个长公式实现换行、编号
    \begin{multline}        % 单个长公式换行
        a+b+c+x+y+z \\
        +d+e+f \\
        =g+h+i
    \end{multline}
\end{document}
```

案例 5.13　基本表格绘制

5.13.1　案例描述

绘制 2 个基本表格，第 1 个表格有横线和竖线，第 2 个表格是三线表，其中最上面和最下面的线条是粗线，中间的水平线是细线。

1. 加载 booktabs 宏包可以使用 \toprule 和 \bottomrule 命令，分别用于画出表格头和表格底的粗横线，还可以使用 \midrule 画出表格中的横线。
2. 绘制表格需要放在 tabular 环境中，l、c、r 既表示表格的列数，同时也表示列中内容水平方向的左对齐、居中对齐和右对齐，符号"|"表示列之间的竖线。
3. hline 命令表示水平线。
4. 符号"&"表示列与列之间内容的分隔符。
5. vspace{<尺寸>}表示垂直间距，尺寸必须带度量单位。

5.13.2 实现效果

简单表格绘制案例的实现效果如图 5.18 所示。

姓名	学号	性别
Steve Jobs	001	Male
Bill Gates	002	Female

姓名	学号	性别
Steve Jobs	001	Male
Bill Gates	002	Female

图 5.18　简单表格绘制案例的实现效果

5.13.3 实现过程

案例实现代码如下:

```
\documentclass{ctexart}
\usepackage{booktabs}
\begin{document}
    \begin{tabular}{l |c |r}   % l、c 和 r 表示三列,其中 l(left)表示居左显示 r(right)
表示居右显示 c(center)表示居中显示, |表示竖线
        \hline                      % 水平线
        姓名 & 学号 & 性别\\          % 第一行第 1-3 列,中间用 & 连接
        \hline
        Steve Jobs& 001& Male\\
        Bill Gates& 002& Female\\
        \hline
    \end{tabular}
    \vspace{10pt}                   % 垂直间距

    \begin{tabular}{ccc}            % 一个 c 表示有一列,格式为居中显示(center)
        \toprule                    % 添加表格头部粗线
        姓名 & 学号 & 性别\\
```

```
        \midrule                          % 添加表格中横线
        Steve Jobs& 001& Male\\
        Bill Gates& 002& Female\\
        \bottomrule                       % 添加表格底部粗线
    \end{tabular}

\end{document}
```

案例 5.14　复杂表格绘制

5.14.1　案例描述

绘制 2 个复杂表格，1 个表格带有单元格合并，另一个表格带有斜线表头。

1. multirow 宏包，用于实现单元格合并。
2. diagbox 宏包，用于实现斜线表头的宏包。
3. table 环境，用于绘制表格的环境，它有若干可选参数［！htbp］

1）h 表示 here，将表格排在当前文字位置。

2）t 表示 top，将表格放在下一页的顶部。

3）b 表示 bottom，将表格放在当前页的底部。

4）p 表格 page，将表格放在单独一页。

5）! 表示忽略美观因素，尽可能按照参数指定的方式来处理表格浮动位置。

6）表格将会按照所给参数，依次尝试按照每个参数进行排版，当无法排版时，将会按照下一个参数。

4. centering 命令，使表格居中对齐。
5. caption{<表格标题>}，为表格添加自动编号和标题。
6. multicolumn{<列数>}{<位置>}{<文本>}，沿水平方向合并单元格，"列数"表示合并的列数，"位置"表示文本对齐方式，"文本"表示合并单元格中的内容。
7. multirow{<行数>}{<宽度>}{<文本>}，沿垂直方向合并单元格，"行数"表示合并单元格的行数，"宽度"表示单元格的宽度，如果使用"*"，表示单元格的宽度随单元格中的内容"自动"变化，"文本"表示单元格中的内容。
8. $ \alpha_1 $，表示阿尔法1，符号"_"表示下标。

5.14.2　实现效果

复杂表格绘制案例的实现效果如图 5.19 所示。

表 1: 这是有合并单元格的表格

事件						
策略	50	0	100	200	300	300
	100	100	0	100	200	200
	150	200	100	0	100	200
	200	300	200	100	0	300

表 2: 这是有斜线表头的表格

$\alpha_{i,j}$ 乙 / 甲	β_1	β_2	β_3
α_1	-4	0	-8
α_2	3	2	4
α_3	16	1	-9
α_4	-1	1	7

图 5.19　复杂表格绘制案例的实现效果

5.14.3 实现过程

案例实现代码如下:

```
\documentclass{ctexart}
\usepackage{multirow}                        % 实现单元格合并的宏包
\usepackage{diagbox}                         % 实现斜线表头的宏包
\begin{document}

  \begin{table}[! htbp]
    \centering                               % 表格居中对齐
    \caption{这是有合并单元格的表格}         % 为表格添加自动编号和标题
    \begin{tabular}{ |c |c |c |c |c |c |c |}  % 表格 7 列,全部居中显示
      \hline
      \multicolumn{7}{ |c |}{事件} \\        % 横向合并 7 列单元格,两侧添加竖线
      \hline
      \multirow{4} * {策略}&50&0&100&200&300&300 \\  % 纵向合并 4 行单元格
      \cline{2-7}                            % 为第 2-7 列添加横线
      &100&100&0&100&200&200 \\
```

```
        \cline{2-7}
        &150&200&100&0&100&200\\
        \cline{2-7}
        &200&300&200&100&0&300\\
        \hline
    \end{tabular}
\end{table}

\begin{table}[!htbp]
    \centering
    \caption{这是有斜线表头的表格}
    \begin{tabular}{|c|c|c|c|}
        \hline
        \diagbox{甲}{$ \alpha_{i,j} $}{乙}& $ \beta_1 $&$ \beta_2 $&$ \beta_3 $ \\    % 添加斜线表头
        \hline
        $ \alpha_1 $&-4&0&-8\\ % $ \alpha_1 $表示阿尔法1,_表示下标
        \hline
        $ \alpha_2 $&3&2&4 \\
        \hline
        $ \alpha_3 $&16&1&-9 \\
        \hline
        $ \alpha_4 $&-1&1&7 \\
        \hline
    \end{tabular}
\end{table}

\end{document}
```

案例 5.15　插图与变换

5.15.1　案例描述

设计一个案例，实现图形大小和方向的改变，以及文字大小和方向的改变。

5.15.2 实现效果

插图与变换案例的实现效果如图 5.20 所示。最上面的 3 个图形分别通过设置宽度值、高度值和缩放比例来显示图形大小,中间的 3 个图形通过按基准点旋转不同角度来实现,最下面的一行文字分别通过设置缩放比例、宽度和高度、旋转和翻转来实现。

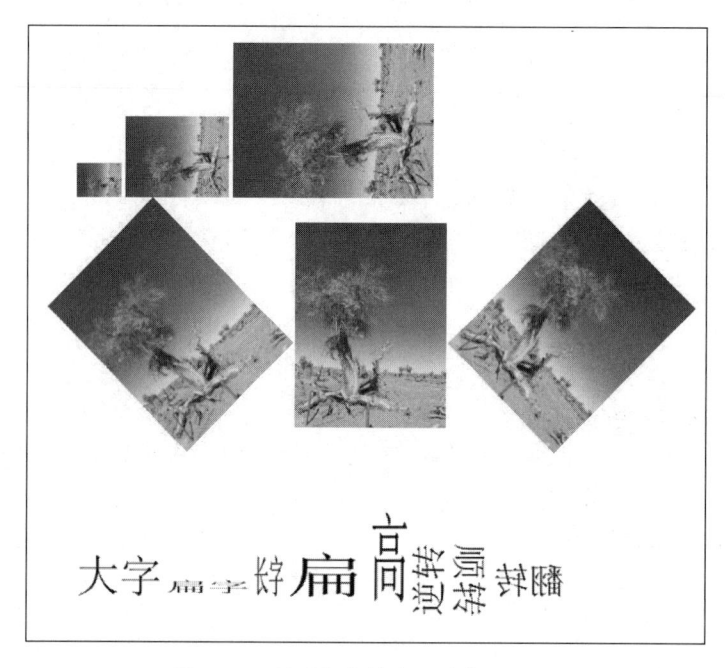

图 5.20 插图与变换案例的实现效果

5.15.3 实现过程

案例实现代码如下:

```
\documentclass{ctexart}
\usepackage{graphicx}                              % 图形宏包
\begin{document}
    \includegraphics[width=3em]{p01}               % 插图,设置图形宽度
    \includegraphics[height=2cm]{p01}              % 插图,设置图形高度
    \includegraphics[scale=0.1]{p01} \\            % 插图,设置图形缩放比例
    \includegraphics[scale=0.1,angle=-45,origin=c]{p01}% 插图缩放、按基准点旋转
    \includegraphics[scale=0.1,angle=-90,origin=c]{p01}
    \includegraphics[scale=0.1,angle=-135,origin=c]{p01}
```

```
        \vspace{4em}                         % 垂直间距
        \scalebox{3}{大字}                    % 宽、高同比例缩放
        \scalebox{3}[1]{扁字}                 % 宽、高不同比例缩放
        \scalebox{1}[3]{长字}                 % 宽、高不同比例缩放
        \resizebox{2cm}{1cm}{扁}              % 宽、高不同大小
        \resizebox{1cm}{2cm}{高}              % 宽、高不同大小
        \Huge\rotatebox[origin=c]{90}{逆转}    % 逆时针旋转
        \Huge\rotatebox[origin=c]{-90}{顺转}   % 顺时针旋转
        \Huge\reflectbox{翻转}                % 水平翻转
    \end{document}
```

案例 5.16 图 文 混 排

5.16.1 案例描述

设计一个文档，实现文字和图形混排，其中文字包含标题、作者、日期、正文等内容，图形包含图片、图形编号和标题、图形标签等内容。

1. graphicx 宏包的引入。LaTeX 内核不能直接提供插图功能，需要由 graphicx 宏包提供，因此如果要在文档中进行插图，首先需要在源文件的导言区通过\usepackage 命令引入 graphicx 宏包，引入宏包后，就可以使用 includegraphics 命令进行插图了。

2. 导言区内容。导言区包含了 3 条命令\title{北方工业大学简介}、\author{杜春涛}、\date{\today}，分别表示标题、作者和日期。导言区的内容不能出现在运行结果中，需要利用 document 环境中的\maketitle 命令才能显示。

3. figure 环境。案例中使用 figure 环境用于插图，环境的可选参数[ht]表示插图可以出现在环境周围的文本所在处（here）和一页的顶部（top）。figure 环境内部相当于普通的段落（默认没有缩进）。

4. centering 命令，表示后面的内容居中。

5. includegraphics 命令，用于插图，支持的图片类型包括 PDF、PNG、JPG、EPS 等。该命令包含 2 个参数，第一个可选参数 scale 表示图形的缩放比例，也可以使用 width 或 height 设置图形的宽度或高度；第二个必选参数是图形名称。

6. caption 命令，用于给插图加上编号和标题，编号是自动加入的，标题是命令参数提供的。

7. label 命令，用于给图形定义标签，该标签用于在正文中引用图形编号。

8. 首行缩进。ctexart 文档类能够使正文段落实现首行缩进，从运行结果可以看出。

5.16.2　实现效果

图文混排案例实现效果如图 5.21 所示。从图中可以看出，正文中有标题、作者、日期、正文等内容，图片在正文中间，居中对齐，图片下面有编号和标题。

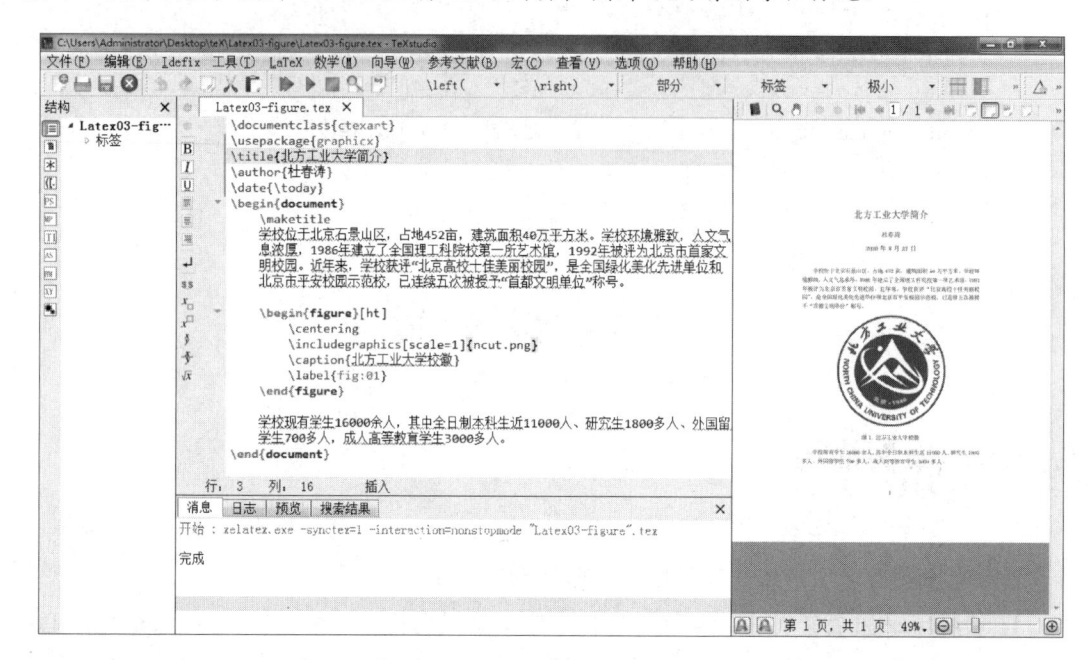

图 5.21　图文混排案例的实现结果

5.16.3　实现过程

案例实现代码如下：

```
\documentclass{ctexart}
\usepackage{graphicx}
\title{北方工业大学简介}
\author{杜春涛}
\date{\today}
\begin{document}
    \maketitle
```

学校位于北京石景山区，占地 452 亩，建筑面积 40 万平方米。学校环境雅致，人文气息浓厚，1986 年建立了全国理工科院校第一所艺术馆，1992 年被评为北京市首家文明校园。近年来，学校获评"北京高校十佳美丽校园"，是全国绿化美化先进单位和北京市平安校园示范校，已连续五次被授予"首都文明单位"称号。

```
\begin{figure}[ht]
    \centering
    \includegraphics[scale=1]{ncut.png}
    \caption{北方工业大学校徽}
    \label{fig:01}
\end{figure}
```

学校现有学生 16000 余人, 其中全日制本科生近 11000 人、研究生 1800 多人、外国留学生 700 多人, 成人高等教育学生 3000 多人。
`\end{document}`

案例 5.17　交叉引用

5.17.1　案例描述

本案例要求实现图形、表格和公式的交叉引用。

1. 交叉引用的含义。论文中的标题、图形、表格或公式等一般来说都需要定义带有编号的标签来唯一标识这一对象, 而且在正文中会经常通过对象编号来引用该对象。假设某一个公式的标签是"公式 2.5 勾股定理", 正文中的"如公式 2.5 所示"就是对该公式的引用。如果对象标签编号和引用之间不能建立自动关联, 一旦编号发生变化, 则引用就不会自动更新, 从而导致引用错误。LaTeX 软件提供的交叉引用解决了这个问题。

2. 书签与引用。LaTeX 软件提供了三条交叉引用命令, 如表 5.6 所示。如果对象是由一条命令产生的 (如 \section、\item 等), 标签通常直接放在命令的后面; 如果对象是由环境产生的 (如 table、equation 等), 标签通常放在环境中。

表 5.6　交叉引用命令

命　令	说　明
\label{书签名}	书签命令, 不生成任何文本, 但可以记录所在位置, 它像书签一样插在被引对象中, 如章节命令、图表标题命令、环境命令或文本中。不论该对象走到哪里, 它都会跟到哪里。书签名是作者为该书签所起的名字, 通常由英文字母 (区分大小写) 和数字构成。
\ref{书签名}	序号引用命令, 插在正文引用处, 用于引用书签命令\label 所在标题或环境序号, 或文本所在章节的序号。
\pageref{书签名}	页码引用命令, 插在正文引用处, 用于引用书签命令所在页面的页码

3. 书签名的样式。给一个对象添加书签时不能随意, 应采用"类型:内容"样式, 这样给出的书签会更容易引用。表 5.7 给出了通常使用的类型的简称。当然也可以使用其

他缩写，但应该保持条理性和一致性。

表 5.7 引用类型简称

缩　　写	全　　称	缩　　写	全　　称
part	部分（part）	fig	图（figure）
chap	章（chapter）	tab	表（table）
sec	节（section）	eq	公式（equation）
subsec	小节（subsection）	fn	脚注（footnote）
subsubsec	小小节（subsubsection）	item	项目（item）
para	段（paragraph）	thm	定理
subpara	小段（subparagraph）	algo	算法（algorithm）

5.17.2　实现效果

交叉引用案例的实现效果如图 5.22 所示，其中包含公式、图形和表格的编号及其引用。这些编号都是自动生成的。

图 5.22　交叉引用案例的实现结果

5.17.3　实现过程

案例实现代码如下：

```
\documentclass{ctexart}
\usepackage[a4paper,left=3cm,right=3cm]{geometry}   % 页面设置
\usepackage{graphicx}                                % 图形宏包
\usepackage{booktabs}                                % 表格宏包
\begin{document}
    \begin{center}
        \textbf{交叉引用}
    \end{center}
勾股定理公式如公式(\ref{eq:gougu-formula})所示，该公式所在的页码是第\pageref
{eq:gougu-formula}页。                               % 引用公式编号和公式所在页码。
    \begin{equation}
        a^2+b^2=c^2                                  % 数学公式
        \label{eq:gougu-formula}                     % 设置公式标签
    \end{equation}
北方工业大学LOGO如图\ref{fig:ncutLogo}所示。         % 图形引用
    \begin{figure}[h]
        \centering                                   % 设置图片居中对齐
        \includegraphics[scale=0.5]{pics/p02}        % 插入图片
        \caption{北方工业大学LOGO}                    % 设置图片标题
        \label{fig:ncutLogo}                         % 设置图片标签
    \end{figure}

一班同学成绩如表\ref{tab:stuScore1}所示，表格所在的页码是第\pageref{eq:gougu
-formula}页。                                        % 表格标签及所在页码引用
    \begin{table}[h]
        \centering                                   % 设置表格居中对齐
        \caption{学生成绩表}                          % 设置表格标题
        \begin{tabular}{ccc}
            \hline
            学号 & 姓名 & 成绩 \\
            20200101 & 张三 & 98 \\
            20200102 & 李四 & 72 \\
            \hline
```

```
            \end{tabular}
            \label{tab:stuScore1}                      % 设置表格标签
        \end{table}

        一元二次方程如公式(\ref{eq:yyecfc})所示。       % 公式引用
        \begin{equation}
            y=ax^2+bx+c
            \label{eq:yyecfc}
        \end{equation}
        二班同学成绩如表\ref{tab:stuScore2}所示，表格所在的页码是第\pageref{eq:gougu
        -formula}页。                                   % 表格标签及所在页码引用
        \begin{table}[htbp]
            \centering
            \caption{学生成绩表}
            \begin{tabular}{ccc}
                \hline
                学号 & 姓名 & 成绩 \\
                20200201 & 王五 & 88 \\
                20200202 & 赵六 & 79 \\
                \hline
            \end{tabular}
            \label{tab:stuScore2}                      % 设置表格标签
        \end{table}

\end{document}
```

案例 5.18　参　考　文　献

5.18.1　案例描述

编写一个案例实现参考文献的搜索、参考文献文件的生成、参考文献引用在论文中的插入以及参考文献在正文后面的生成。

1. 文献搜索及参考文献文件的生成。在百度学术、谷歌学术、中国知网等文献库中搜索需要的文献，并把搜索到的文献保存为 Bib TeX 类型文件。如果不能直接将文件保存为 Bib TeX 类型，可以导出为其他类型，然后再导入相关参考文献管理软件（如 Citavi、

Zotero 等)，再通过这些软件将文献导出为 Bib TeX 类型。

2. 在论文中插入参考文献引用，要使用 cite 宏包，利用\cite 命令插入文献引用。

3. 参考文献插入。利用\bibliography{文献文件}命令将参考文献插入文档中，其中“文献文件”为 Bib TeX 类型参考文献文件。

5.18.2 实现效果

参考文献案例的实现效果如图 5.23 所示。在正文中插入了 4 个参考文献，它们都显示了参考文献的引用数字，并在正文下面的“参考文献”下面显示参考文献的具体内容。

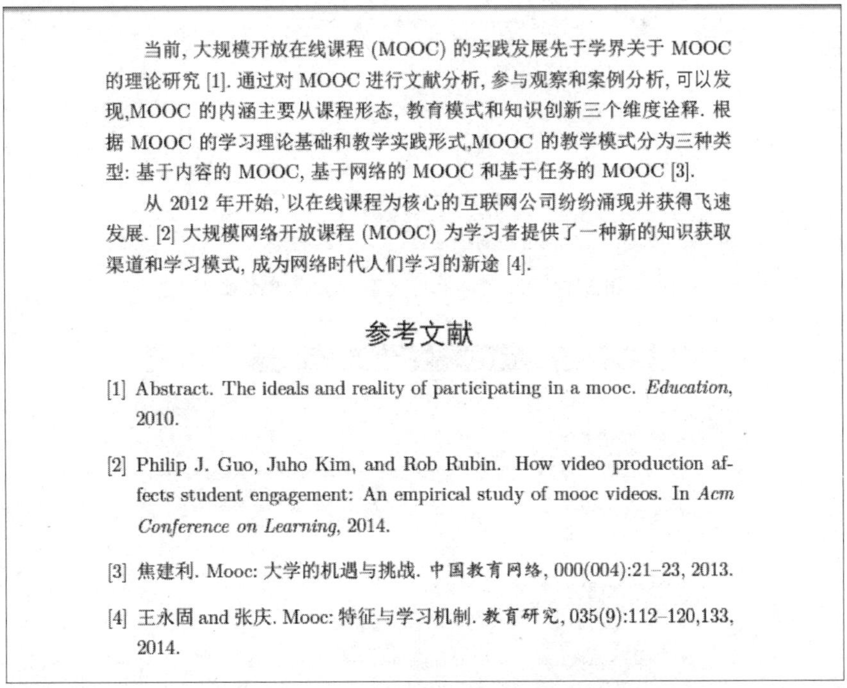

当前, 大规模开放在线课程 (MOOC) 的实践发展先于学界关于 MOOC 的理论研究 [1]. 通过对 MOOC 进行文献分析, 参与观察和案例分析, 可以发现,MOOC 的内涵主要从课程形态, 教育模式和知识创新三个维度诠释. 根据 MOOC 的学习理论基础和教学实践形式,MOOC 的教学模式分为三种类型: 基于内容的 MOOC, 基于网络的 MOOC 和基于任务的 MOOC [3].

从 2012 年开始, 以在线课程为核心的互联网公司纷纷涌现并获得飞速发展. [2] 大规模网络开放课程 (MOOC) 为学习者提供了一种新的知识获取渠道和学习模式, 成为网络时代人们学习的新途 [4].

参考文献

[1] Abstract. The ideals and reality of participating in a mooc. *Education*, 2010.

[2] Philip J. Guo, Juho Kim, and Rob Rubin. How video production affects student engagement: An empirical study of mooc videos. In *Acm Conference on Learning*, 2014.

[3] 焦建利. Mooc: 大学的机遇与挑战. 中国教育网络, 000(004):21–23, 2013.

[4] 王永固 and 张庆. Mooc: 特征与学习机制. 教育研究, 035(9):112–120,133, 2014.

图 5.23 参考文献案例的实现结果

5.18.3 实现过程

1. 打开百度学术等文献管理网站，搜索需要的文章，这里搜索 MOOC 相关文章，如图 5.24 所示。

2. 单击需要文章下面的“批量引用”按钮，此时在右下角的圆形图标中就会显示添加文献的数量。

3. 选择完成后，单击“圆形图标”按钮，打开“批量引用”对话框，单击“导出至”按钮，在弹出的下拉菜单中选择“Bib TeX(.bib)”，如图 5.25 所示。从而将文献导出到一个 bib 类型的文件中。假设这里导出的文件名称为 bib04.bib，并将该文件保存到与 TeX 文件相同文件夹下的 bib 文件夹中。

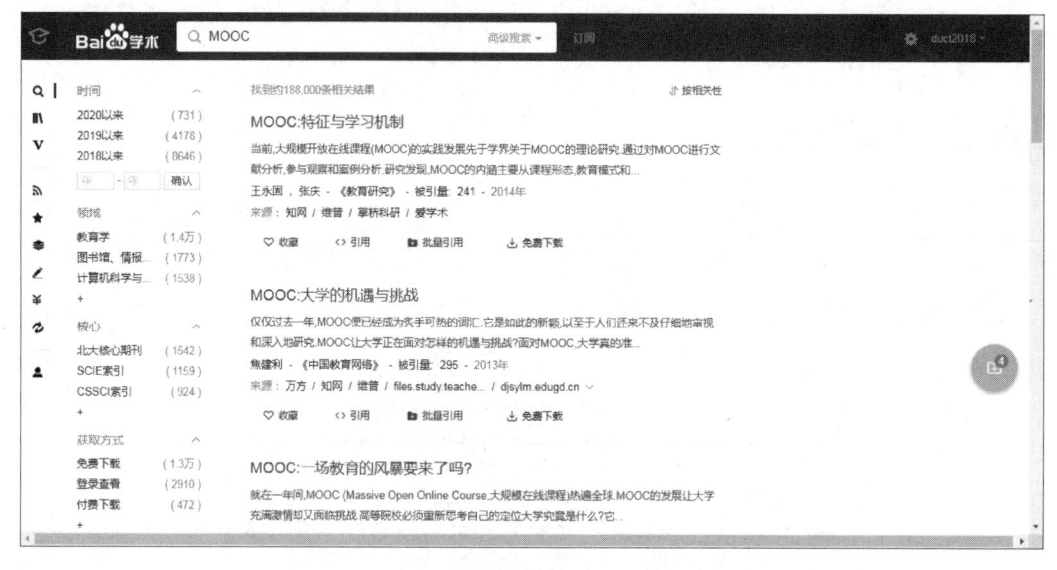

图 5.24　在"学术百度"搜索参考文献

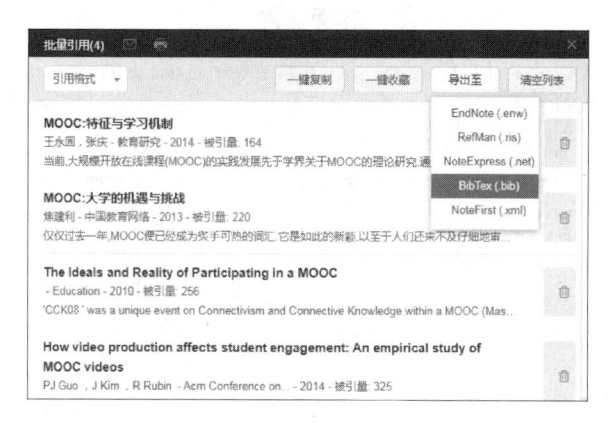

图 5.25　将搜索到的参考文献导出

4. 在 TeXstudio 编辑器中打开 bib04.bib 文件，并进行编译。

5. 在正文中插入文献引用。在正文相应位置通过 \cite 命令插入参考文献引用，插入 \cite 命令时，文献信息将会自动显示，如图 5.26 所示。

6. 案例代码如下：

```
\documentclass{ctexart}
\usepackage{cite}% 参考文献宏包

\begin{document}
```

当前,大规模开放在线课程(MOOC)的实践发展先于学界关于 MOOC 的理论研究 \cite{Abstract2010The}.通过对 MOOC 进行文献分析,参与观察和案例分析,可以发现,MOOC 的内涵主要从课程形态,教育模式和知识创新三个维度诠释.根据 MOOC 的学习理论基础和教学实践形式,MOOC 的教学模式分为三种类型:基于内容的 MOOC,基于网络的 MOOC 和基于任务的 MOOC \cite{焦建利2013MOOC}.

从 2012 年开始,以在线课程为核心的互联网公司纷纷涌现并获得飞速发展.\cite{Guo2014How} 大规模网络开放课程(MOOC)为学习者提供了一种新的知识获取渠道和学习模式,成为网络时代人们学习的新途 \cite{王永固2014MOOC}.

```
\bibliography{bib/bib04}        %指定参考文献文件
\end{document}
```

图 5.26　在正文中插入文献引用

案例 5.19　定制参考文献格式

5.19.1　案例描述

编写一个案例,定制参考文献格式,使文献引用编号以上标形式出现。可以一次引用多个文献,当一次引用 2 个文献时,引用编号之间用逗号隔开,如果一次引用 3 个及以上连续的文献，首尾编号之间用"-"隔开。此外，使文献顺序按照引用的先后顺序出现。

1. \usepackage[numbers,sort&compress]{natbib} 宏包。实现对多个文献引用项排序并压缩（使用"-"符号连接3个及3个以上连续的文献首尾编号）。

2. 定义新命令\upcite。利用 \newcommand{\upcite}[1]{\textsuperscript{\cite{#1}}} 定义新命令，使引用编号以上标形式程序。

3. 插入文献引用。在正文中首先利用\cite命令插入文献编号，当同时引用多个编号时，利用逗号隔开。当输入逗号时，自动弹出提示信息，如图5.27所示。文献信息输入完成后，将\cite命令修改为\upcite命令，使引用编号以上标形式呈现。

4. 命令\bibliography{bib/bib04}，插入bib文件夹下的bib04.bib文献库中的文献。

图5.27 输入逗号时自动弹出文献提示信息

5.19.2 实现效果

定制参考文献格式案例的实现效果如图5.28所示。从运行效果可以看出：文献引用数字都是以上标形式出现；当同时引用2个文献时，引用序号之间使用","分割，当同时引用连续的3个文献时，引用序号之间使用符号"-"分割；文献顺序能够按照在正文中的引用顺序出现。

5.19.3 实现过程

案例的实现代码如下：

\documentclass{ctexart}
\usepackage{cite}   % 参考文献宏包

```
\usepackage[numbers,sort&compress]{natbib}  % 对多个文献引用项排序并压缩的宏包
\newcommand{\upcite}[1]{\textsuperscript{\cite{#1}}}  % 定义新命令,以上标形式显示引用编号。

\begin{document}
```
　　当前,大规模开放在线课程(MOOC)的实践发展先于学界关于 MOOC 的理论研究 \upcite{Abstract2010The,王永固 2014MOOC}. 通过对 MOOC 进行文献分析,参与观察和案例分析,研究发现,MOOC 的内涵主要从课程形态,教育模式和知识创新三个维度诠释. 根据 MOOC 的学习理论基础和教学实践形式,MOOC 的教学模式分为三种类型:基于内容的 MOOC,基于网络的 MOOC 和基于任务的 MOOC \upcite{Abstract2010The,焦建利 2013MOOC,王永固 2014MOOC}.

　　从 2012 年开始,以在线课程为核心的互联网公司纷纷涌现并获得飞速发展 \upcite{Guo2014How}. 大规模网络开放课程(MOOC)为学习者提供了一种新的知识获取渠道和学习模式,成为网络时代人们学习的新途 \upcite{王永固 2014MOOC}.

```
    \bibliography{bib/bib04}                 % 指定参考文献文件
\end{document}
```

　　当前,大规模开放在线课程 (MOOC) 的实践发展先于学界关于 MOOC 的理论研究[1, 2]. 通过对 MOOC 进行文献分析,参与观察和案例分析,可以发现,MOOC 的内涵主要从课程形态,教育模式和知识创新三个维度诠释. 根据 MOOC 的学习理论基础和教学实践形式,MOOC 的教学模式分为三种类型: 基于内容的 MOOC, 基于网络的 MOOC 和基于任务的 MOOC[1-3].

　　从 2012 年开始,以在线课程为核心的互联网公司纷纷涌现并获得飞速发展[4]. 大规模网络开放课程 (MOOC) 为学习者提供了一种新的知识获取渠道和学习模式,成为网络时代人们学习的新途[2].

参考文献

[1] Abstract. The ideals and reality of participating in a mooc. *Education*, 2010.

[2] 王永固 and 张庆. Mooc: 特征与学习机制. 教育研究, 035(9):112–120,133, 2014.

[3] 焦建利. Mooc: 大学的机遇与挑战. 中国教育网络, 000(004):21–23, 2013.

[4] Philip J. Guo, Juho Kim, and Rob Rubin. How video production affects student engagement: An empirical study of mooc videos. In *Acm Conference on Learning*, 2014.

图 5.28 定制参考文献格式案例的实现效果

案例 5.20 综合案例

5.20.1 案例描述

制作一篇学位论文,包括封皮、中英文摘要、目录、第 1 章、第 2 章和致谢等内容。该论文包括 3 个 tex 文件,主文件、第 1 章和第 2 章。在正文中包含 3 级标题、图形、表格、公式、程序代码、脚注等内容。

1. 多文件结构。对于长文档,可以将文档分成多个 tex 文件,这样既可以便于管理文件,又便于多人协同编写。LaTeX 提供的\include{文件名}命令可用来导入另一个文件内容作为一个章节,"文件名"可以不用带有 tex 扩展名。\include 命令会在之前和之后使用\clearpage 或\cleardoublepage 命令另起新页,同时将这个文件的内容粘贴到\include 命令所在的位置。本案例中使用了 3 个 tex 文件,其中 LaTeX21-structure1.tex 为主框架文件,LaTeX21-structure1-chap1.tex 和 LaTeX21-structure1-chap2.tex 分别为第 1 章和第 2 章文件内容。

2. 章节划分。LeTeX 中可以使用 6-7 个层次的章节,如表 5.8 所示。一个文档的最高层是 part,也可以不使用 part 而直接使用 chapter 或 section。除 part 外,只有在上一层章节存在时才能使用下一层章节,否则编号会出错。可以使用带星号的章节命令(如\chapter*)表示不编号、不编目录的章节。对应 book 和 ctexbook 类,可以把全书划分为正文前部分(front matter)、正文部分(main matter)和正文后部分(back matter),分别由命令\frontmatter、\mainmatter 和\backmatter 进行控制。本案例就采用了这种控制模式,这样正文前和正文后的 chapter 就没有章编号了。

表 5.8 章节层次

层次	名称	命令	说明
-1	part(部分)	\part	可选的最高层
0	chapter(章)	\chapter	report、book、ctexrep、ctexbook 文档类最高层
1	section(节)	\section	article、ctexart 最高层
2	subsection(小节)	\subsection	
3	subsubsection(小小节)	\subsubsection	默认不编号,不编目录
4	paragraph(段)	\paragraph	默认不编号,不编目录
5	subparagraph(小段)	\subparagraph	默认不编号,不编目录

3. 标题和标题页。标题一般由标题名称、作者和日期等部分组成,在 LaTeX 中,使用标题通常分为两部分:声明标题和显示标题。通过\title、\author 和\date 分别声明标题名称、作者和日期,它们都带有一个参数,可以通过\\符号进行换行,通过\and 连接多

个作者信息。例如以下代码：

```
\documentclass{ctexart}
\title{教学模式和评价方式改革\\--以微信小程序开发课程为例}
\author{杜春涛\\北方工业大学 \and 张三\\大数据研究生}
\date{\today}
\begin{document}
\maketitle
\end{document}
```

这段代码显示的效果为：

教学模式和评价方式改革
——以微信小程序开发课程为例

杜春涛　　　　张三
北方工业大学　大数据重点实验室
2020 年 10 月 11 日

4. 定制章节格式。LaTeX 标准文档类 book，report，article 的章节格式是固定的，包括字体、字号、间距、编号方式等。ctex 宏包的 3 个文档类 ctexbook，ctexreport，ctexart 使用的章节格式与标准英文文档类略有区别，此外，ctex 宏包还提供了 \CTEXsetup 命令来设置标题格式，其语法如下：

`\CTEXsetup[选项 1 = 值 1，选项 2 = 值 2，……]{对象类型}`

其中，"选项"是指对象类型的 name，number，format 等，"对象类型"是指 part，chapter，section，subsection 等。

本案例中利用该命令对章序号和节格式进行了设置，设置内容如下：

`\CTEXsetup[number={\arabic{chapter}}]{chapter} % 设置"章序号"为阿拉伯数字`
`\CTEXsetup[format={\Large\raggedright\bfseries}]{section} % 设置"节"的格式为大字体、左对齐、粗体`

ctex 宏包提供的\CTEXsetup 命令只能用于设置中文文档，如果要设置西文文档的标题格式，需要使用 titlesec 宏包。

5.20.2　实现效果

综合案例的实现效果如图 5.29 所示。从图中可以看出，每一部分都是从奇数页开始，最少包含 2 页（最后一部分只包含 1 页）。正文之前部分的页码采用罗马数字编号，正文之后的页码采用阿拉伯数字格式。正文中的章节等 3 级标题、图形、表格、公式、脚注、参考文献等都是自动编号，程序代码左侧都带有行序号。每部分除首页外都带有页眉，正文部分的奇数页页眉显示节序号和节标题、偶数页显示章序号和章标题。

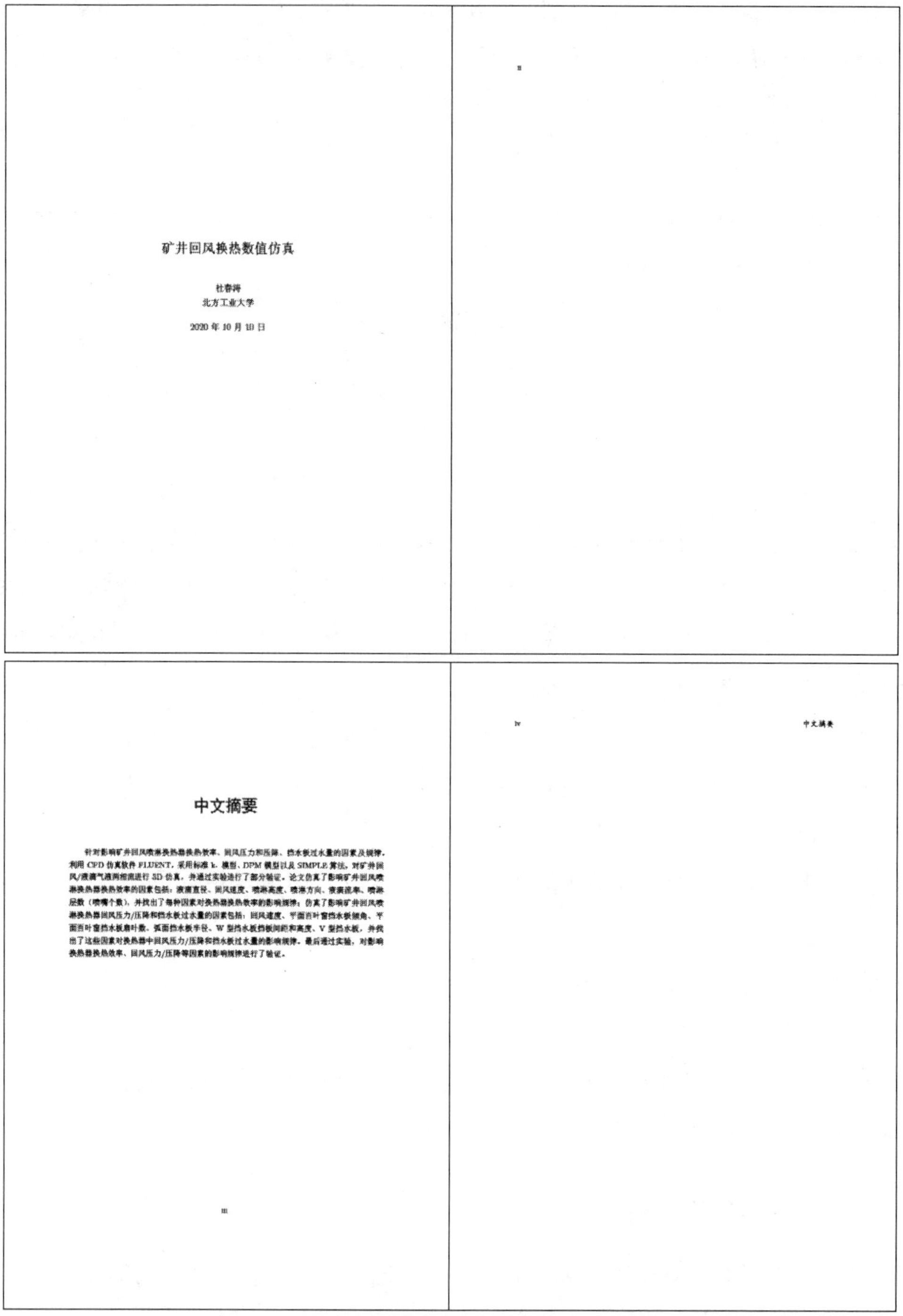

图 5.29 综合案例的实现效果

图 5.29 综合案例的实现效果（续）

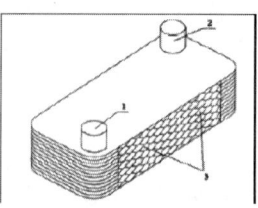

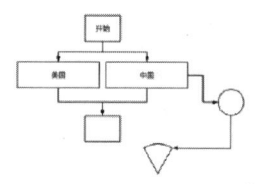

图 5.29 综合案例的实现效果（续）

图 5.29 综合案例的实现效果（续）

图 5.29 综合案例的实现效果（续）

5.20.3 实现过程

1. 主文件 ex520-main.tex 代码

```
% 主文件代码
\documentclass[a4paper]{ctexbook}     % A4 纸张,ctexbook 类型
\usepackage{geometry}                 % 设置页面尺寸宏包
\usepackage{booktabs}                 % 三线表格宏包
\usepackage{makecell}                 % 控制表项单元,可以使用\\在表项单元中换行
\usepackage{multirow}                 % 用于排版跨行表项
\usepackage{amsmath}                  % 用于数学公式
\usepackage{graphicx}                 % 用于插图
\usepackage{listings}                 % 提供 lstlisting 环境,用于程序代码高亮显示
\geometry{left=3cm,right=3cm}         % 设置左右页边距分别为 3cm
\bibliographystyle{plain}             % 设置参考文献样式

\title{矿井回风换热数值仿真}         % 声明标题
\author{杜春涛\\北方工业大学}         % 声明作者及单位
```

```
\date{\today}                           % 声明日期

\begin{document}
    \frontmatter                        % 正文之前部分,章节不自动编号
    \maketitle                          % 输出声明的标题

    \chapter{中文摘要}                   % 中文摘要部分
```
针对影响矿井回风喷淋换热器换热效率、回风压力和压降、挡水板过水量的因素及规律,利用CFD仿真软件FLUENT,采用标准k-ε模型、DPM模型以及SIMPLE算法,对矿井回风/液滴气液两相流进行3D仿真,并通过实验进行了部分验证。论文仿真了影响矿井回风喷淋换热器换热效率的因素包括:液滴直径、回风速度、喷淋高度、喷淋方向、液滴流率、喷淋层数(喷嘴个数),并找出了每种因素对换热器换热效率的影响规律;仿真了影响矿井回风喷淋换热器回风压力/压降和挡水板过水量的因素包括:回风速度、平面百叶窗挡水板倾角、平面百叶窗挡水板扇叶数、弧面挡水板半径、W型挡水板挡板间距和高度、V型挡水板,并找出了这些因素对换热器中回风压力/压降和挡水板过水量的影响规律。最后通过实验,对影响换热器换热效率、回风压力/压降等因素的影响规律进行了验证。

```
    \chapter{英文摘要}  % 英文摘要部分
```
In order to find the influencing factors of heat transfer efficiency, pressure and pressure drop of return air, and the influencing laws of every factor to heat transfer efficiency, pressure and pressure drop of return air for the spray heat exchanger of mine return air, computer fluid dynamics (CFD) simulation software package FLUENT, k-ε model, discrete phase model (DPM), SIMPLE algorithm were used to simulate 2 phase flow of mine return air and droplets in 3 dimension space, and to verify the simulation result by experiment. The factors of influencing heat transfer efficiency of the heat exchanger by simulation include: drop diameter, return air velocity, spray height, spray direction, drop flow rate, and spray layers (nozzles number). The factors of influencing pressure and pressure drop of return air in the heat exchanger by simulation include: return air velocity, drift eliminator obliquity, baffle number and type. The influencing law of every factor to heat transfer efficiency, pressure and pressure drop of return air were derived by simulation and some laws were verified by experiment.

```
    \tableofcontents                    % 生成内容目录

    \mainmatter                         % 正文部分,章节自动编号
```

```
    \CTEXsetup[number={\arabic{chapter}}]{chapter}  % 设置"章序号"为阿拉伯数字
    \CTEXsetup[format={\Large\raggedright\bfseries}]{section}  % 设置"节"的格式为大字体、左对齐、粗体

    \include{Latex21-structure1-chap1}   % 引入第 1 章文件内容
    \include{Latex21-structure1-chap2}   % 引入第 2 章文件内容

    \backmatter                          % 正文之后部分,章节不自动编号

    \bibliography{chap01,chap02}         % 使用 chap01 和 chap02 文献数据库

    \chapter{致谢}                       % 致谢部分
```
当毕业论文终于可以划上句号的时候,回首在中国矿大(北京)的 4.5 年,感慨万千,感激良多。

衷心感谢我的导师董志峰教授。董老师待人和蔼,工作严谨,思路敏锐,既是一位学术上要求严格的导师,又是一位可以畅谈心扉的朋友。论文的选题及研究过程,董老师都给予了大量的指导与鼓励,论文定稿之前,董老师对论文进行了逐字逐句地修改,提出了许多建设性的意见和建议,使我受益终生。

特别感谢机电与信息工程学院院长孟国营教授。本论文所依托的项目由孟老师提供,项目研究之初,孟老师派专人带我到冀中能源东庞煤矿和葛泉煤矿实地考察了矿井回风余热利用情况,后来又让我参与到了回风换热器实验室项目的申报和建设当中,对论文的创新点及写作提出了许多宝贵的意见和建议,对论文的顺利完成具有重要意义。

```
    \end{document}
```

2. 第 1 章文件 ex520-chap1.tex 代码:
```
% 第 1 章文件代码
\chapter{引言}                           % 章命令,ctexbook 文档类最高层
```
能源是推动人类社会向前发展的主要动力,能源的可持续开发和利用对实现经济、人口、资源、环境的协调发展具有重要意义。我国是一个能源消费大国,进入 21 世纪,随着经济规模不断扩大以及人们生活水平的不断提高,国家对能源的需求不断增加,而煤炭、石油、天然气等常规能源的供应受其储量和环境污染的制约,供应明显不足,从而使能源的供需矛盾越来越尖锐。矿井回风温度常年维持在 \$18-28^\circ\$C 之间,湿度在 90\% 以上 \cite{__2012},具有恒温、高湿、粉尘大、风量大的特点,是重要的热能资源 \footnote{矿井回风资源将越来越受到人们的重视。}。但目前煤矿的回风大都直接排入到大气中,不仅造成能源浪费、环境的污染,而且在排放过程中还产生了巨

大噪音。矿井回风喷淋换热器是一种以喷淋的方式提取矿井回风中的地热能的装置，提取的热量（或冷量）通过热泵提升后，冬天可以用于采暖、洗浴、井筒防冻等，夏天可以用于制冷、降温等\cite{_2013,_2014}。此外，矿井回风喷淋换热器的使用还能大量去除矿井回风中的煤尘颗粒，大大降低回风排出矿井时产生的噪音，对节能、减排、降噪具有重要意义。本章将详细介绍课题研究的背景、现状及目标\footnote{本章的主要内容是说明课堂的研究背景、现状和目标。}。

\section{课题研究背景}   % 节命令
\subsection{我国经济、能源、环境现状及发展战略} % 小节命令

中共 18 大提出，到 2020 年我们将建成小康社会。目前，中国经济发展已经进入了工业化和城镇化迅速推进时期。从 1978 年改革开放至今，中国经济已持续了 30 多年经济增长率 9.3\% 以上的高速增长，按照中国现代化战略部署，到 2010 年，中国人均 GDP 水平将比 2000 年增长 1 倍；到 2020 年，将比 2000 年人均水平增长 4 倍，达到当时世界发展中国家的平均水平，基本实现工业化；到 2030 年，将比 2000 年人均 GDP 水平增加近 10 倍，成为新兴工业化国家，完成以工业化为基本内容的现代化；再持续发展下去，中国将作为后工业化时代的经济大国，到 21 世纪中叶进入中等发达国家的行列，基本实现现代化\cite{_2014-1,_2014-2}。

世界各国实践表明，城镇化和工业化是国家现代化的两大任务\cite{_cfd_2013}。推进城镇化是中国 21 世纪经济发展的一个根本性任务。根据 2006 年 3 月《中国国民经济和社会发展第十一个五年规划纲要》，中国城乡人口比重变化如表 \ref{tab:t101} 所示。

% 绘制三线表格
\begin{table}[htbp]   % 绘制表格
    \centering
    \label{tab:t101}   % 设置表格标签
    \caption{中国城乡人口比重变化} % 表格标题
    \begin{tabular}{lllllll}
    \toprule   % 表格最上面线条
年份 & 2000 & 2005 & 2007 & 2010 & 2020 & 2035 & 平均值 \\
    \midrule   % 表格中间线条
总人口/亿 & 12.7 & 13.1 & 13.2 & 13.6 & 14.4 & 14.7 & 13.62 \\

城市人口/亿 & 4.6 & 5.6 & 5.9 & 6.4 & 8.1 & 9.6 & 6.7 \\

城市人口比重/\% & 36.2 & 43.0 & 44.9 & 47.0 & 56.0 & 65.0 & 48.68 \\

农村人口/亿 & 8.1 & 7.5 & 7.3 & 7.2 & 6.3 & 5.2 & 6.93 \\

农村人口比重/\% & 63.8 & 57 & 55.1 & 53.0 & 44.0 & 35.0 & 51.32

```
        \\
            \bottomrule                          % 表格最下面线条
        \end{tabular}
    \end{table}
```

我国有多种能源,其中水能和煤炭较为丰富,蕴藏量分别居世界第 1 位和第 3 位;而优质的化石能源相对不足,石油和天然气资源的探明剩余可采储量目前仅列世界第 13 位和第 17 位。由于人口众多,各种能源的人均占有量都低于世界平均水平,如表 \ref{tab:t102} 所示。

```
    \begin{table}[htbp]                          % 绘制表格
        \centering                               % 设置表格居中对齐
        \label{tab:t102}                         % 设置表格标签
        \caption{能量消费总量及构成}              % 表格标题
        \begin{tabular}{cccccc}                  % 表格内容居中对齐
            \toprule                             % 表格上线
            \multirow{2}{*}{年份} & \multirow{2}{*}{\thead{能源消费总量\\(万吨标准煤)}} & \multicolumn{4}{c}{占能源消费总量的比例(\%)}   \\\cline{3-6}
            && 原煤 & 原油 & 天然气 & 水电、核电、风电 \\
            \midrule
            2005 & 235997 & 70.8 & 19.8 & 2.6 & 6.8 \\
            2006 & 258676 & 71.1 & 19.3 & 2.9 & 6.7 \\
            2007 & 280508 & 71.1 & 18.8 & 3.3 & 6.8 \\
            2008 & 291448 & 70.3 & 18.3 & 3.7 & 7.7 \\
            2009 & 306647 & 70.4 & 17.9 & 3.9 & 7.8 \\
            2010 & 324939 & 68.0 & 19.0 & 4.4 & 8.6 \\
            \bottomrule                          % 表格底线
        \end{tabular}
    \end{table}
```

煤炭是一种低热值、高污染、高运输成本的劣质能源。在我国,煤炭消费的主要方式是直径燃烧,由于国产原煤质量较差,煤灰和硫占 21.3\%,单位产值的污染物排放量过高,每吨标准煤的产出效率还不到 30\%,仅相当于日本的 10.3\%,欧盟的 16.8\%。根据世界平均测算,世界每产生 1 万美元的 GDP,平均能耗为 2.5toe,而我国则要消耗 8.4toe,相当于世界的 3.3 倍。

```
\subsection{矿井回风热能来源及可利用量}   % 小节
```
地球是个热体,根据地温梯度,人们把它划分为变温带、恒温带和增温带。地壳表层是变温带,由于受太阳辐射的影响,其温度有着昼夜、年份、世纪,甚至更长时间的变化,其厚度一般为 15-20m

[6];随着深度的增加,地温受地表温度影响逐渐减小,到达一定深度后,这种影响消失,深度一般为20~30m;在恒温带以下,地温随着深度的增加而升高,故称为增温带,其热量的主要来源是地球内部的热能。矿井深度一般都在几百米,有的甚至超过千米,据我国煤田地温观测资料表明,深度每增加100m,地温升高2-4℃,矿井围岩表面放热是矿井回风热能的主要来源[19]。此外,有些矿物质,如硫化物,容易和周围介质的氧气结合放出大量的热;有些位于断层附近的矿井,由于周围地下循环水的温度很高,从裂隙流动的热水向矿井空气中大量放热;井下机电设备、电力照明设备以及人体散热等也是矿井回风中热能的来源。能量来源如公式11(1.1)所示。

```
\begin{equation}   % 公式环境
  (x+a)^n = \sum_{k=0}^{n} \left(_k^n \right) x^k a^{a-k}
\end{equation}
```

```
\section{矿井回风换热器研究综述}          % 节
\subsection{矿井回风换热器相关文献}       % 小节
```

由于矿井回风热能回收利用是刚刚兴起的一项技术,因此对这方面的研究成果很少,国内研究主要集中于一些工程应用方面的介绍,并有20多项与矿井回风余热利用有关的专利,而国外这方面的研究还没有相关报道。现就国内对矿井回风热能回收利用的研究及应用进行介绍。

刘丽娟[26]介绍了矿井回风热能回收原理及回风源热泵在某煤矿的应用情况。该矿井矿井通风风量为6 500m3/min,全年回风温度为15℃-17℃,相对湿度为90\%-95\%。通过计算,得出该矿冬季可以从矿井回风中获取的热量为1 675kW,夏季可以从矿井回风中提取的冷量为6 812kW,年节约煤炭约2 500t,减排C02 6 365t,减排S02 49t,而且净化回风流粉尘,降低通风机噪音,取得了明显的经济和社会效益。

```
\subsection{矿井回风换热器相关专利}       % 小节
```

王岩于2009-10-30申请了发明专利"一种矿井回风能量利用方法与装置"[52],如图\ref{fig:p01}所示。

```
\begin{figure}[htbp]   % 图形环境,htbp 分别表示 here, top, bottom, float,用于指定图形位置。
  \centering                                      % 图形居中对齐
  \includegraphics[width=0.7\linewidth]{pics/p01}      % 插入图形
  \caption{矿井回风能量利用装置工作原理}  % 图形标题
  \label{fig:p01}                                 % 设置图形标签
\end{figure}
```

```
\section{项目研究的技术路线}           % 节
```

项目研究按照如图\ref{fig:p102}所示的路线进行。

```
\begin{figure}[htbp]                             % 图形环境
```

```
            \centering                                    % 设置图形居中对齐
            \includegraphics[width=0.7\linewidth]{pics/p102}    % 插入图形
            \caption{矿井回风能量利用装置工作原理}           % 设置图形标题
            \label{fig:p102}                              % 设置图形标签
        \end{figure}
```

3. 第2章文件 ex520-chap2.tex 代码

```
% 第2章文件代码
\chapter{矿井回风喷淋换热器热质交换原理}        % 章
\section{空气与水滴之间的热湿交换原理}          % 节
```

当敞开的水面或飞溅的水滴遇到空气时,便与空气之间发生热、质交换。这时,根据水滴温度不同,可能仅发生显热交换,也可能既有显热交换,又有湿交换(质交换),而湿交换的同时伴随着潜热交换。显热交换是由于空气与水之间存在温差,因导热、对流和辐射作用而进行换热的结果;潜热交换是空气中的水蒸气凝结(或蒸发)而放出(或吸收)汽化潜热的结果。总热交换量(全热交换量)是显热交换量和潜热交换量之和\cite{杜春涛2015矿井回风喷淋换热器换热效率数学模型研究,杜春涛2015回风换热器回风阻力数值仿真及实验研究,杜春涛2015矿井回风喷淋换热器换热效率数学模型研究}。

空气与水滴在一个微小表面 \$dF(m^2)\$ 上接触时,显热交换量如公式(\ref{eq:eq2-1})所示:% 公式引用

```
        \begin{equation}                              % 公式环境
            \label{eq:eq2-1}                          % 设置公式标签
            f(x)=a_0+\sum_{n=1}^{\infty}\left(a_n\cos\frac{n\pi x}{L} + b_n\sin\frac{n\pi x}{L} \right)
        \end{equation}
```

湿交换量公式如\ref{eq:eq2-2}所示: % 公式引用

```
        \begin{equation}
            \label{eq:eq2-2}                          % 设置公式标签
            (1+x)^n=1+\frac{nx}{n!}+\frac{n(n-1)x^2}{2!}+\ldots
        \end{equation}
```

```
\section{回风与水滴接触时的状态变化过程}         % 节
```

在矿井回风换热器中,当回风与空气直接接触时,水滴表面形成的饱和空气边界层与回风之间通过分子扩散与紊流扩散,使液滴表面边界层的饱和空气与回风不断掺混,从而使回风状态发生变化。因此,回风与水滴之间的热湿交换过程可以视为回风与边界层空气不断混合的过程。

假定与回风接触的水量无限大，接触时间无限长，那么全部回风都能达到具有水温的饱和状态点。也就是说，此时回风的终状态将位于 h-d 图的饱和曲线上，且回风的终温将等于水温。与回风接触的水滴温度不同，回风的状态变化过程也将不同，因此在上述假象条件下，随着水滴温度不同可以得到 7 种典型回风状态变化过程 \cite{杜春涛 2014 矿井回风换热器换热性能影响因素的仿真及实验研究,杜春涛 2015 回风换热器回风阻力数值仿真及实验研究,杜春涛 2015 矿井回风喷淋换热器换热效率数学模型研究}

\section{仿真代码}   % 节

根据相关公式编写程序代码如下。

\lstset{columns=flexible,numbers=left,numberstyle=\footnotesize}   % 设置字符列非等宽，代码左侧行代行序号，序号大小为脚注大小。

\begin{lstlisting}[language=C++]   % C++语言代码环境
    //仿真程序代码
    #include<iostream>
    using namespace std;
    void BubbleSort(int arr[], int n){
        for (int i = 0; i< n - 1; i++){
            for (int j = 0; j < n - i - 1; j++){
                if (arr[j] >arr[j + 1]) {
                    int temp = arr[j];
                    arr[j] = arr[j + 1];
                    arr[j + 1] = temp;
                }
            }
        }
    }
\end{lstlisting}

\section{仿真结果}   % 节

将液滴直径 dp 分别为 0.05cm、0.1cm、0.15cm、0.2cm、0.3cm、0.4cm、0.5cm 时制热与制冷工况下的获得仿真数据进行汇总，得到表 \ref{tab:21}。   % 表格引用

    \begin{table}[ht]   % 表格环境
        \centering   % 设置表格居中对齐
        \caption{制热工况下的温升}   % 表格标题
        \label{tab:21}   % 设置表格标签
        \begin{tabular}{cccccc}   % 绘制 6 表格，表格内容居中对齐

```
    \toprule                                      % 表格上线
    模式 & 液滴直径(cm) & 液滴初温(k) & 液滴终温(k) & 液滴温差(k) & 液滴温度标准偏差 \\
    \midrule                                      % 表格中线
    \multirow{7}{*}{制热}
    & 0.05 & 283.15 & 292.973 & 9.823 & 0.133 \\
    & 0.10 & 283.15 & 288.007 & 4.857 & 4.192 \\
    & 0.15 & 283.15 & 285.669 & 2.519 & 1.096 \\
    & 0.20 & 283.15 & 285.038 & 1.888 & 0.781 \\
    & 0.30 & 283.15 & 284.118 & 0.968 & 0.384 \\
    & 0.40 & 283.15 & 283.744 & 0.594 & 0.232 \\
    & 0.50 & 283.15 & 283.559 & 0.409 & 0.158 \\
    \bottomrule                                   % 表格底线
  \end{tabular}
\end{table}

\section{结果分析}                                % 节
```

根据制热工况下的液滴直径、液滴温差两列数据可以绘制出液滴直径对液滴温差的影响。

第6章 Markdown 文档排版

Markdown 软件可以使人们利用易读易写的纯文本格式——标记语言编写文档，然后转换成有效的 XHTML（或者 HTML）文档。它能够运用非常简洁的语法替代复杂的排版，受到越来越多的知识工作者、写作爱好者、程序员、研究员的青睐。

Markdown 软件常用的标记符号不超过 10 个，学习成本相当低，且其对图片、图表、数学公式也都有支持。一旦熟悉这种语法规则，会有沉浸式编辑的效果。

除众多专业的 Markdown 编辑器外，表 6.1 Markdown 使用场景也为其提供了写作工具和平台。

表 6.1 Markdown 使用场景

场 景	工具和平台
笔记	印象笔记、有道笔记、Jupiter Notebook
多人协作文档	腾讯文档、石墨文档
博客	知乎、简书、CSDN、WordPress、Hexo
微信公众号	Online-Markdown、Md2All
邮件	Markdown Here
便签	锤子便签
日记	DayOne
交互式文档	JupiterNotebook、R Markdown
网页	md-page
项目文档	MkDocs、VuePress、docsify
幻灯片	noteppt、shower、remark、impress.js、reveal.js
书	Gitbook、mdBook、Bookdown

Markdown 软件不是万能的，它只适用于对排版要求不高的场景，如果对字体、段落、表格、图片等排版要求较高，那么还是需要使用 Word、LaTeX 等专业排版软件。

案例 6.1　Markdown 环境配置

6.1.1　案例描述

1. Visual Studio Code 编辑器介绍。Visual Studio Code（可简称 VSCode）编辑器是 Microsoft 公司开发的运行于 Mac OS X、Windows 和 Linux 之上的，针对编写现代 Web 和云应用的跨平台开源编辑器。该编辑器集成了现代编辑器的所有特性，包括语法高亮（syntax high lighting），可定制的热键绑定（customizable keyboard bindings），括号匹配（bracket matching）以及代码片段收集（snippets）。该编辑器支持多种计算机语言和文件格式的编写，包括 F#、HandleBars、**Markdown**、Python、Java、PHP、Haxe、Ruby、Sass、Rust、PowerShell、Groovy、R、Makefile、HTML、JSON、TypeScript、Batch、Visual Basic、Swift、Less、SQL、XML、Lua、Go、C++、Ini、Razor、Clojure、C#、Objective-C、CSS、JavaScript、Perl、Coffee Script、Dockerfile 等。

2. Markdown All in One 插件。一款在 VSCode 软件下编辑 md 文件十分好用的扩展插件，主要功能包括：

1）提供常用操作便利的快捷键。

2）支持目录。

3）使用快捷键 Ctrl + Shift + V or Ctrl + K V 一边书写一边预览。

4）可轻松转换为 HTML 文件和 PDF 文件。

5）优化了 List editing 的编辑。

6）可格式化 table（Alt + Shift + F）以及 Task list（use Alt + C to check/uncheck a list item）。

7）支持特殊数学符号渲染。

3. Markdown Preview Enhanced 插件。该插件支持数学公式、图表、目录、引用文件和幻灯片制作等。

4. 下载安装 Visual Studio Code 编辑器，并在编辑器中安装简体中文插件及用于运行和预览 Markdown 的插件 Markdown All in One 和 Markdown Preview Enhanced。

6.1.2　实现效果

在 Visual Studio Code 编辑器中安装完 Markdown All in One 和 Markdown Preview Enhanced 插件后的效果如图 6.1 所示。

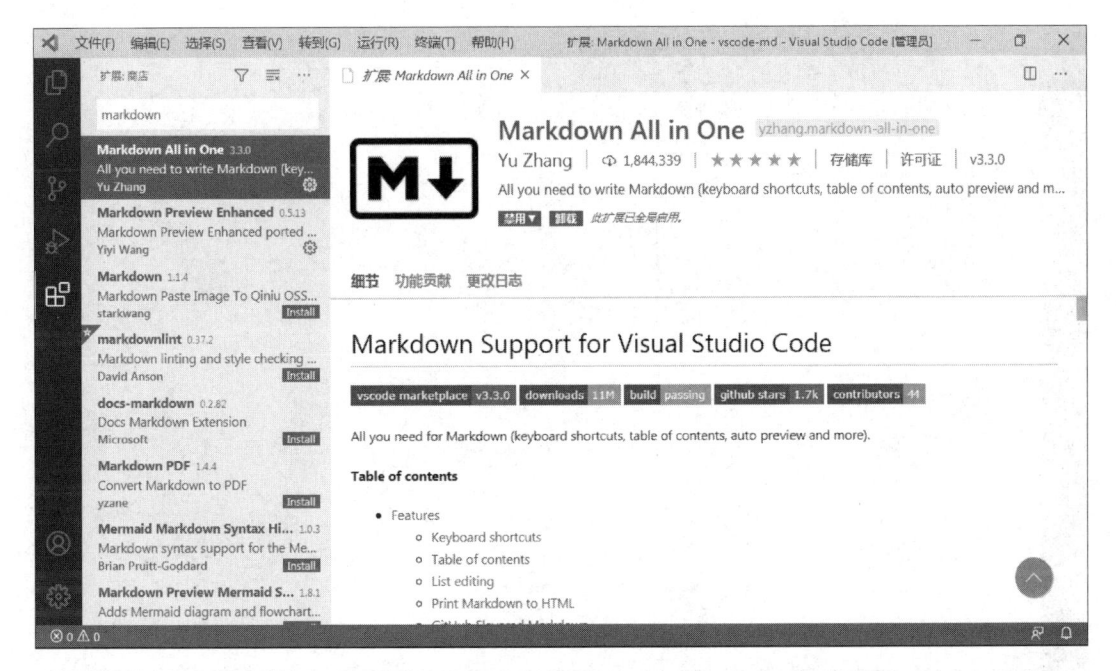

图 6.1　在 Visual Studio Code 编辑器中安装与 Markdown 有关的插件

6.1.3　案例实现

1. 下载 Visual Studio Code 编辑器。下载地址：https：//code.visualstudio.com/。

2. 安装 Visual Studio Code 编辑器。下载完成后，按安装提示直接安装即可，安装完成后的界面如图 6.2 所示。左侧栏中的图标分别表示资源管理器、搜索、源代码管理、运行、扩展和管理等。

3. 安装中文插件。Visual Studio Code 编辑器默认是英文版本，为了使用方便，可以安装中文插件。方法是单击左侧栏中的"扩展"按钮，在出现的扩展搜索栏中输入"Chinese"，将出现所有与"Chinese"有关的插件，单击简体中文插件"Chinese（Simplified）Language Pack for Visual Studio Code"右侧的"install"按钮进行安装。

4. 切换语言。安装完中文插件后，利用快捷键"Ctrl+Shift+P"打开命令面板，在其中输入"config"筛选可用命令列表，最后选择"zh-cn"简体中文配置语言命令，然后重新启动编辑器。

5. 安装 Markdown All in One 和 Markdown Preview Enhanced 插件。单击"VS Code"编辑器左侧栏中的"扩展"按钮，在出现的扩展搜索栏中输入"Markdown"，在出现 Markdown All in One 和 Markdown Preview Enhanced 插件右侧单击"install"按钮即可。

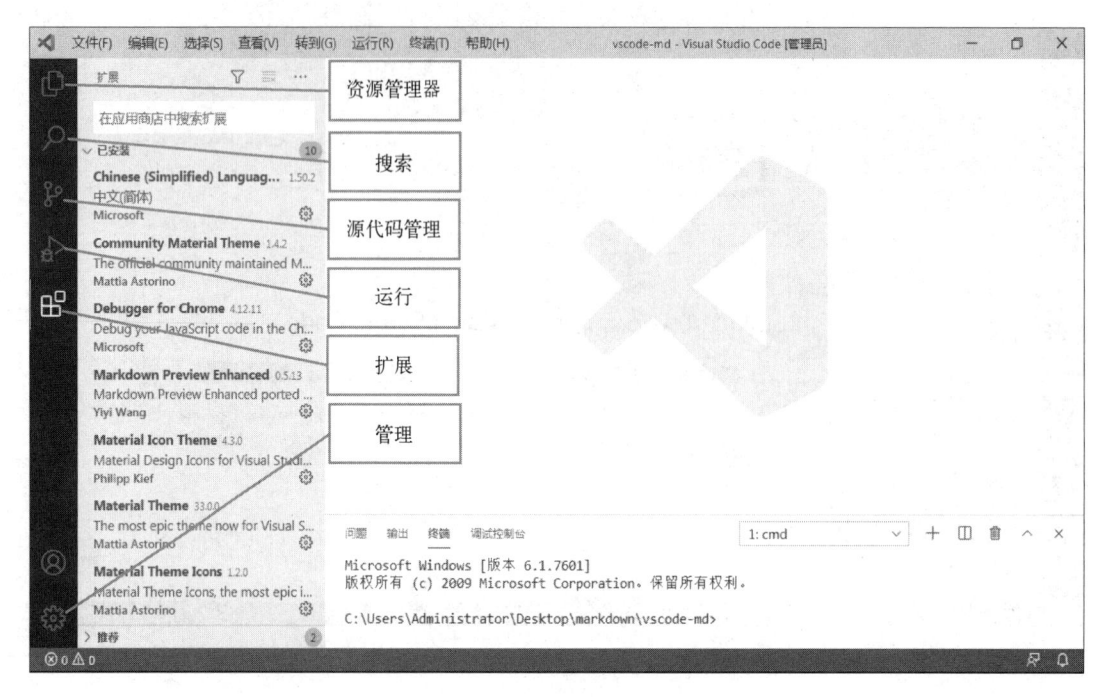

图 6.2　Visual Studio Code 编辑器

案例 6.2　标题及段落

6.2.1　案例描述

设计一个案例，利用标题和段落标记实现相应的效果。

6.2.2　实现效果

标题和段落案例的实现效果如图 6.3 所示。

6.2.3　案例实现

案例代码如下：

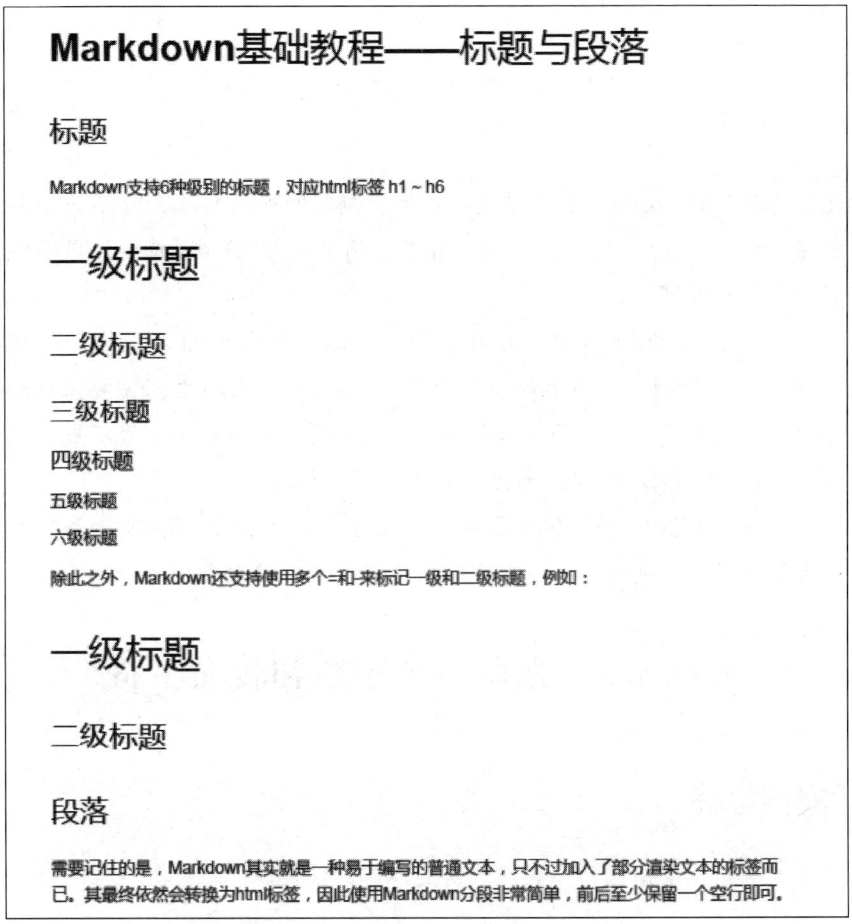

图 6.3　标题和段落案例的实现效果

\# Markdown 基础教程——标题与段落
\#\# 标题
Markdown 支持 6 种级别的标题,对应 html 标签 h1 ~ h6
\# 一级标题
\#\# 二级标题
\#\#\# 三级标题
\#\#\#\# 四级标题
\#\#\#\#\# 五级标题
\#\#\#\#\#\# 六级标题
除此之外,Markdown 还支持使用多个 = 和 - 来标记一级和二级标题,例如:

一级标题
＝＝＝＝

二级标题

段落

需要记住的是，Markdown 其实就是一种易于编写的普通文本，只不过加入了部分渲染文本的标签而已。其最终会转换为 html 标签，因此使用 Markdown 分段非常简单，前后至少保留一个空行即可。

注意：1. 标题。Markdown 支持 6 种级别的标题，对应 html 标签 h1～h6，分别使用#、##、###、####、#####、######标签来标记，#与标题内容之间需要添加一个空格。此外，也可以在底线位置使用符号 ==和 -- 分别标记一级标题和二级标题。在实际使用时，建议使用#而不使用==和--，因为后者难以阅读和维护。

2. 段落与换行。Markdown 段落是由一行或多行文字构成，不同段落之间使用空行来标记。如果要实现段内换行，需要在上一行末尾处加入 2 个空格，然后回车。

案例 6.3　强调、分割线和转义字符

6.3.1　案例描述

设计一个案例，实现强调、分割线和转义字符的效果。

6.3.2　实现效果

强调、分割线和转义字符案例的实现效果如图 6.4 所示，从图中可以看出，首先有些文本设置了斜体和加粗等强调效果，其次中间位置设置了分割线，最后介绍了转义字符。

6.3.3　案例实现

案例的实现代码如下：

Markdown 基础教程——强调、分割线和转义字符

强调
有时候,我们希望对某一部分文字进行强调,使用 * 或_包裹即可。使用单一符号标记的效果是斜体,使用两个符号标记的效果是加粗

这里是利用符号*设置的斜体

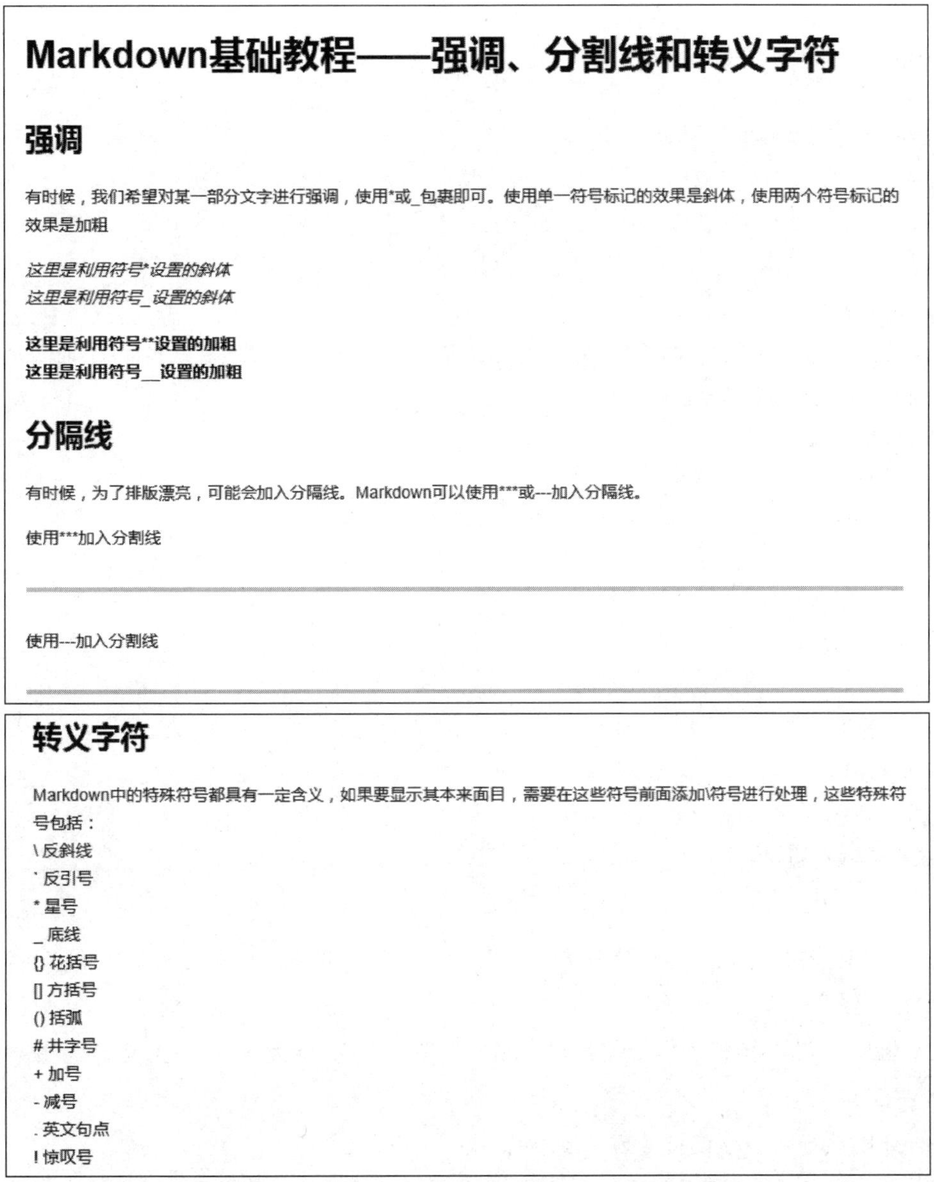

> # Markdown基础教程——强调、分割线和转义字符
>
> ## 强调
>
> 有时候,我们希望对某一部分文字进行强调,使用*或_包裹即可。使用单一符号标记的效果是斜体,使用两个符号标记的效果是加粗
>
> *这里是利用符号*设置的斜体*
> *这里是利用符号_设置的斜体*
>
> **这里是利用符号**设置的加粗**
> **这里是利用符号__设置的加粗**
>
> ## 分隔线
>
> 有时候,为了排版漂亮,可能会加入分隔线。Markdown可以使用***或---加入分隔线。
>
> 使用***加入分割线
>
> ---
>
> 使用---加入分割线
>
> ---
>
> ## 转义字符
>
> Markdown中的特殊符号都具有一定含义,如果要显示其本来面目,需要在这些符号前面添加\符号进行处理,这些特殊符号包括:
> \ 反斜线
> ` 反引号
> * 星号
> _ 底线
> {} 花括号
> [] 方括号
> () 括弧
> # 井字号
> + 加号
> - 减号
> . 英文句点
> ! 惊叹号

图 6.4　强调、分割线和转义字符案例的实现效果

_这里是利用符号_设置的斜体_

这里是利用符号**设置的加粗
__这里是利用符号__设置的加粗__

分隔线
有时候,为了排版漂亮,可能会加入分隔线。Markdown 可以使用 *** 或 --- 加入分隔线。

使用***加入分割线

***

使用---加入分割线

转义字符

Markdown 中的特殊符号都具有一定含义,如果要显示其本来面目,需要在这些符号前面添加 \ 符号进行处理,这些特殊符号包括:

\\　　反斜线

\`　　反引号

*　　星号

_　　底线

\{\}　花括号

\[\]　方括号

\(\)　括弧

\#　　井字号

\+　　加号

\-　　减号

\.　　英文句点

\!　　惊叹号

注意:1. 斜体标记。标记符号为"*"或"_",符号和文本之间无空格,快捷键为"Ctrl + I"。

2. 粗体标记。标记符号为"*"或"_",符号和文本之间无空格,快捷键为"Ctrl + B"。

3. 分割线标记。标记符号为"***"或"---"。

4. 转义字符。标记符号为"\",用于转义特殊符号,使特殊符号能够显示本来面目。

案例 6.4　列　　表

6.4.1　案例描述

设计一个案例,实现有序列表、无序列表和嵌套列表。嵌套列表包括无序列表和有序列表之间的嵌套。

1. 有序列表。实现方法是数字+英文句点+空格+列表内容，数字值与显示的列表项的序号无关，空行不影响有序列表的编号顺序。

2. 无序列表。使用符号＊、+或-，后面加空格和列表内容。建议使用-或+作为无序列表的标记符号，因为符号＊与斜体和粗体有关联，容易混淆。

3. 嵌套列表，可以实现有序列表和无序列表之间进行嵌套，嵌套的层次与TAB个数有关。

6.4.2 实现效果

列表案例的实现效果如图6.5所示。从图中可以看出，列表包括有序列表和无序列表，有序列表和无序列表之间可以进行嵌套。

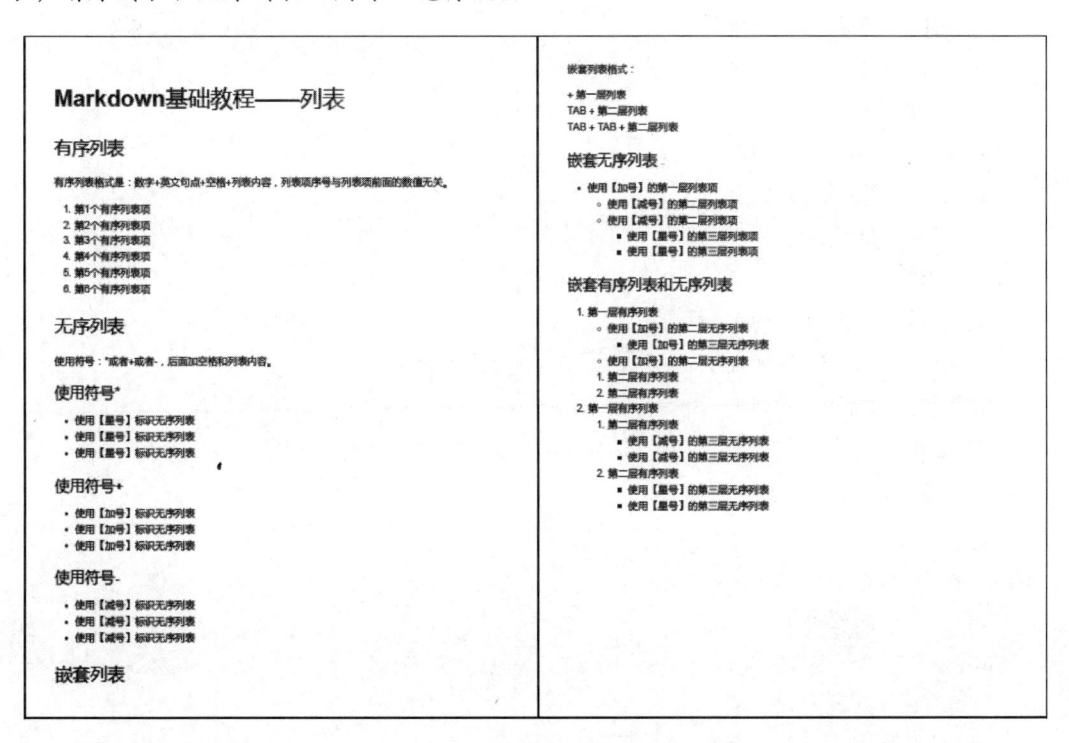

图6.5 列表案例的实现效果

6.4.3 案例实现

案例实现代码如下：

Markdown 基础教程——列表
有序列表
有序列表格式是:数字+英文句点+空格+列表内容,列表项序号与列表项前面的数值无关。

1. 第 1 个有序列表项
2. 第 2 个有序列表项
30. 第 3 个有序列表项

1. 第 4 个有序列表项
1. 第 5 个有序列表项
1. 第 6 个有序列表项
无序列表
使用符号：*或者+或者-,后面加空格和列表内容。
使用符号*
* 使用【星号】标识无序列表
* 使用【星号】标识无序列表
* 使用【星号】标识无序列表
使用符号+
+ 使用【加号】标识无序列表
+ 使用【加号】标识无序列表
+ 使用【加号】标识无序列表
使用符号-
- 使用【减号】标识无序列表
- 使用【减号】标识无序列表
- 使用【减号】标识无序列表
嵌套列表
嵌套列表格式：

\+ 第一层列表
TAB \+ 第二层列表
TAB \+ TAB \+ 第二层列表
嵌套无序列表
+ 使用【加号】的第一层列表项
    - 使用【减号】的第二层列表项
    - 使用【减号】的第二层列表项
        * 使用【星号】的第三层列表项
        * 使用【星号】的第三层列表项

嵌套有序列表和无序列表
1. 第一层有序列表
    + 使用【加号】的第二层无序列表

    + 使用【加号】的第三层无序列表
    + 使用【加号】的第二层无序列表
  1．第二层有序列表
  2．第二层有序列表
2．第一层有序列表
  1．第二层有序列表
    - 使用【减号】的第三层无序列表
    - 使用【减号】的第三层无序列表
  2．第二层有序列表
    * 使用【星号】的第三层无序列表
    * 使用【星号】的第三层无序列表

案例 6.5　引　　用

6.5.1　案例描述

设计一个案例，利用引用标记符号实现单行引用、多行引用、段落引用以及嵌套引用。

1. 引用标记符号，通过在一行的开始位置添加符号>来实现，为了增加代码的可读性，符号后面最好添加一个空格。

2. 引用可以针对一行文字，也可以针对多行文字，还可以针对一段文字。如果针对多行文字，那么每行（包括空行）开始位置都要使用引用标记。如果一行文字的最后使用两个空格+回车，那么可以实现换行。

3. 引用可以嵌套，使用符号>>实现二层嵌套，使用符号>>>实现三层嵌套，以此类推。

4. 引用文本可以使用 Markdown 其他语法，包括斜体、加粗等。

6.5.2　实现效果

引用案例实现效果如图 6.6 所示。从图中可以看出，引用类型包括单行引用、多行引用、段落引用以及嵌套引用。在引用中可以使用 Markdown 的其他语法，包括斜体、加粗等。

6.5.3　案例实现

案例实现代码如下：

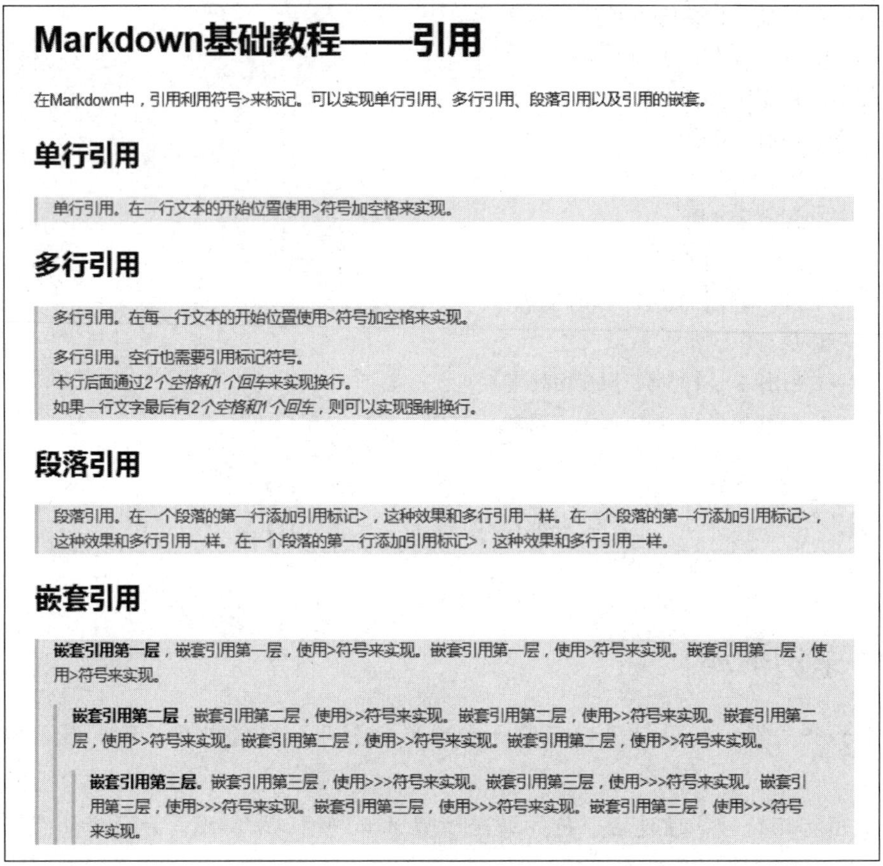

图 6.6 引用案例的实现效果

\# Markdown 基础教程——引用

在 Markdown 中,引用利用符号>来标记。可以实现单行引用、多行引用、段落引用以及引用的嵌套。

\#\# 单行引用

\> 单行引用。在一行文本的开始位置使用>符号加空格来实现。

\#\# 多行引用

\> 多行引用。在每一行文本的开始位置使用>符号加空格来实现。

\>

\> 多行引用。空行也需要引用标记符号。

\> 本行后面通过 * 2 个空格和 1 个回车 * 来实现换行。

\> 如果一行文字最后有 * 2 个空格和 1 个回车 * ,则可以实现强制换行。

\#\# 段落引用

\> 段落引用。在一个段落的第一行添加引用标记>,这种效果和多行引用一样。在一个段落的第一行添加引用标记>,这种效果和多行引用一样。在一个段落的第一行添加引用标记>,这种效果和多行引用一样。

```
## 嵌套引用
> **嵌套引用第一层**,嵌套引用第一层,使用>符号来实现。嵌套引用第一层,使用>符号来实现。嵌套引用第一层,使用>符号来实现。
>> **嵌套引用第二层**,嵌套引用第二层,使用>>符号来实现。嵌套引用第二层,使用>>符号来实现。嵌套引用第二层,使用>>符号来实现。嵌套引用第二层,使用>>符号来实现。
>>> **嵌套引用第三层**。嵌套引用第三层,使用>>>符号来实现。嵌套引用第三层,使用>>>符号来实现。嵌套引用第三层,使用>>>符号来实现。嵌套引用第三层,使用>>>符号来实现。嵌套引用第三层,使用>>>符号来实现。
```

案例6.6 插入图片

6.6.1 案例描述

设计一个案例,实现插入本地图片和网络图片。
1. 插入图片的语法:![图片替代文字]\(图片地址)。
2. 语法中感叹号和中括号之间以及中括号和小括号之间不能有空格。
3. "图片替代文字"在图片无法显示时显示,在图片正常显示下不显示。
4. 图片地址可以是本地图片路径,也可以是网络图片地址。
5. 本地图片路径支持相对路径和绝对路径两种方式,一般建议使用相对路径。

6.6.2 实现效果

插入图片案例的实现效果如图6.7所示,从图中可以看出,案例中插入了两个图片:一个本地图片和一个网络图片。

6.6.3 案例实现

案例的实现代码如下:

```
# Markdown基础教程——插入图片

**插入图片的语法如下:**

\![图片替代文字]\(图片地址)
```

语法说明如下:
+ 感叹号和中括号之间以及中括号和小括号之间不能有空格。
+ 图片替代文字在图片无法显示时显示,在图片正常显示下不显示。
+ 图片地址可以是本地图片路径,也可以是网络图片地址。
+ 本地图片路径支持相对路径和绝对路径两种方式。

插入本地图片
使用绝对路径和相对路径插入本地图片,路径分隔符为/。
![本地图片](/pics/mooc-wx.png)

插入网络图片
使用图片网络地址插入网络图片。
![网络图片](https://image.zhihuishu.com/zhs/createcourse/course/201911/f76adbad92aa493dbd63dd1908b4e560_s1.jpg)

图6.7 插入图片案例的实现效果

案例 6.7 超 级 链 接

6.7.1 案例描述

设计一个案例实现超级链接功能，包括外部链接、页内链接、文字链接、网址链接和引用链接等。

1. 超级链接根据链接目标可以分为外部链接和页内链接。根据链接文本和链接网址之间的关系可分为"行内链接"和"引用链接"。不管是哪一种，链接文字都是用方括号[ ]来标记。

2. 外部链接。链接目标为外部网页。

3. 页内链接。链接目标为页内某个标题。

4. 行内链接。只要在"链接文字"方括号后面紧挨着的圆括号中插入网址即可。网址后面还可以加上链接的标题文字，并用双引号把标题文字引起来，当然也可以不用标题。

5. 引用链接。由"链接引用"和"链接定义"两部分构成。链接引用是指在链接文字的括号后面再接上另一个方括号，并在第二个方括号里面填入用以辨识链接的标记。链接定义是指在文件的任意处，利用"链接标记"或"链接文字"将"链接内容"定义出来。

6.7.2 实现效果

超级链接案例的实现效果如图 6.8 所示。从图中可以看出，案例中包括外部链接、页内链接、文字链接、网址链接和引用链接，当单击相应链接文本时，将跳转到相应的链接位置或打开相应的目标页面。

6.7.3 案例实现

案例实现代码如下：

Markdown 基础教程——超级链接
超级链接根据链接目标可以分为[外部链接]和[页内链接]，根据链接文本和链接网址之间的关系可分为:[行内链接]和[引用链接]。不管是哪一种,链接文字都是用方括号 \[ ]来标记。

外部链接
链接目标为外部网页,语法如下：

Markdown基础教程——超级链接

超级链接根据链接目标可以分为外部链接和页内链接,根据链接文本和链接网址之间的关系可分为:行内链接和引用链接。不管是哪一种,链接文字都是用方括号[ ]来标记。

外部链接

链接目标为外部网页,语法如下:

[链接文字](外部链接网址)

例如:北方工业大学

页内链接

链接目标为页内某个标题,语法如下:

[链接文字](#页内标题)

例如:返回本页开始位置

行内链接

前面介绍的外部链接和页内链接都采用了行内链接方式,只要在"链接文字"方块括号后面紧挨着的圆括号中插入网址即可。网址后面还可以加上链接的 title 文字,并用双引号把 title 文字引起来,当然也可以不用title,例如:
杜春涛老师负责建设的MOOC课程有:

- 《新编大学计算机基础》
- 《微信小程序开发》

在Markdown中,将网络地址放在<>内部会被自动转换为超级链接,例如,北方工业大学的网址为:
http://www.ncut.edu.cn

引用链接

由"链接引用"和"链接定义"两部分构成。

1. 链接引用。是指在链接文字的括号后面再接上另一个方括号,并在第二个方括号里面要填入用以辨识链接的标记:链接标记。语法为:

[链接文字][链接标记]

链接文字定义需要注意以下几个方面:

- 链接文字可以是字母、数字、空格和标点符号。
- 链接文字不区分大小写。

例如:我们经常使用的搜索网站有谷歌和百度,这里的Google和Baidu是链接标记。

2. 链接定义。在文件的任意处,利用链接标记将链接内容定义出来。链接内容定义需要注意以下几个方面:

- 方括号(前面可以选择性地加上至多三个空格来缩进),里面输入链接文字
- 接着一个冒号
- 接着一个以上的空格或制表符
- 接着链接的网址
- 选择性地接着 title 内容,可以用单引号、双引号或是括弧包着
- 链接文字和对应的网址可以放在当前文件的任何位置,一般建议放在页尾。
- 外部链接地址要以http/https开头,页内链接地址要以#开头。
- "链接标记"可以省略,这样可以直接使用"链接文字"代替"链接标记"。

图 6.8　超级链接案例的实现效果

> \[链接文字]\(外部链接网址)

例如:[北方工业大学](http://www.ncut.edu.cn)

页内链接
链接目标为页内某个标题,语法如下:
> \[链接文字]\(\#页内标题)

例如:[返回本页开始位置](#markdown基础教程超级链接)

行内链接
要建立一个行内链接,只要在方块括号后面紧接着圆括号并插入网址链接即可,还可以在网址后面加上链接的title文字,用双引号把title文字包起来即可,也可以不用title,例如:
杜春涛老师负责建设的MOOC课程有:
+ [《新编大学计算机基础》](https://coursehome.zhihuishu.com/courseHome/2097307#teachTeam "MOOC")
+ [《微信小程序开发》](https://www.icourse163.org/course/NCUT-1206419808)

在Markdown中,将网络地址放在<>内部会被自动转换为超级链接,例如,北方工业大学的网址为:<http://www.ncut.edu.cn>

引用链接
包括: 链接引用和链接定义。

链接引用。是指在链接文字的括号后面再接上另一个方括号,并在第二个方括号里面要填入用以辨识链接的标记:链接标记。语法为:
> [链接文字][链接标记]

链接文字定义需要注意以下几个方面:
1. 链接文字可以是字母、数字、空格和标点符号。
2. 链接文字不区分大小写。

例如:我们经常使用的搜索网站有[谷歌][Google]和[百度][Baidu],这里的Google和Baidu是链接标记。

链接定义。在文件的任意处,利用链接标记将链接内容定义出来。

链接内容定义需要注意以下几个方面:

1. 方括号(前面可以选择性地加上至多三个空格来缩进),里面输入链接文字
2. 接着一个冒号
3. 接着一个以上的空格或制表符
4. 接着链接的网址
5. 选择性地接着 title 内容,可以用单引号、双引号或是括弧包着
6. 链接文字和对应的网址可以放在当前文件的任何位置,一般建议放在页尾。
7. 外部链接地址要以 http/https 开头,页内链接地址要以#开头。
8. "链接标记"可以省略,这样可以直接使用"链接文字"代替"链接标记"。

```
[外部链接]: #外部链接
[页内链接]: #页内链接
[行内链接]: #行内链接
[引用链接]: #引用链接
[Google]: https://www.google.com
[Baidu]: https://www.baidu.com
```

案例 6.8　程 序 代 码

6.8.1　案例描述

设计一个案例,实现程序代码在文档中的行内显示和在单独的代码块中显示。

6.8.2　实现效果

程序代码案例的实现效果如图 6.9 所示。从图中可以看出,程序代码可以在行内实现,也可以使用单独代码块来实现。利用代码块实现时,如果采用一定的设置方式,那么可以实现代码的高亮显示。

1. 行内代码显示。利用 2 个反引号符号`` ` ``包裹程序代码,即可在行内显示程序代码格式。

2. 代码块。在 Markdown 中,实现代码块的正确显示有以下 4 种情况:

1) 代码开始有空行,每行代码前面最少需要保留 1 个 Tab 键位置,代码不高亮显示。

2) 代码开始有空行,每行代码前面最少需要 4 个空格位置,代码不高亮显示。

3) 在 2 个``` ` ``` ```符号之间包裹代码块,第一个符号后面注明代码语言类型,代码高亮显示。

4）在 2 个 ~~~ 符号之间包裹代码块，第一个符号后面注明代码语言类型，代码高亮显示前两种情况的代码区块会一直持续到没有缩进的那一行或是文件结尾。

Markdown基础教程——程序代码

在文档中插入程序代码时，通过处理可以使代码保持原有格式，还可以使代码进行高亮显示。代码包括：行内代码、代码块。

行内代码

在Markdown中，行内代码利用符号 `` ` `` 包裹，语法如下：

```
`代码`
```

例如：

定义整形变量 x 并进行初始化的语句是：`int x=10;`

代码块

在Markdown中，实现代码块的正确显示有以下3种情况：

代码开始有空行，每行代码前面最少需要保留1个Tab键位置，代码不高亮显示：

```
int sum=0;
for(int i=1; i<10; i++){
    sum += i;
}
```

代码开始有空行，每行代码前面最少需要4个空格位置，代码不高亮显示：

```
int x=1,y=2;
if(x<10){
    y += x;
}
```

以上两种情况的代码区块会一直持续到没有缩进的那一行或是文件结尾。

在2个 ``` 符号之间包裹代码块，第一个符号后面注明代码语言类型，代码高亮显示。

- 在2个 ``` 符号之间包裹的C++代码块：

```cpp
int sum=0;
for(int i=1; i<10; i++){
    sum += i;
}
```

在2个 ~~~ 符号之间包裹代码块，第一个符号后面注明代码语言类型，代码高亮显示。

- 在2个 ~~~ 符号之间包裹的C代码块：

```c
# include  <stdio.h>
<p class="mume-header " id="include-stdioh"></p>

int main(void)
{
    printf("Hello world\n");
}
```

在代码区块里面，&、< 和 > 会自动转成 HTML 实体，这样的方式可以非常容易使用 Markdown 插入范例用的 HTML 原始码，例如：

```
<div class="footer">
    &copy; 2004 Foo Corporation
</div>
```

图 6.9 程序代码案例的实现效果

6.8.3　案例实现

案例实现代码如下:

Markdown 基础教程——程序代码
在文档中插入程序代码时,通过处理可以使代码保持原有格式,还可以使代码进行高亮显示。代码包括:行内代码、代码块。

行内代码
在 Markdown 中,行内代码利用符号``包裹,语法如下:
> \\`代码`

例如:
定义整形变量`x`并进行初始化的语句是:`int x=10;`

代码块
在 Markdown 中,实现代码块的正确显示有以下 3 种情况:

> 代码开始有空行,每行代码前面最少需要保留 1 个 Tab 键位置,代码不高亮显示:

    int sum=0;
    for(int i=1; i<10; i++){
        sum += i;
    }

> 代码开始有空行,每行代码前面最少需要 4 个空格位置,代码不高亮显示:

    int x=1,y=2;
    if(x<10){
        y += x;
    }

以上两种情况的代码区块会一直持续到没有缩进的那一行或是文件结尾。

> 在 2 个```符号之间包裹代码块,第一个符号后面注明代码语言类型,代码高亮显示。
- 在 2 个```符号之间包裹的 C++代码块:
```C++
```

```
int sum=0;
for(int i=1; i<10; i++){
    sum += i;
}
```

> 在 2 个 ~~~ 符号之间包裹代码块,第一个符号后面注明代码语言类型,代码高亮显示。
- 在 2 个 ~~~ 符号之间包裹的 C 代码块:

```
~~~C
#include <stdio.h>
int main(void)
{
    printf("Hello world\n");
}
~~~
```

在代码区块里面,&、< 和 > 会自动转成 HTML 实体,这样的方式可以非常容易使用 Markdown 插入范例用的 HTML 原始码,例如:

```
<div class="footer">
    &copy; 2004 Foo Corporation
</div>
```

案例6.9 表　　格

6.9.1 案例描述

设计一个案例,实现表格的绘制以及单元格对齐方式的设置等。

1. Markdown 制作表格使用 | 来分隔不同的单元格,使用 - 来分隔表头和其他行,单元格和 | 之间的空格会被移除。

2. 表头的默认对齐方式为居中对齐,其他行单元格的对齐方式是左对齐。

3. 单元格对齐方式设置方法如下:

1)符号 --:用于设置内容和标题栏居右对齐。

2)符号 :-- 用于设置内容和标题栏居左对齐。

3)符号 :--:用于设置内容和标题栏居中对齐。

4. 使用表格的注意事项

1)表格前后最好有空行。

2）区块元素不能插入表格中。

3）表格内可以使用其他标记，如加粗、斜体等。

4）只有在 VS Code 中安装了 Markdown Preview Enhanced 插件才能显示表格全部的边框线。

5. 在 VS Code 中实现表格格式化的快捷键是"Alt + Shift + F"。

6.9.2 实现效果

表格案例的实现效果如图 6.10 所示，从图中可以看出，表格的表头文本和其他单元格中的文本的样式不同，表头文本采用标题样式，其他单元格内的文本采用普通样式。此外，单元格中文本的对齐方式可以进行设置。

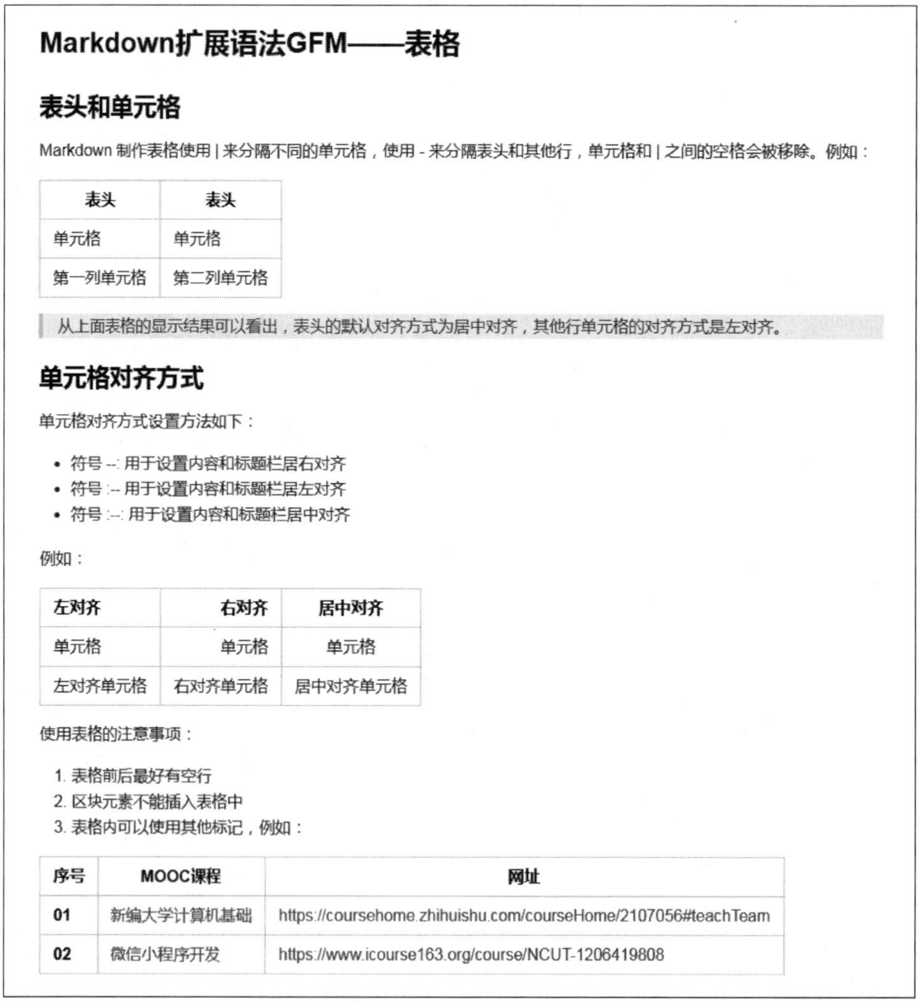

图 6.10 表格案例的实现效果

6.9.3 案例实现

案例代码如下：

Markdown 扩展语法 GFM——表格
表头和单元格
Markdown 制作表格使用 | 来分隔不同的单元格，使用 - 来分隔表头和其他行，单元格和 | 之间的空格会被移除。例如：

表头	表头
单元格	单元格
第一列单元格	第二列单元格

> 从上面表格的显示结果可以看出，表头的默认对齐方式为居中对齐，其他行单元格的对齐方式是左对齐。

单元格对齐方式
单元格对齐方式设置方法如下：
+ 符号 --：用于设置内容和标题栏居右对齐
+ 符号 :-- 用于设置内容和标题栏居左对齐
+ 符号 :--：用于设置内容和标题栏居中对齐

例如：

左对齐	右对齐	居中对齐
单元格	单元格	单元格
左对齐单元格	右对齐单元格	居中对齐单元格

使用表格的注意事项：
1．表格前后最好有空行
2．区块元素不能插入表格中
3．表格内可以使用其他标记，例如：

序号	MOOC 课程	网址

|**01**|[新编大学计算机基础](https://coursehome.zhihuishu.com/courseHome/2107056#teachTeam)|https://coursehome.zhihuishu.com/courseHome/2107056#teachTeam|

|**02**|[微信小程序开发](https://www.icourse163.org/course/NCUT-1206419808)|https://www.icourse163.org/course/NCUT-1206419808|

案例 6.10　任 务 列 表

6.10.1　案例描述

设计一个案例，实现任务列表（也就是复选框）的功能。

6.10.2　实现效果

任务列表案例的实现效果如图 6.11 所示。

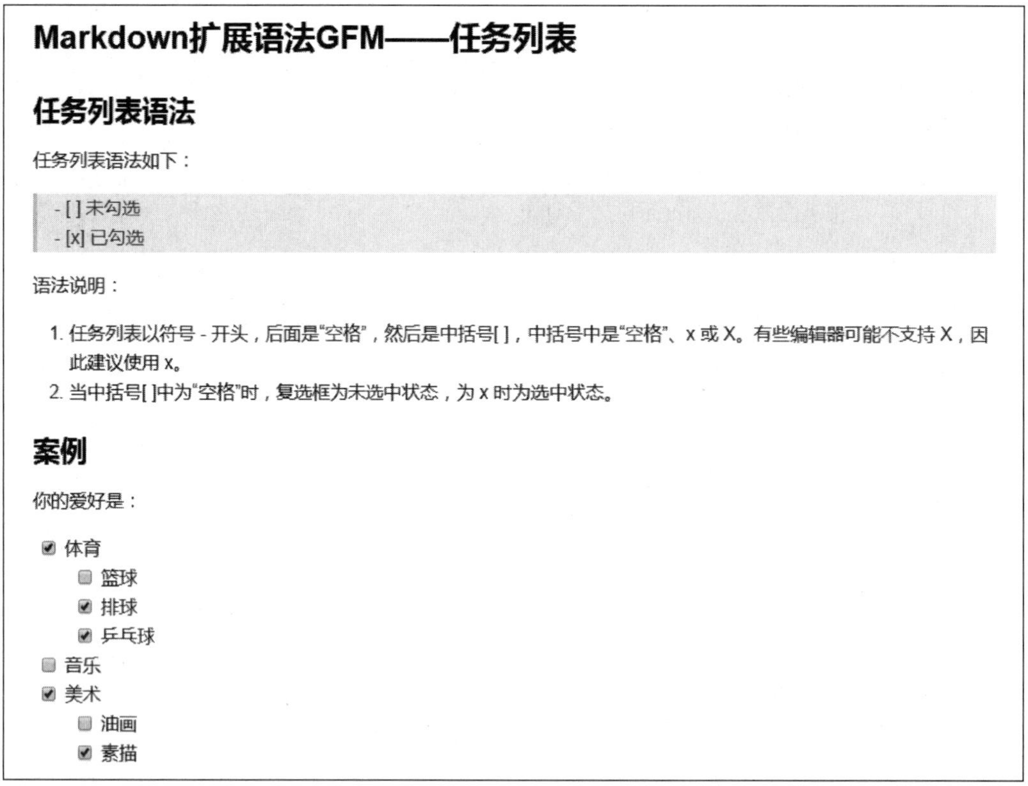

图 6.11　任务列表案例的实现效果

6.10.3 案例实现

案例的实现代码如下：

\#\# Markdown 扩展语法 GFM——任务列表

\#\#\# 任务列表语法

任务列表语法如下：

> \- [ ] 未勾选

> \- [x] 已勾选

语法说明：

1. 任务列表以符号 - 开头，后面是"空格"，然后是中括号 \[ ]，中括号中是"空格"、x 或 X。有些编辑器可能不支持 X，因此建议使用 x。

2. 当中括号 \[ ]中为"空格"时，复选框为未选中状态，为 x 时为选中状态。

\#\#\# 案例

你的爱好是：

- [x] 体育
  - [ ] 篮球
  - [x] 排球
  - [x] 乒乓球
- [ ] 音乐
- [x] 美术
  - [ ] 油画
  - [x] 素描

案例 6.11　绘制流程图

6.11.1　案例描述

设计一个案例，实现各种流程图的绘制。

1. 在 Markdown 软件中画流程图需要使用 mermaid。mermaid 支持三种图形的绘制，分别是：流程图，时序图和甘特图，本篇文章只介绍了 mermaid 中流程图在 markdown 软件的使用。

2. 绘制流程图语法。绘制流程图的语法符号如下：

```
```mermaid
    gragh 流程图方向
    流程图内容
```
```

3. 流程图的方向。流程图方向有下面几个值：

1）TB 从上到下

2）BT 从下到上

3）RL 从右到左

4）LR 从左到右

5）TD 同 TB

4. 节点之间的连接。连线说明如表 6.2 所示。

表 6.2 节点连线说明

连 线	说 明
A --> B	A 带箭头指向 B
A --- B	A 不带箭头指向 B
A -.- B	A 用虚线指向 B
A -.-> B	A 用带箭头的虚线指向 B
A ==> B	A 用加粗的箭头指向 B
A -- 描述 --- B	A 不带箭头指向 B 并在中间加上文字描述
A -- 描述 --> B	A 带箭头指向 B 并在中间加上文字描述
A -. 描述 .-> B	A 用带箭头的虚线指向 B 并在中间加上文字描述
A == 描述 ==> B	A 用加粗的箭头指向 B 并在中间加上文字描述

5. 节点结构。流程图节点结构如下：

1）id + [文字描述] 矩形

2）id + (文字描述) 圆角矩形

3）id + >文字描述] 不对称的矩形

4）id + {文字描述} 菱形

5）id + ((文字描述)) 圆形

6. 子流程图。基本语法：

```
subgraph title
    graph definition
end
```

7. 自定义样式。语法：

style id 具体样式

例如：

1）style id1 fill：#f9f，stroke：#333，stroke-width：4px，fill-opacity：0.5

2）style id2 fill：#ccf，stroke：#f66，stroke-width：2px，stroke-dasharray：10，5

在以上案例中，fill 表示填充颜色、stroke 表示边框线条颜色、stroke-width 表示边框线条宽度、fill-opacity 表示填充透明度、stroke-dasharray 用于设置虚线边框的线条与间距的尺寸。

6.11.2 实现效果

流程图案例的实现效果如图 6.12 所示。从图中可以看出，绘制的流程图包括从上到下、从左到右、子流程图和自定义样式。

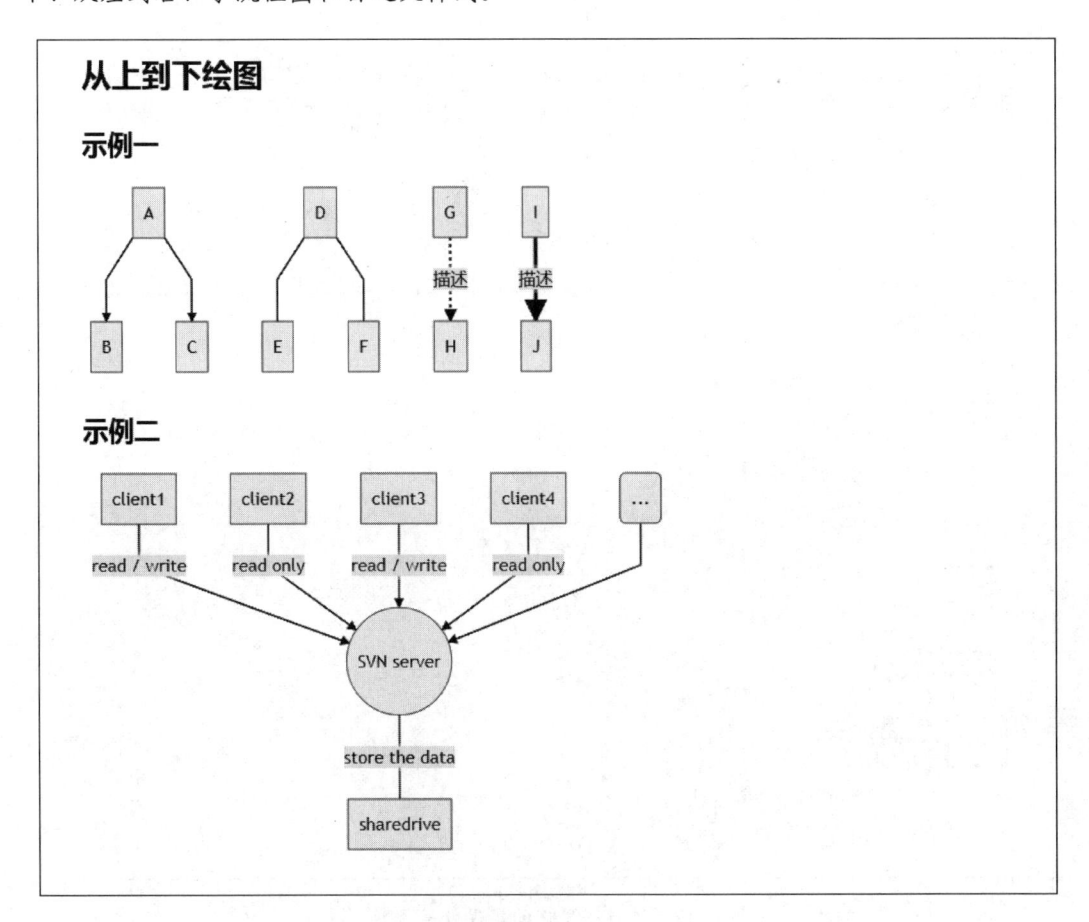

图 6.12 流程图案例的实现效果

从左到右绘图

示例一

示例二

子流程图

自定义样式

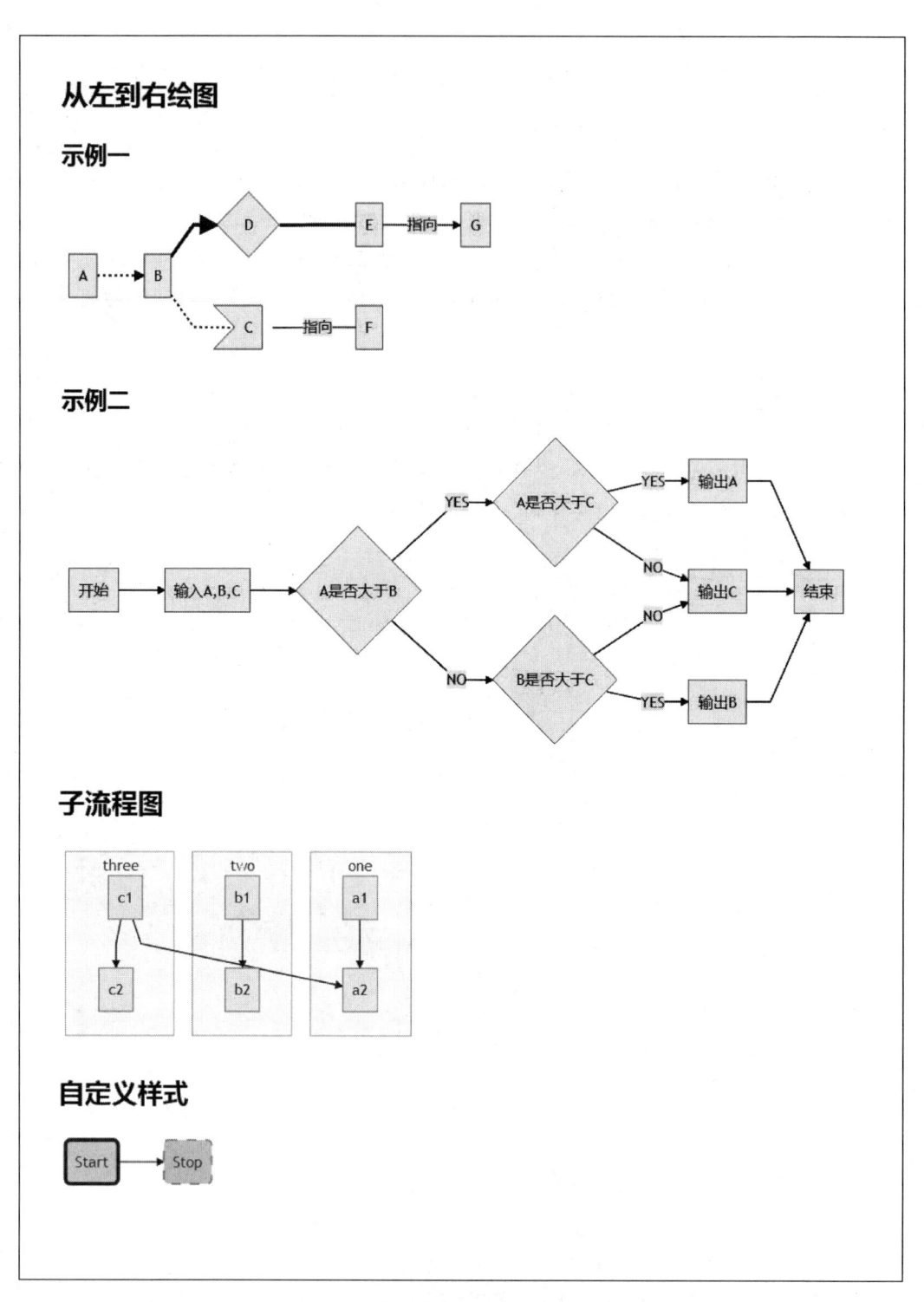

图 6.12　流程图案例的实现效果（续）

6.11.3 案例实现

案例实现代码如下：

绘制流程图

从上到下绘图

示例一

```mermaid
graph TD
    A --> B
    A --> C
    D --- E
    D --- F
    G -. 描述 .-> H
    I ==描述==> J
```

示例二

```mermaid
graph TD
    client1-->|read /write |SVN((SVN server))
    client2-->|read only |SVN
    client3-->|read /write |SVN
    client4-->|read only |SVN
    client5(...)-->SVN
    SVN---|store the data |sharedrive
```

从左到右绘图

示例一

```mermaid
graph LR
　　id1[A]　-.-> id2(B) -.- id3>C]
　　id2[B] ==> id6{D} === E
　　id3>C] --指向--- F
　　E --指向--> G
```

示例二

```mermaid
graph LR
　　start[开始] --> input[输入 A,B,C]
　　input -->conditionA{A 是否大于 B}
　　conditionA -- YES -->conditionC{A 是否大于 C}
　　conditionA -- NO -->conditionB{B 是否大于 C}
　　conditionC -- YES -->printA[输出 A]
　　conditionC -- NO -->printC[输出 C]
　　conditionB -- YES -->printB[输出 B]
　　conditionB -- NO -->printC[输出 C]
　　printA --> stop[结束]
　　printC --> stop
　　printB --> stop
```

子流程图

```mermaid
graph TB
　　c1-->a2
　　subgraph one
　　a1-->a2
　　end
　　subgraph two
　　b1-->b2
　　end
```

```
    subgraph three
    c1-->c2
    end
```

自定义样式

```mermaid
graph LR
    id1(Start)-->id2(Stop)
    style id1 fill:#f9f,stroke:#333,stroke-width:4px,fill-opacity:0.5
    style id2 fill:#ccf,stroke:#f66,stroke-width:2px,stroke-dasharray: 10,5
```

案例 6.12　绘制甘特图和 UML 图

6.12.1　案例描述

设计一个案例，绘制甘特图和 UML 图。

1. 甘特图（Gantt chart）又称为横道图、条状图（Bar chart），以提出者亨利·L·甘特先生的名字命名。甘特图基本是一张线条图，横轴表示时间，纵轴表示活动（项目），线条表示在整个时间上计划和实际活动完成情况。它直观地表明任务计划在什么时候进行，及实际进展与计划要求的对比。管理者由此可便利地弄清一项任务（项目）还剩下哪些工作要做，并可评估工作进度。

2. 绘制甘特图的代码含义如下，其中任务状态决定矩形块的颜色。

```mermaid
gantt //指定图表类型
    dateFormat   YYYY-MM-DD //设置日期格式
    title Adding GANTT diagram functionality to mermaid //设置图标题
    section 现有任务 //设置节
    已完成      :done,    des1,2014-01-06,2014-01-08 //设置任务状态和起止日期
    进行中      :active,  des2,2014-01-09, 3d //设置任务状态、开始日期和持续天数
    计划一      :         des3, after des2, 5d //设置任务状态、开始日期和持续天数
    计划二      :         des4, after des3, 5d //设置任务状态、开始日期和持续天数
```

3. UML（Unified Model Language）图是指统一建模语言，又称标准建模语言，是用来对软件密集系统进行可视化建模的一种语言。在 UML 系统开发中有三个主要的模型：功能模型、对象模型、动态模型。功能模型从用户的角度展示系统的功能，包括用例图。对象模型采用对象、属性、操作、关联等概念展示系统的结构和基础，包括类图、对象图、包图。动态模型展现系统的内部行为，包括序列图、活动图、状态图。一份典型的建模图表通常包含几个块或框，连接线和作为模型附加信息之用的文本。

4. 绘制 UML 图的代码含义。

```mermaid
sequenceDiagram//指定图表类型
张三 ->> 李四：你好！李四，最近怎么样？//符号->>表示实线箭头连接
李四-->>王五：你最近怎么样,王五？//符号-->>表示虚线箭头连接
李四--x 张三：我很好,谢谢!//符号--x 表示虚线 x 箭头连接
李四-x 王五：我很好,谢谢!//符号-x 表示实线 x 箭头连接
Note right of 王五：李四想了很长时间,文字太长了<br/>不适合放在一行．//Note right of 王五,表示在王五的右侧添加注释
李四-->>张三：打量着王五...
张三->>王五：很好...王五,你怎么样？
```

6.12.2 实现效果

绘制甘特图和 UML 图案例的实现效果如图 6.13 所示。

6.12.3 案例实现

案例实现代码如下：

绘制甘特图和 UML 图

绘制甘特图

```mermaid
gantt
    dateFormat  YYYY-MM-DD
    title Adding GANTT diagram functionality to mermaid
    section 现有任务
    已完成            :done,    des1, 2014-01-06,2014-01-08
```

```
进行中              :active,  des2,2014-01-09,3d
计划一              :         des3,after des2,5d
计划二              :         des4,after des3,5d
```

绘制 UML 图表

```mermaid
sequenceDiagram
张三 ->> 李四：你好！李四，最近怎么样？
李四-->>王五：你最近怎么样,王五？
李四--x 张三：我很好,谢谢!
李四-x 王五：我很好,谢谢!
Note right of 王五：李四想了很长时间,文字太长了<br/>不适合放在一行.

李四-->>张三：打量着王五...
张三->>王五：很好 ... 王五,你怎么样？
```

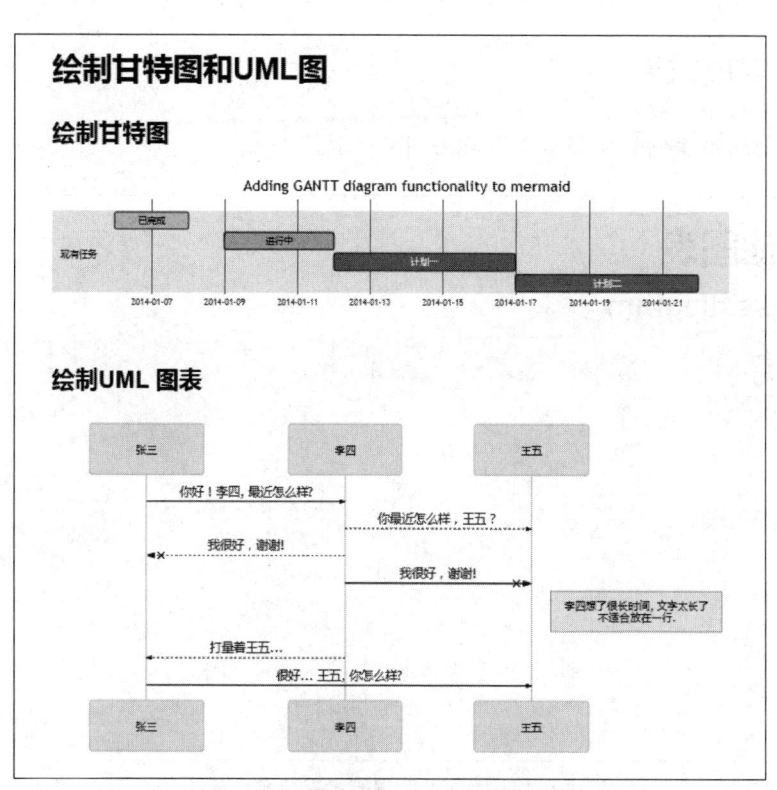

图 6.13　绘制甘特图和 UML 图案例的实现效果

案例 6.13 绘制其他图表

6.13.1 案例描述

设计一个案例，分别绘制 Class Diagram（类图）、Entity Relationship Diagram（实体关系图）和 User Journey Diagram（用户旅游图）。

1. 类图使用的类型名称为 classDiagram。类图中每个节点表示一个类，其中包含 3 个区域，分别用于存放类名、属性和方法。节点之间的连线有多种类型，包括<|--、*--、o--、-->、--*、--|>、<-->等，这些连线类型对应的连线见运行结果图。

2. 实体关系图使用的类型名称是 erDiagram。实体关系图的节点都是矩形。实体关系图节点之间的连线类型包括 ||--o{、||--|{、}|..|{，这三种连线的样式见运行结果图。

3. 用户旅游图的类型名称为 journey。title 用于设置用户旅游图的标题，section 用于设置用户旅游图的节，本案例包括 2 节：Go to work 和 Go home。节中的内容包括 3 项，分别是活动内容、图标类型和活动主体，如 Make tea：5：Me。

6.13.2 实现效果

插入其他图形案例的实现效果如图 6.14 所示。

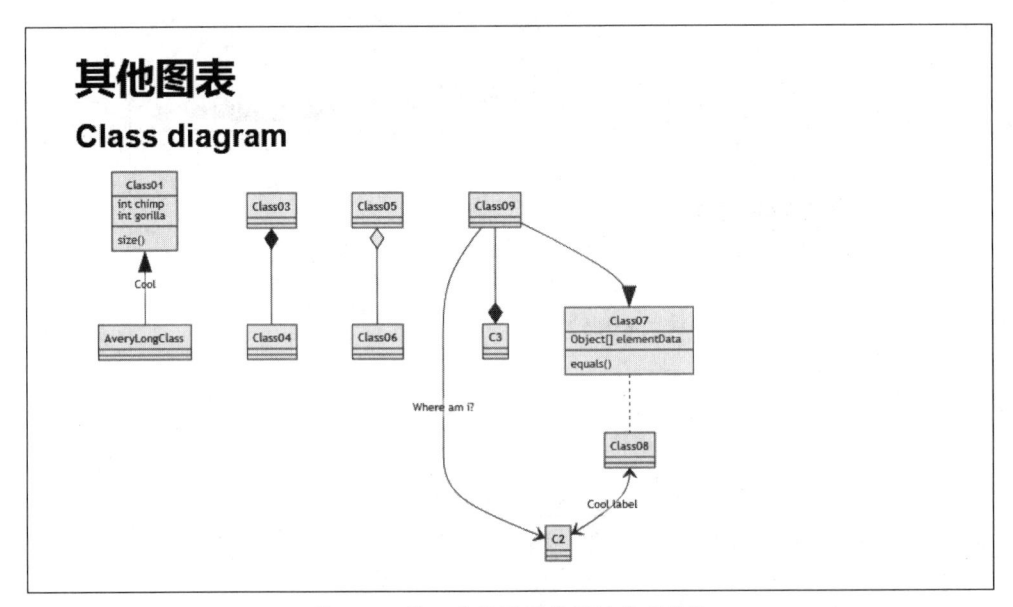

图 6.14 插入其他图形案例的实现效果

Entity Relationship Diagram

User Journey Diagram

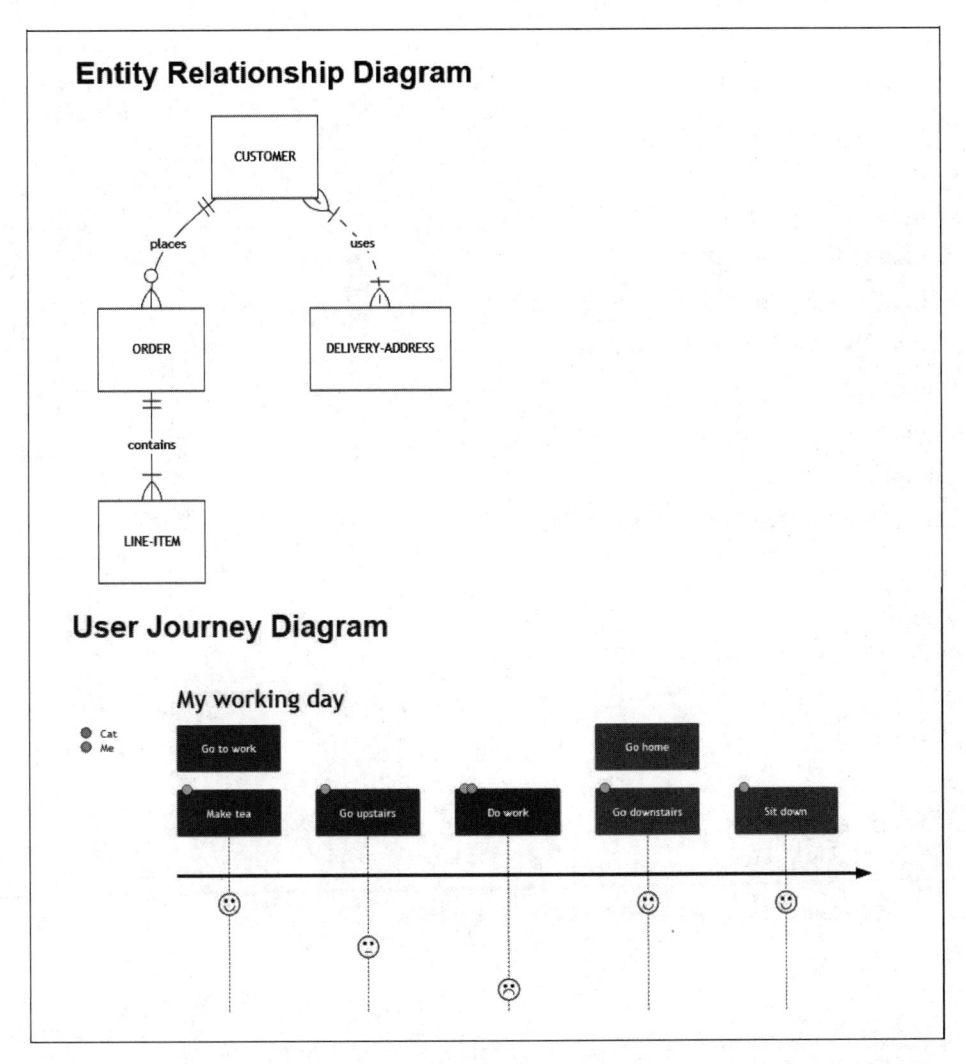

图 6.14　插入其他图形案例的实现效果（续）

6.13.3　案例实现

案例实现代码如下：

其他图表

Class diagram

```mermaid
classDiagram
Class01 <|-- AveryLongClass : Cool
```

```
Class03 *-- Class04
Class05 o-- Class06
Class07 .. Class08
Class09 --> C2 : Where am i?
Class09 --* C3
Class09 --|> Class07
Class07 : equals()
Class07 : Object[] elementData
Class01 : size()
Class01 : int chimp
Class01 : int gorilla
Class08 <--> C2: Cool label
```

Entity Relationship Diagram

```mermaid
erDiagram
    CUSTOMER ||--o{ ORDER : places
    ORDER ||--|{ LINE-ITEM : contains
    CUSTOMER }|..|{ DELIVERY-ADDRESS : uses
```

User Journey Diagram

```mermaid
journey
    title My working day
    section Go to work
      Make tea: 5: Me
      Go upstairs: 3: Me
      Do work: 1: Me, Cat
    section Go home
      Go downstairs: 5: Me
      Sit down: 5: Me
```

案例 6.14　文件引用

6.14.1　案例描述

设计一个案例，实现在一个文件中引用其他文件，引用的文件包括本地 md 文件、本地 jpg 文件、本地 jpg 文件并调整大小、网络 png 文件并调整大小、本地 csv 文件。

Markdown Preview Enhanced（简称 MPE）是一款非常强大的 Markdown 插件，支持所有 Markdown 的语法，包括 GFM、数学公式、图表、目录以及引用文本等。MPE 可以非常方便的引用外部文件，引用的文件类型包括 md、csv、jpg、png、gif 等。引用格式为 @import "文件名"。虽然可以引用 PDF 文件和 HTML 文件，但是引用后不能正确显示。

6.14.2　实现效果

文件引用案例的实现效果如图 6.15 所示。从运行结果可以看出，可以在 Markdown 文件中引用本地 md 文件、本地 jpg 文件并调整大小、网络 png 文件并调整大小、本地 csv 文件。

图 6.15　文件引用案例的实现效果

引用本地JPG文件并调整大小

引用网络PNG文件并调整大小

引用本地CSV文件

StuID	Name	Score
2020001	Zhang San	88
2020002	Li Si	78
2020003	Wang Wu	96
2020004	Zhao Liu	91

图 6.15　文件引用案例的实现效果（续）

6.14.3　案例实现

将外部

案例实现代码如下：

文件引用

MPE 可以非常方便的引用外部文件，引用的文件类型包括：md、csv、jpg、png、gif 等。引用格式为：
> @import "文件名"

引用本地 md 文件
@import "import/f1.md"

```
## 引用本地 JPG 文件
@import "import/ncut-log.jpg"

## 引用本地 JPG 文件并调整大小
@import "ncut-log.jpg"{width="300px" height="120px" title="ncut" alt="北方工业大学"}

## 引用网络 PNG 文件并调整大小
@import "https://image.zhihuishu.com/zhs/createcourse/course/201911/6a8815f9cd5b4ad2903ce28e608026f6_s2.png"{width="200"}

## 引用本地 CSV 文件
@import "import/test.csv"
```

案例 6.15 数学公式——位置 | 上下标与组合 | 字体与格式

6.15.1 案例描述

设计一个案例，实现部分基本数学公式的显示，包括行内公式与独行公式的实现方法，上标、下标与组合的实现方法以及字体与格式的实现方法。

必须使用大括号来界定^的结合性，如 ${x^5}^6$ 或者 x^{5^6} 才能得出正确的结果。字体与格式的语法规则及实现方法，包括字体控制符号、下划线符号、上大括号符号、下大括号符号、上位符号等。

6.15.2 实现效果

数学公式——位置 | 上下标与组合 | 字体与格式案例的实现效果如图 6.16 所示，其中包含行内公式与独行公式、上标、下标与组合、汉字、字体与格式。

6.15.3 案例实现

案例实现代码如下：

数学公式——行内与独行公式|上标、下标与组合|字体与格式

行内公式与独行公式

1. 行内公式：将公式插入到行内文本中，使用美元符号$包裹公式内容，语法如下：

| $公式内容$

例如，行内公式：$z=x+y$ 的显示结果为：$z = x + y$

2. 独行公式：公式单独占据一行，并且居中，使用2个美元符号$$包裹公式内容，语法如下：

| $$公式内容$$

例如，独行公式 $$ x^2 + y^2 = z^2 $$ 的显示结果为：

$$x^2 + y^2 = z^2$$

上标、下标与组合

符号名称	语法	示例	示例显示结果
上标符号	^	x^4	x^4
下标符号	_	x_1	x_1
组合符号	{}	${x}_{a+b}$	x_{a+b}

字体与格式

符号名称	语法	示例	示例显示结果
字体控制符号	\displaystyle	$\displaystyle \frac{x+y}{y+z}$	$\displaystyle \frac{x+y}{y+z}$
下划线	\underline	$\underline{x+y}$	$\underline{x+y}$
上大括号	\overbrace{算式}	$\overbrace{a+b+c+d}^{2.0}$	$\overbrace{a+b+c+d}^{2.0}$
下大括号	\underbrace{算式}	$a+\underbrace{b+c}_{1.0}+d$	$a+\underbrace{b+c}_{1.0}+d$
上位符号	\stackrel{上位符号}{基位符号}	$\vec{x}\stackrel{\mathrm{def}}{=}{x_1,\dots,x_n}$	$\vec{x}\stackrel{\mathrm{def}}{=}$ $x_1,\dots,x_n$

图6.16 数学公式——行内与独行、上下标与组合、字体与格式案例的实现效果

数学公式——行内与独行公式|上标、下标与组合|字体与格式
行内公式与独行公式
1．行内公式：将公式插入到行内文本中，使用美元符号 $ 包裹公式内容，语法如下：
> \ $ 公式内容 \ $

例如，行内公式：\ $ z = x + y \ $ 的显示结果为：$ z = x + y $

2. 独行公式：公式单独占据一行，并且居中，使用 2 个美元符号 $$ 包裹公式内容，语法如下：
> \$\$公式内容\$\$

例如，独行公式 \$\$ x^2 + y^2 = z^2 \$\$ 的显示结果为：
$$ x^2 + y^2 = z^2 $$

上标、下标与组合

符号名称	语法	示例	示例显示结果
上标符号	\^	\$x^4\$	x^4
下标符号	_	\$x_1\$	x_1
组合符号	\{}	\$ {x}_{a+b}\$	${x}_{a+b}$

字体与格式

符号名称	语法	示例	示例显示结果
字体控制符号	\displaystyle	\$ \displaystyle \frac{x+y}{y+z}\$	$\displaystyle \frac{x+y}{y+z}$
下划线	\underline	\$ \underline{x+y}\$	$\underline{x+y}$
上大括号	\overbrace{算式}	\$ \overbrace{a+b+c+d}^{2.0}\$	$\overbrace{a+b+c+d}^{2.0}$
下大括号	\underbrace{算式}	\$a+ \underbrace{b+c}_{1.0}+d\$	$a+\underbrace{b+c}_{1.0}+d$
上位符号	\stackrel{上位符号}{基位符号}	\$ \vec{x} \stackrel{\mathrm{def}}{=}{x_1,\dots,x_n}\$	$\vec{x} \stackrel{\mathrm{def}}{=}{x_1,\dots,x_n}$

案例 6.16 数学公式——占位符、定界符与组合

6.16.1 案例描述

设计一个案例，实现数学公式中的占位符、定界符与组合的正确显示。占位符包括空格、两个空格、大空格、中空格、小空格、没有空格、紧贴符号。定界符包括各种大小的括号、中括号、大括号、自适应括号以及组合公式。

6.16.2 实现效果

数学公式——占位符、定界符与组合案例的实现效果如图 6.17 所示。

数学公式—占位符 | 定界符与组合

占位符

符号名称	语法	示例	示例显示结果
空格	\quad	$x \quad y$	$x \quad y$
两个空格	\qquad	$x \qquad y$	$x \qquad y$
大空格	\	$x\ y$	$x\ y$
中空格	\:	$x\:y$	$x\:y$
小空格	\,	$x\,y$	$x\,y$
没有空格	无符号	xy	xy
紧贴符号	\!	$x \! y$	xy

定界符与组合

符号名称	语法	示例	示例显示结果
括号	() \big(\big) \Big(\Big) \bigg(\bigg) \Bigg(\Bigg)	$() \big(\big) \Big(\Big) \bigg(\bigg) \Bigg(\Bigg) $	$()\big(\big)\Big(\Big)\bigg(\bigg)\Bigg(\Bigg)$
中括号	[]	$[x+y]$	$[x+y]$
大括号	\{\}	$\{x+y\}$	$\{x+y\}$
自适应括号	\left(\right)	$\left(x \right)$, $\left(x^{y^z} \right)$	$(x), (x^{y^z})$
组合公式	{上位公式 \choose 下位公式}	${n+1 \choose k}={n \choose k}+{n \choose k-1}$	${n+1 \choose k}={n \choose k}+{n \choose k-1}$

图 6.17 数学公式——占位符、定界符与组合案例的实现效果

6.16.3 案例实现

案例实现代码如下：

```
## 数学公式—占位符 |定界符与组合
### 占位符
|符号名称 |语法 |示例 |示例显示结果 |
|------- |------- |------- |------- |
|空格 |\quad |\ $x \quad y\ $ |$x \quad y $ |
```

两个空格	\qquad	\ $x \qquad y\ $	$x \qquad y $
大空格	\空格	\ $x\\y\ $	$x\y $
中空格	\\:	\ $x\\:y \ $	$x\:y $
小空格	\\,	\ $x\\,y\ $	$x \:y $
没有空格	无符号	\ $xy\ $	$xy $
紧贴符号	\\!	\ $x \\!y\ $	$x \!y $

定界符与组合

符号名称	语法	示例	示例显示结果
括号	() \big(\big) \Big(\Big) \bigg(\bigg) \Bigg(\Bigg)	\ $() \big(\big) \Big(\Big) \bigg(\bigg) \Bigg(\Bigg) \ $	$() \big(\big) \Big(\Big) \bigg(\bigg) \Bigg(\Bigg) $
中括号	\[ ]	\ $[x+y]\ $	$[x+y] $
大括号	\{ }	\ $\{x+y\}\ $	$ \{x+y\} $
自适应括号	\left(\right)	\ $ \left(x \right) $,\ $ \left(x\^{y \^z} \right)\ $	$ \left(x \right) $,$ \left(x^y^z \right) $
组合公式	上位公式 \choose 下位公式}	\ $\{n+1 \choose k}={n \choose k}+{n \choose k-1}\ $	$ {n+1 \choose k}={n \choose k}+{n \choose k-1} $

案例 6.17 数学公式——四则运算

6.17.1 案例描述

设计一个案例，实现数学公式中的四则运算符号的正确表达。四则运算符号包括加法运算符、减法运算符、乘法运算符、除法运算符、分式表示符和绝对值表示符等。

6.17.2 实现效果

数学公式——四则运算案例的实现效果如图 6.18 所示。

6.17.3 案例实现

案例实现代码如下：

数学公式——四则运算

```
|符号名称  |语法  |示例  |示例显示结果 |
|------- |------- |------- |-------   |
|加法运算 |+     |\$x+y=z\$        |$x+y=z$        |
|减法运算 |-     |\$x-y=z\$        |$x-y=z$        |
|加减运算 |\pm   |\$x \pm y=z\$    |$x \pm y=z$    |
|减加运算 |\mp   |\$x \mp y=z\$    |$x \mp y=z$    |
|乘法运算 |\times |\$x \times y=z\$ |$x \times y=z$ |
|点乘运算 |\cdot  |\$x \cdot y=z\$  |$x \cdot y=z$  |
|星乘运算 |\ast   |\$x \ast y=z\$   |$x \ast y=z$   |
|除法运算 |\div   |\$x \div y=z\$   |$x \div y=z$   |
|斜法运算 |/      |\$x/y=z\$        |$x/y=z$        |
|分式表示 |\frac{分子}{分母}  |\$\frac{x+y}{y+z}\$  |$\frac{x+y}{y+z}$
 |
|分式表示 |{分子} \voer {分母} |\${x+y} \over {y+z}\$ |${x+y} \over {y+z}$  |
|绝对值表示 |\|\| |\$\|x+y\|$  | \|x+y\|   |
```

数学公式——四则运算

符号名称	语法	示例	示例显示结果
加法运算	+	$x+y=z$	$x+y=z$
减法运算	-	$x-y=z$	$x-y=z$
加减运算	\pm	$x \pm y=z$	$x \pm y=z$
减加运算	\mp	$x \mp y=z$	$x \mp y=z$
乘法运算	\times	$x \times y=z$	$x \times y=z$
点乘运算	\cdot	$x \cdot y=z$	$x \cdot y=z$
星乘运算	\ast	$x \ast y=z$	$x \ast y=z$
除法运算	\div	$x \div y=z$	$x \div y=z$
斜法运算	/	$x/y=z$	$x/y=z$
分式表示	\frac{分子}{分母}	$\frac{x+y}{y+z}$	$\frac{x+y}{y+z}$
分式表示	{分子} \voer {分母}	${x+y} \over {y+z}$	$\frac{x+y}{y+z}$
绝对值表示	||	$\|x+y\|$	|x+y|

图 6.18 数学公式——四则运算案例的实现效果

案例 6.18 数学公式——高级运算

6.18.1 案例描述

设计一个案例，实现数学公式中高级运算表达式的正确显示。高级运算包括平均数运算、开平方运算、开方运算、对数运算、极限运算、求和运算、积分运算、微分运算和矩阵表达等。

6.18.2 实现效果

数学公式——高级运算案例的实现效果如图 6.19 所示。

数学公式——高级运算

符号名称	语法	示例	示例显示结果
平均数运算	\overline{算式}	$\overline{xyz}$	$\overline{xyz}$
开平方运算	\sqrt	$\sqrt x$	$\sqrt{x}$
开方运算	\sqrt[开方数]{被开方数}	$\sqrt[3]{x+y}$	$\sqrt[3]{x+y}$
对数运算	\log	$\log(x)$	$\log(x)$
极限运算	\lim	$\lim^{x \to \infty}_{y \to 0}{\frac{x}{y}}$	$\lim_{y \to 0}^{x \to \infty} \frac{x}{y}$
极限运算	\displaystyle \lim	$\displaystyle \lim^{x \to \infty}_{y \to 0}{\frac{x}{y}}$	$\displaystyle\lim_{y \to 0}^{x \to \infty} \frac{x}{y}$
求和运算	\sum	$\sum^{x \to \infty}_{y \to 0}{\frac{x}{y}}$	$\sum_{y \to 0}^{x \to \infty} \frac{x}{y}$
求和运算	\displaystyle \sum	$\displaystyle \sum^{x \to \infty}_{y \to 0}{\frac{x}{y}}$	$\displaystyle\sum_{y \to 0}^{x \to \infty} \frac{x}{y}$
积分运算	\int	$\int^{\infty}_{0}{xdx}$	$\int_0^\infty xdx$
积分运算	\displaystyle \int	$\displaystyle \int^{\infty}_{0}{xdx}$	$\displaystyle\int_0^\infty xdx$
微分运算	\partial	$\frac{\partial x}{\partial y}$	$\frac{\partial x}{\partial y}$
矩阵表示	\begin{matrix} \end{matrix}	$\left[\begin{matrix} 1 &2 &\cdots &4 &5 &6 &\cdots &8\\9 &\vdots &\ddots &\vdots &13 &14 &\cdots &16 \end{matrix} \right]$	$\left[\begin{matrix}1&2&\cdots&4&5&6&\cdots&8\\9&\vdots&\ddots&\vdots&13&14&\cdots&16\end{matrix}\right]$

图 6.19 数学公式——高级运算案例的实现效果

6.18.3 案例实现

案例实现代码如下：

数学公式——高级运算

符号名称	语法	示例	示例显示结果
平均数运算	\overline{算式}	\ $ \overline{xyz}\ $	$ \overline{xyz} $
开平方运算	\sqrt	\ $ \sqrt x\ $	$ \sqrt x $
开方运算	\sqrt\[开方数]{被开方数}	\ $ \sqrt[3]{x+y}\ $	$ \sqrt[3]{x+y} $
对数运算	\log	\ $ \log(x)\ $	$ \log(x) $
极限运算	\lim	\ $ \lim^{x \to \infty} _{y \to 0}{\frac{x}{y}}\ $	$ \lim^{x \to \infty}_{y \to 0}{\frac{x}{y}} $
极限运算	\displaystyle \lim	\ $ \displaystyle \lim^{x \to \infty}_{y \to 0}{\frac{x}{y}}\ $	$ \displaystyle \lim^{x \to \infty}_{y \to 0}{\frac{x}{y}} $
求和运算	\sum	\ $ \sum^{x \to \infty} _{y \to 0}{\frac{x}{y}}\ $	$ \sum^{x \to \infty}_{y \to 0}{\frac{x}{y}} $
求和运算	\displaystyle \sum	\ $ \displaystyle \sum^{x \to \infty} _{y \to 0}{\frac{x}{y}}\ $	$ \displaystyle \sum^{x \to \infty}_{y \to 0}{\frac{x}{y}} $
积分运算	\int	\ $ \int^{\infty} _{0}{xdx}\ $	$ \int^{\infty}_{0}{xdx} $
积分运算	\displaystyle \int	\ $ \displaystyle \int^{\infty} _{0}{xdx}\ $	$ \displaystyle \int^{\infty}_{0}{xdx} $
微分运算	\partial	\ $ \frac{\partial x}{\partial y}\ $	$ \frac{\partial x}{\partial y} $
矩阵表示	\begin{matrix} \end{matrix}	\ $ \left[\begin{matrix} 1 &2 & \cdots&4 &5 &6 & \cdots&8 \\9 & \vdots& \ddots& \vdots&13 &14 & \cdots&16 \end{matrix} \right]\ $	$ \left[\begin{matrix} 1 &2 & \cdots&4 &5 &6 & \cdots&8 \\9 & \vdots& \ddots& \vdots&13 &14 & \cdots&16 \end{matrix} \right] $

案例 6.19 数学公式——逻辑运算

6.19.1 案例描述

设计一个案例,演示数学公式中的逻辑运算符和集合运算符的实现方法。逻辑运算符包括等于、大于、小于、大于等于、小于等于、不等于、不大于等于、不小于等于、约等于和恒等于等。

6.19.2 实现效果

数学公式——逻辑运算案例的实现效果如图 6.20 所示。

数学公式—逻辑运算

符号名称	语法	示例	示例显示结果
等于	=	\$x+y=z\$	$x+y=z$
大于	>	\$x+y>z\$	$x+y>z$
小于	<	\$x+y<z\$	$x+y<z$
大于等于	\geq	\$x+y \geq z\$	$x+y \geq z$
小于等于	\leq	\$x+y \leq z\$	$x+y \leq z$
不等于	\neq	\$x+y \neq z\$	$x+y \neq z$
不大于等于	\ngeq	\$x+y \ngeq z\$	$x+y \ngeq z$
不大于等于	\not\geq	\$x+y \not\geq z\$	$x+y \not\geq z$
不小于等于	\nleq	\$x+y \nleq z\$	$x+y \nleq z$
不小于等于	\not\leq	\$x+y \not\leq z\$	$x+y \not\leq z$
约等于	\approx	\$x+y \approx z\$	$x+y \approx z$
恒定等于	\equiv	\$x+y \equiv z\$	$x+y \equiv z$

图 6.20 数学公式——逻辑运算案例的实现效果

6.19.3 案例实现

案例实现代码如下:

```
## 数学公式—逻辑运算
|符号名称|语法     |示例              |示例显示结果      |
|-------|-------  |-------           |-------           |
|等于    |=       |\ $x+y=z\ $       |$x+y=z$           |
|大于    |>       |\ $x+y>z\ $       |$x+y>z$           |
|小于    |<       |\ $x+y<z\ $       |$x+y<z$           |
|大于等于|\geq    |\ $x+y \geq z\ $  |$x+y \geq z$      |
|小于等于|\leq    |\ $x+y \leq z\ $  |$x+y \leq z$      |
|不等于  |\neq    |\ $x+y \neq z\ $  |$x+y \neq z$      |
|不大于等于|\ngeq |\ $x+y \ngeq z\ $ |$x+y \ngeq z$     |
|不大于等于|\not \geq|\ $x+y \not \geq z\ $|$x+y \not \geq z$|
|不小于等于|\nleq |\ $x+y \nleq z\ $ |$x+y \nleq z$     |
|不小于等于|\not \leq|\ $x+y \not \leq z\ $|$x+y \not \leq z$|
|约等于  |\approx |\ $x+y \approx z\ $|$x+y \approx z$  |
|恒定等于|\equiv  |$x+y \equiv z\ $  |$x+y \equiv z$    |
```

案例 6.20　数学公式—集合运算

6.20.1 案例描述

设计一个案例，实现各种集合运算的表示方法，包括属于、不属于、子集、真子集、非真子集、非子集、并集、交集、差集、同或、同与、实数集合、自然数集合、空集等。

6.20.2 实现效果

数学公式——集合运算案例的实现效果如图 6.21 所示。

6.20.3 案例实现

案例实现代码如下:

数学公式—集合运算

符号名称	语法	示例	示例显示结果
属于	\in	$x \in y$	$x \in y$
不属于	\notin	$x \notin y$	$x \notin y$
不属于	\not\in	$x \not\in y$	$x \notin y$
子集	\subset	$x \subset y$	$x \subset y$
非子集	\not\subset	$x \subset y$	$x \not\subset y$
真子集	\subseteq	$x \not\subset y$	$x \subseteq y$
非真子集	\subsetneq	$x \subsetneq y$	$x \subsetneq y$
并集	\cup	$x \cup y$	$x \cup y$
交集	\cap	$x \cap y$	$x \cap y$
差集	\setminus	$x \setminus y$	$x \setminus y$
同或	\bigodot	$x \bigodot y$	$x \odot y$
同与	\bigotimes	$x \bigotimes y$	$x \otimes y$
实数集合	\mathbb{R}	$\mathbb{R}$	$\mathbb{R}$
自然数集合	\mathbb{Z}	$\mathbb{Z}$	$\mathbb{Z}$
空集	\emptyset	$\emptyset$	$\emptyset$

图 6.21　数学公式——集合运算案例的实现效果

```
## 数学公式—集合运算
|符号名称   语法      |示例        |示例显示结果   |
|-------    |-------   |-------      |-------         |
|属于   |\in         |\ $x \in y\ $   |$x \in y $      |
|不属于    |\notin        |\ $x \notin y\ $   |$x \notin y $  |
|不属于    |\not \in      |\ $x \not \in y\ $  |$x \not \in y $ |
|子集   |\subset      |\ $x \subset y\ $   |$x \subset y $     |
|非子集   |\not \subset    |\ $x \subset y\ $   |$x \not \subset y $   |
|真子集    |\subseteq    |\ $x \not \subset y\ $   |$x \subseteq y $   |
|非真子集    |\subsetneq    |\ $x \subsetneq y\ $   |$x \subsetneq y $ |
|并集   |\cup         |\ $x \cup y\ $      |$x \cup y $        |
```

交集	\cap	\ $x \cap y\ $	$x \cap y $	
差集	\setminus	\ $x \setminus y\ $	$x \setminus y $	
同或	\bigodot	\ $x \bigodot y\ $	$x \bigodot y $	
同与	\bigotimes	\ $x \bigotimes y\ $	$x \bigotimes y $	
实数集合	\mathbb{R}	\ $\mathbb{R}\ $	$\mathbb{R} $	
自然数集合	\mathbb{Z}	\ $\mathbb{Z}\ $	$\mathbb{Z} $	
空集	\emptyset	\ $\emptyset\ $	$\emptyset $	

案例 6.21　数学公式—数学符号

6.21.1　案例描述

设计一个案例，实现各种数学符号的表示，包括无穷、虚数、矢量、导数、箭头和省略号等。

6.21.2　实现效果

数学公式——数学符号案例的实现效果如图 6.22 所示。

6.21.3　案例实现

案例实现代码如下：

数学公式—数学符号

符号名称	语法	示例	示例显示结果
无穷	\infty	\ $ \infty\ $	$ \infty $
虚数	\imath	\ $ \imath\ $	$ \imath $
虚数	\jmath	\ $ \jmath\ $	$ \jmath $
数学符号	\hat{a}	\ $ \hat{a}\ $	$ \hat{a} $
数学符号	\check{a}	\ $ \check{a}\ $	$ \check{a} $
数学符号	\breve{a}	\ $ \breve{a}\ $	$ \breve{a} $
数学符号	\tilde{a}	\ $ \tilde{a}\ $	$ \tilde{a} $
数学符号	\bar{a}	\ $ \bar{a}\ $	$ \bar{a} $
矢量符号	\vec{a}	\ $ \vec{a}\ $	$ \vec{a} $
数学符号	\acute{a}	\ $ \acute{a}\ $	$ \acute{a} $

数学公式—数学符号

符号名称	语法	示例	示例显示结果
无穷	\infty	∞	∞
虚数	\imath	$\imath$	$\imath$
虚数	\jmath	$\jmath$	$\jmath$
数学符号	\hat{a}	$\hat{a}$	$\hat{a}$
数学符号	\check{a}	$\check{a}$	$\check{a}$
数学符号	\breve{a}	$\breve{a}$	$\breve{a}$
数学符号	\tilde{a}	$\tilde{a}$	$\tilde{a}$
数学符号	\bar{a}	$\bar{a}$	$\bar{a}$
矢量符号	\vec{a}	$\vec{a}$	$\vec{a}$
数学符号	\acute{a}	$\acute{a}$	$\acute{a}$
数学符号	\grave{a}	$\grave{a}$	$\grave{a}$
数学符号	\mathring{a}	$\mathring{a}$	$\mathring{a}$
一阶导数	\dot{a}	$\dot{a}$	$\dot{a}$
二阶导数	\ddot{a}	$\ddot{a}$	$\ddot{a}$
上箭头	\uparrow	$\uparrow$	$\uparrow$
上箭头	\Uparrow	$\Uparrow$	$\Uparrow$
下箭头	\downarrow	$\downarrow$	$\downarrow$
下箭头	\Downarrow	$\Downarrow$	$\Downarrow$
左箭头	\leftarrow	$\leftarrow$	$\leftarrow$
左箭头	\Leftarrow	$\Leftarrow$	$\Leftarrow$
右箭头	\rightarrow	$\rightarrow$	$\rightarrow$
右箭头	\Rightarrow	$\Rightarrow$	$\Rightarrow$
底端对齐的省略号	\ldots	$1,2,\ldots,n$	$1,2,\ldots,n$
中线对齐的省略号	\cdots	$x_1^2 + x_2^2 + \cdots + x_n^2$	$x_1^2 + x_2^2 + \cdots + x_n^2$
竖直对齐的省略号	\vdots	$\vdots$	$\vdots$
斜对齐的省略号	\ddots	$\ddots$	$\ddots$

图 6.22 数学公式——数学符号案例的实现效果

数学符号	\grave{a}	\ $ \grave{a}\ $	$ \grave{a} $
数学符号	\mathring{a}	\ $ \mathring{a}\ $	$ \mathring{a} $
一阶导数	\dot{a}	\ $ \dot{a}\ $	$ \dot{a} $
二阶导数	\ddot{a}	\ $ \ddot{a}\ $	$ \ddot{a} $
上箭头	\uparrow	\ $ \uparrow\ $	$ \uparrow $
上箭头	\Uparrow	\ $ \Uparrow\ $	$ \Uparrow $
下箭头	\downarrow	\ $ \downarrow\ $	$ \downarrow $
下箭头	\Downarrow	\ $ \Downarrow\ $	$ \Downarrow $
左箭头	\leftarrow	\ $ \leftarrow\ $	$ \leftarrow $
左箭头	\Leftarrow	\ $ \Leftarrow\ $	$ \Leftarrow $
右箭头	\rightarrow	\ $ \rightarrow\ $	$ \rightarrow $
右箭头	\Rightarrow	\ $ \Rightarrow\ $	$ \Rightarrow $
底端对齐的省略号	\ldots	\ $ 1,2,\ldots,n\ $	$ 1,2,\ldots,n $
中线对齐的省略号	\cdots	\ $ x_1^2 + x_2^2 + \cdots + x_n^2\ $	$ x_1^2 + x_2^2 + \cdots + x_n^2 $
竖直对齐的省略号	\vdots	\ $ \vdots\ $	$ \vdots $
斜对齐的省略号	\ddots	\ $ \ddots\ $	$ \ddots $

案例 6.22 数学公式——希腊字母

6.22.1 案例描述

设计一个案例，显示各种希腊字母。

6.22.2 实现效果

数学公式——希腊字母案例的实现效果如图 6.23 所示。

6.22.3 案例实现

案例实现代码如下：

```
## 数学公式 — 希腊字母
|字母 |实现 |字母 |实现 |字母 |实现 |字母 |实现 |
|---- |---- |---- |---- |---- |---- |---- |---- |
| M   | M   | μ  |\mu |N |N |ν |\nu |
```

A	A	α	\alhpa	Ξ	\Xi	ξ	\xi
B	B	β	\beta	O	O	o	\omicron
Γ	\Gamma	γ	\gamma	Π	\Pi	π	\pi
Δ	\Delta	δ	\delta	P	P	ρ	\rho
E	E	ϵ	\epsilon	Σ	\Sigma	σ	\sigma
Z	Z	ζ	\zeta	T	T	τ	\tau
H	H	η	\eta	Υ	\Upsilon	υ	\upsilon
Θ	\Theta	θ	\theta	Φ	\Phi	ϕ	\phi
I	I	ι	\iota	X	X	χ	\chi
K	K	κ	\kappa	Ψ	\Psi	ψ	\psi
Λ	\Lambda	λ	\lambda	Ω	\v	ω	\omega

数学公式 — 希腊字母

字母	实现	字母	实现	字母	实现	字母	实现
M	M	μ	\mu	N	N	ν	\nu
A	A	α	\alhpa	Ξ	\Xi	ξ	\xi
B	B	β	\beta	O	O	o	\omicron
Γ	\Gamma	γ	\gamma	Π	\Pi	π	\pi
Δ	\Delta	δ	\delta	P	P	ρ	\rho
E	E	ϵ	\epsilon	Σ	\Sigma	σ	\sigma
Z	Z	ζ	\zeta	T	T	τ	\tau
H	H	η	\eta	Υ	\Upsilon	υ	\upsilon
Θ	\Theta	θ	\theta	Φ	\Phi	ϕ	\phi
I	I	ι	\iota	X	X	χ	\chi
K	K	κ	\kappa	Ψ	\Psi	ψ	\psi
Λ	\Lambda	λ	\lambda	Ω	\v	ω	\omega

图 6.23 数学公式——希腊字母案例的实现效果

案例 6.23 数学公式——多行公式和对齐

6.23.1 案例描述

设计一个案例,实现多行公式、公式对齐及编号。
1. 多行公式的实现环境:aligned、array 和 cases。
2. 多行公式实现换行的符号:\\。
3. 控制行间距时在换行符号后面添加间距值,如\\[2em]。
4. 多行公式实现对齐的符号:&。
5. 公式编号命令:\tag。
6. array 环境中列数据对齐方式有 lrc(left, right, center)。

6.23.2 实现效果

数学公式——多行公式和对齐案例的实现效果如图 6.24 所示。

6.23.3 案例实现

案例实现代码如下:

\#\# 数学公式 — 多行公式和对齐
在 Markdown 文件中输入多行并列公式可以采用 aligned、array 和 cases 环境(针对 VS Code 编辑器而言),此外需要注意以下几点:
1. 公式换行需要使用符号 \\\\
2. 行间距使用 \\\\[n em],n 为自然数
3. 公式在垂直方向的对齐位置使用符号 \&
4. 利用 \left \{ \right. 实现在公式左侧添加大括号。
5. 公式编号使用 \tag 命令。Visual Code Studio 使用的 KaTex 不允许在 aligned 环境中使用多个 tag,只能输入一次 tag 对并列公式进行共同标号。
- 第一个公式示例,使用 aligned 环境。
$$
\begin{aligned}
x &= v_0\cos\theta t \\
y &= v_0\sin\theta t - \frac{1}{2}gt^2 \tag{1.1}
\end{aligned}

$$

- 第二个公式示例，公式左侧有大括号。

```
$$ f(x)= \left \{
\begin{aligned}
x & = & \cos(t) \\
y & = & \sin(t) \\
z & = & \frac xy \tag{1.2}
\end{aligned}
\right.
$$
```

- 第三个公式示例，使用 array 环境和 lrc (left, right, center) 对齐方式。

```
$$
F^{HLLC} = \left \{
\begin{array}{rcl}
F_L       &   & {0      <       S_L} \\
F^*_L     &   & {S_L \leq 0 < S_M} \\
F^*_R     &   & {S_M \leq 0 < S_R} \\
F_R       &   & {S_R \leq 0} \tag{1.3}
\end{array} \right.
$$
```

- 第四个公式示例。使用 cases 环境，并使分类之间的垂直间隔变大。

```
$$
L(Y,f(X)) =
\begin{cases}
0, & \text{Y = f(X)} \\[4 ex]
1, & \text{Y $\neq$ f(X)} \tag{1.4}
\end{cases}
$$
```

> **数学公式 — 多行公式和对齐**
>
> 在Markdown文件中输入多行并列公式可以采用aligned、array和cases环境（针对VS Code编辑器而言），此外需要注意以下几点：
>
> 1. 公式换行需要使用符号\\
> 2. 行间距使用\\[n em],n为自然数
> 3. 公式在垂直方向的对齐位置使用符号&
> 4. 利用\left{ \right.实现在公式左侧添加大括号。
> 5. 公式编号使用\tag命令。Visual Code Studio使用的KaTex不允许在aligned环境中使用多个tag，只能输入一次tag对并列公式进行共同标号。
>
> - 第一个公式示例，使用aligned环境。
>
> $$\begin{aligned} x &= v_0 \cos\theta t \\ y &= v_0 \sin\theta t - \frac{1}{2}gt^2 \end{aligned} \tag{1.1}$$
>
> - 第二个公式示例，公式左侧有大括号。
>
> $$f(x) = \begin{cases} x = & \cos(t) \\ y = & \sin(t) \\ z = & \dfrac{x}{y} \end{cases} \tag{1.2}$$
>
> - 第三个公式示例，使用array环境和lrc（left, right, center）对齐方式。
>
> $$F^{HLLC} = \begin{cases} F_L & 0 < S_L \\ F_L^* & S_L \leq 0 < S_M \\ F_R^* & S_M \leq 0 < S_R \\ F_R & S_R \leq 0 \end{cases} \tag{1.3}$$
>
> - 第四个公式示例。使用cases环境，并使分类之间的垂直间隔变大。
>
> $$L(Y, f(X)) = \begin{cases} 0, & Y = f(X) \\ 1, & Y \neq f(X) \end{cases} \tag{1.4}$$

图 6.24　数学公式——多行公式和对齐案例的实现效果

案例 6.24　数学公式——综合应用

6.24.1　案例描述

综合运用数学公式符号设计相应复杂的数学公式。

矩阵环境的类型包括\pmatrix, \bmatrix, \Bmatrix, \vmatrix, \Vmatrix

6.24.2　实现效果

数学公式——综合运用案例的实现效果如图 6.25 所示。

数学公式—综合应用

- 示例公式（1）。在gathered环境中采用bmatrix矩阵环境实现两个矩阵方程：

$$\underbrace{\begin{bmatrix} y_1 & 1 & 1 \\ \frac{1}{\sqrt{2}} & y_2 & 1 \\ 1 & 1 & y_3 \end{bmatrix}}_{Ys} \underbrace{\begin{bmatrix} v_1 \\ v_2 \\ v_3 \end{bmatrix}}_{Ys} = 0$$

- 示例公式（2）。利用bmatrix环境实现单位矩阵：

$$E = \begin{bmatrix} 1 & & & & \\ & 1 & & \text{\huge 0} & \\ & & 1 & & \\ & \text{\huge 0} & & 1 & \\ & & & & 1 \end{bmatrix}$$

- 示例公式（3）。积分公式：

$$\int_{-1}^{1} \frac{f(x)}{\sqrt{1-x^2}} dx = \frac{\pi}{n} \sum_{k=1}^{n} f\left(\cos \frac{2k-1}{2n} \pi\right) + \frac{\pi}{2^{2n-1}(2n)!} f^{2n}(\theta)$$

- 示例公式（4）。使用\frac和\cfrac实现分式：

1. 使用\frac实现分式：

$$x = a_0 + \frac{1^2}{a_1 + \frac{2^2}{a_2 + \frac{3^2}{a_3 + \frac{4^2}{a_4 + \ldots}}}}$$

2. 使用\cfrac实现分式：

$$x = a_0 + \cfrac{1^2}{a_1 + \cfrac{2^2}{a_2 + \cfrac{3^2}{a_3 + \cfrac{4^2}{a_4 + \ldots}}}}$$

- 示例公式（5）。使用分割线和不同对齐方式实现矩阵：

$$\begin{array}{c|ccc} n & \text{Left} & \text{Center} & \text{Right} \\ \hline 1 & 0.24 & 1 & 125 \\ 2 & -1 & 189 & -8 \\ 3 & -20 & 2000 & 1+10i \end{array}$$

- 示例公式（6）。不同环境下的矩阵，包括：\pmatrix, \bmatrix, \Bmatrix, \vmatrix, \Vmatrix

\pmatrix: $\begin{pmatrix} 1 & 2 \\ 3 & 4 \end{pmatrix}$, \bmatrix: $\begin{bmatrix} 1 & 2 \\ 3 & 4 \end{bmatrix}$, \Bmatrix: $\begin{Bmatrix} 1 & 2 \\ 3 & 4 \end{Bmatrix}$, \vmatrix: $\begin{vmatrix} 1 & 2 \\ 3 & 4 \end{vmatrix}$, \Vmatrix: $\begin{Vmatrix} 1 & 2 \\ 3 & 4 \end{Vmatrix}$

图 6.25　数学公式——综合应用案例的实现效果

6.24.3 案例实现

案例实现代码如下：

```
## 数学公式—综合应用
- 示例公式(1)。在 gathered 环境中采用 bmatrix 矩阵环境实现两个矩阵方程：
$$
\begin{gathered}
\underbrace{ \begin{bmatrix}
y_{1} & 1 & 1 \\[4pt]
\frac{1}{\sqrt{2}} & y_{2} & 1 \\[4pt]
1 & 1 & y_{3}
\end{bmatrix} }_{Y{s}}
\underbrace{ \begin{bmatrix}
v_{1} \\[4pt] v_{2} \\[4pt] v_{3}
\end{bmatrix} }_{Y{s}} = 0
\end{gathered}
$$
- 示例公式(2)。利用 bmatrix 环境实现单位矩阵：
$$
E =
\begin{bmatrix}
1 \\
& 1 && \text{ \huge 0} \\
&& 1 \\
& \text{ \huge 0} && 1 \\
&&&& 1
\end{bmatrix}
$$

- 示例公式(3)。积分公式：
$$
\begin{gathered}
    \int_{-1}^1 \cfrac{f(x)}{\sqrt{1-x^2}}dx = \frac{\pi}{n} \sum_{k=1}^n f\left( \cos\frac{2k-1}{2n} \pi \right)+\frac{\pi}{2^{2n-1}(2n)!}f^{2n}(\theta)
\end{gathered}
$$
```

- 示例公式(4)。使用\frac 和\cfrac 实现分式：

1. 使用\frac 实现分式：

$$
x=a_0 + \frac {1^2}{a_1 + \frac {2^2}{a_2 + \frac {3^2}{a_3 + \frac {4^2}{a_4 + ...}}}}
$$

2. 使用\cfrac 实现分式：

$$
x=a_0 + \cfrac {1^2}{a_1 + \cfrac {2^2}{a_2 + \cfrac {3^2}{a_3 + \cfrac {4^2}{a_4 + ...}}}}
$$

- 示例公式(5)。使用分割线和不同对齐方式实现矩阵：

$$
\begin{array}{c|lcr}
n & \text{Left} & \text{Center} & \text{Right} \\
\hline
1 & 0.24 & 1 & 125 \\
2 & -1 & 189 & -8 \\
3 & -20 & 2000 & 1+10i \\
\end{array}
$$

- 示例公式(6)。不同环境下的矩阵，包括：\pmatrix, \bmatrix, \Bmatrix, \vmatrix, \Vmatrix

\pmatrix：$\begin{pmatrix}1 & 2 \\3 & 4 \\ \end{pmatrix} $，\bmatrix：$\begin{bmatrix}1 & 2 \\3 & 4 \\ \end{bmatrix} $，\Bmatrix：$\begin{Bmatrix}1 & 2 \\3 & 4 \\ \end{Bmatrix} $，\vmatrix：$\begin{vmatrix}1 & 2 \\3 & 4 \\ \end{vmatrix} $，\Vmatrix：$\begin{Vmatrix}1 & 2 \\3 & 4 \\ \end{Vmatrix} $

案例 6.25　综合排版案例

6.25.1　案例描述

利用 Markdown 软件中的知识点设计一个综合案例，包括标题、目录、表格、图形、超级链接、任务列表、数学公式等。

6.25.2 实现效果

综合排版案例的实现效果如图 6.26 所示。

图 6.26 综合排版案例的实现效果

6.25.3 案例实现

案例实现代码如下：

```
# 排版神器 —— Markdown
## 目录
[TOC]

## 第1章 Markdown概述
### 1.1 简介
Markdown是一种轻量级标记语言,创始人为约翰·格鲁伯(英语:John Gruber)。它允许人们使用易读易写的纯文本格式编写文档,然后转换成有效的XHTML(或者HTML)文档。这种语言吸收了很多在电子邮件中已有的纯文本标记的特性。

由于Markdown的轻量化、易读易写特性,并且对于图片,图表、数学式都有支持,目前许多网站都广泛使用Markdown来撰写帮助文档或是用于论坛上发表消息。如GitHub、Reddit、Diaspora、Stack Exchange、OpenStreetMap、SourceForge、简书等,甚至还能被使用来撰写电子书。

世界上最流行的博客平台WordPress和大型CMS如Joomla、Drupal都能很好的支持Markdown。完全采用Markdown编辑器的博客平台有Ghost和Typecho等。

Markdown可以快速转化为演讲PPT、Word产品文档甚至是用非常少量的代码完成最小可用原型。

### 1.2 Markdown的特点

* 格式简洁,编辑容易
* 专心写作,不用在意排版
* 门槛低,学习容易,上手简单
* 直观,可读性高
* 对代码支持很好

## 第2章 Markdown排版方法
### 2.1 常用快捷键
Markdown常用的快捷键如下表所示。
|名称    |快捷键    |名称    |快捷键    |名称    |快捷键    |
|-----|-----|-----|-----|-----|-----|-----|
|加粗    |Ctrl + B|斜体    |Ctrl + I|引用    |Ctrl + Q|
```

插入链接	Ctrl + L	插入代码	Ctrl + K	插入图片	Ctrl + G
提升标题	Ctrl + H	有序列表	Ctrl + O	无序列表	Ctrl + U
横线	Ctrl + R	撤销	Ctrl + Z	重做	Ctrl + Y

2.2 基本用法

\#代表一号标题，##代表二号标题，依次类推。

\>代表引用

\```之间放置代码块

[TOC]用来生成目录

两对**之间放的内容会加粗

两个*之间放的内容是斜体

\[]+()是构建一个连接，[]中是显示的内容，()中是实际的链接地址

在上一条[]前面加上!，则是加入一个图片

三个以上的*会生成一条横线

2.3 插入图形

2013年11月3日至5日，中共中央总书记、国家主席、中央军委主席习近平在湖南考察。这是3日下午，习近平在湘西土家族苗族自治州花垣县排碧乡十八洞村苗族村民施齐文家中同一家人促膝交谈。

![习总书记农村考察扶贫工作](http://www.people.com.cn/mediafile/pic/20171103/53/5615178648404810221.jpg)

2.4 超级链接

可以实现外部链接和页内链接。下面的链接包含了外部链接和页内链接。

- [微信小程序开发MOOC课程](https://www.icourse163.org/course/NCUT-1206419808)
- [链接到第1章](#第-1-章-markdown概述)
- [链接到第2章](#第-2-章-markdown排版方法)

2.5 任务列表

任务列表相当于复选框组件，包括选中和不选中两种状态。语法标记是:-[ ]和-[x]，分别表示不选中和选中状态。例如，本课程你已经学过的内容包括:

- [ ] 第1章
- [x] 第2章
  - [ ] 第2.1节
  - [x] 第2.2节

2.6 数学公式

行内公式使用\$包裹,独行公式使用\$\$或者\\[和\\]包裹。

1. 使用\\[和\\]包裹的独行公式

```
\[
    a^2+b^2=c^2
\]
```

2. 使用\$\$包裹公式块

```
$$
\begin{aligned}
 x &= t + \cos t +1 \\
 y &= 2\sin t
\end{aligned}
$$
```

3. 使用\$包裹行内公式

行内公式：$x+y \approx z$,$a_1+b_1=c_1^2$

案例 6.26　使用 Markdown 渲染邮件

6.26.1　案例描述

在 Firefox 浏览器中安装 Markdown Here 插件，利用该浏览器打开邮件，并在邮件中编写 Markdown 代码内容，然后利用 Markdown Here 插件进行效果渲染，将渲染后的邮件发送出去，最后接收到具有渲染效果的邮件。

Markdown Here 插件可以让用户在富文本编辑器上使用 Markdown 语言，它原本是为了在 Gmail 和 Thunderbird 上写邮件时用的，但后来拓展到 Yahoo 和 Hotmail 等其他邮箱的富文本编辑器上。尽管该插件通常是用来使用 Markdown 写邮件，但其实 Markdown Here 在大部分的 Web 页面中都可以应用，不仅仅局限于邮件当中。

6.26.2　实现效果

本案例中使用的浏览器是 Firefox，发送邮件的邮箱是学校邮箱（****@ncut.edu.cn），接收邮件的邮箱是 126 邮箱（****@126.com）和 QQ 邮箱（****@qq.com）。

从不同邮箱中发送邮件时显示的效果有所区别,从学校邮箱(****@ncut.edu.cn)发送邮件时,利用 Markdown here 能够渲染表格,而利用 126 邮箱(****@126.com)和 QQ 邮箱(****@qq.com)发送邮件时则不能渲染表格效果。

同一封从学校邮箱(****@ncut.edu.cn)发出的邮件,在 126 邮箱(****@126.com)和 QQ 邮箱(****@qq.com)接收后显示的效果也略有区别,如图 6.27 所示。

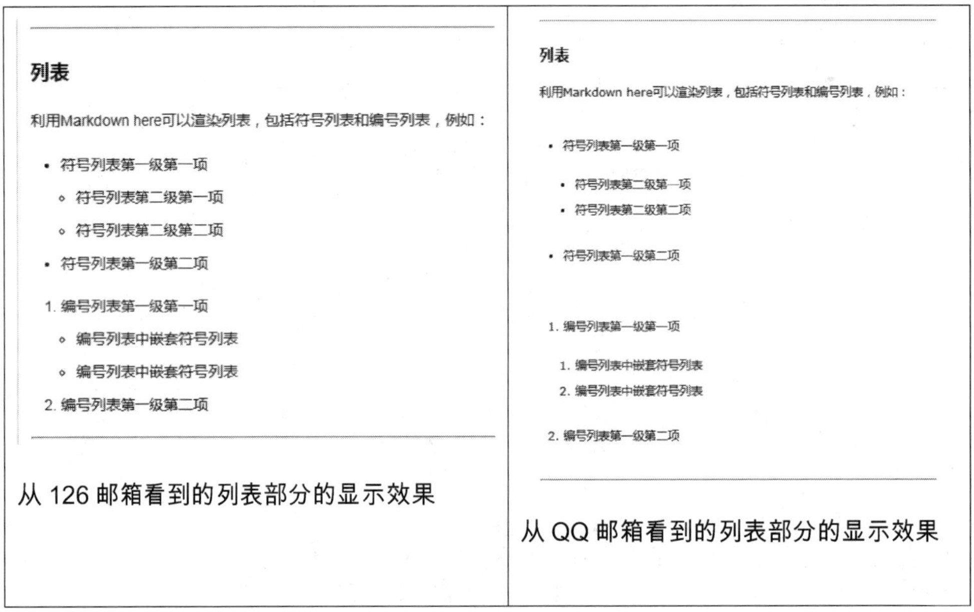

图 6.27 从 126 邮箱和 QQ 邮箱收到的邮件显示的"列表"部分案例的实现效果

从 126 邮箱接收到的邮件显示的全部效果,如图 6.28 所示。

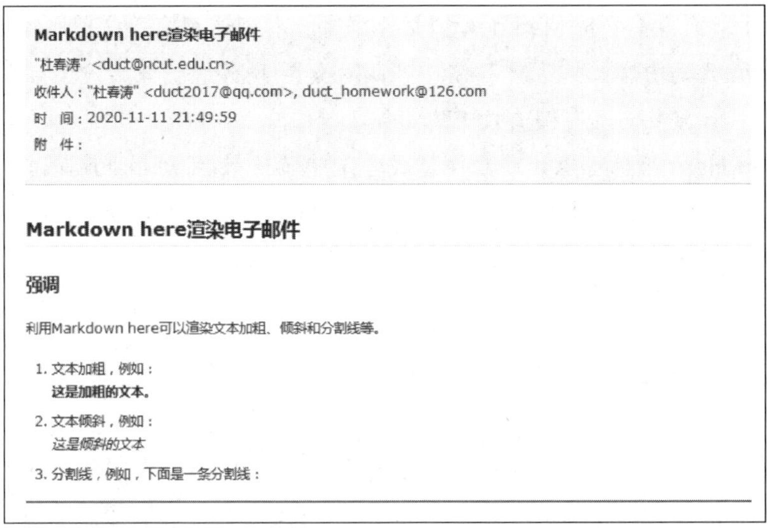

图 6.28 从 126 邮箱接收到的邮件显示的全部效果

图 6.28　从 126 邮箱接收到的邮件显示的全部的案例实现效果（续）

6.26.3　案例实现

1. 在 Firefox 浏览器中安装 Markdown here 插件的步骤。

1）单击 Firefox 浏览器右上角"打开菜单"图标 ≡，在弹出的菜单中选择"附加组件"菜单项，打开"附加组件管理器"窗口，然后选择"插件"图标，如图 6.29 所示。

图 6.29 在 Firefox 浏览器中安装 Markdown Here 插件步骤一

2）在"寻找更多附加组件"文本框中输入"Markdown here"，然后单击"放大镜图标"进行搜索，将出现 Markdown Here 插件，如图 6.30 所示。

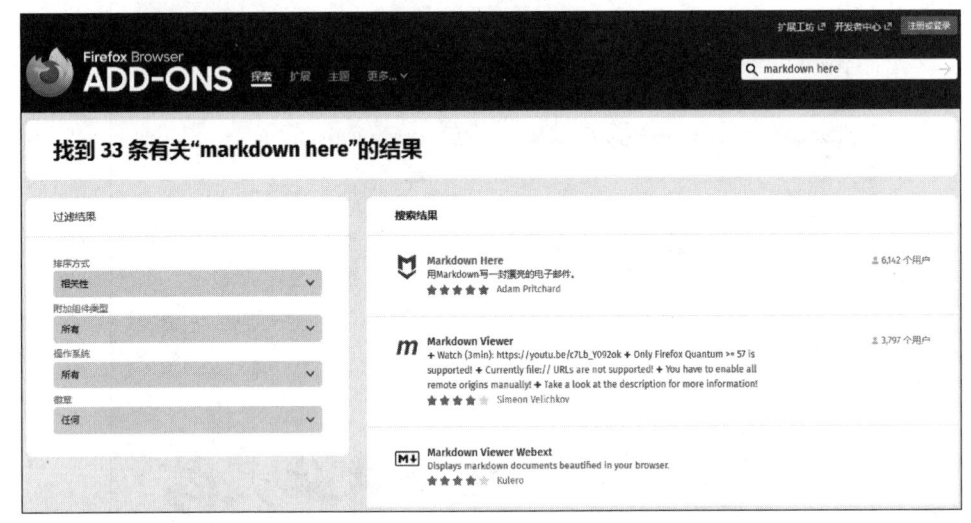

图 6.30 在 Firefox 浏览器中安装 Markdown Here 插件步骤二

3）单击 Markdown Here 插件，将弹出窗口，如图 6.31 所示，单击"添加到 Firefox"按钮，将会在 Firefox 浏览器中安装 Markdown Here 插件。

图 6.31 在 Firefox 浏览器中安装 Markdown Here 插件步骤三

4）安装完成后，将会在浏览器右上角位置出现"单击转换 Markdown"图标工具 🛡️，如图 6.32 所示。

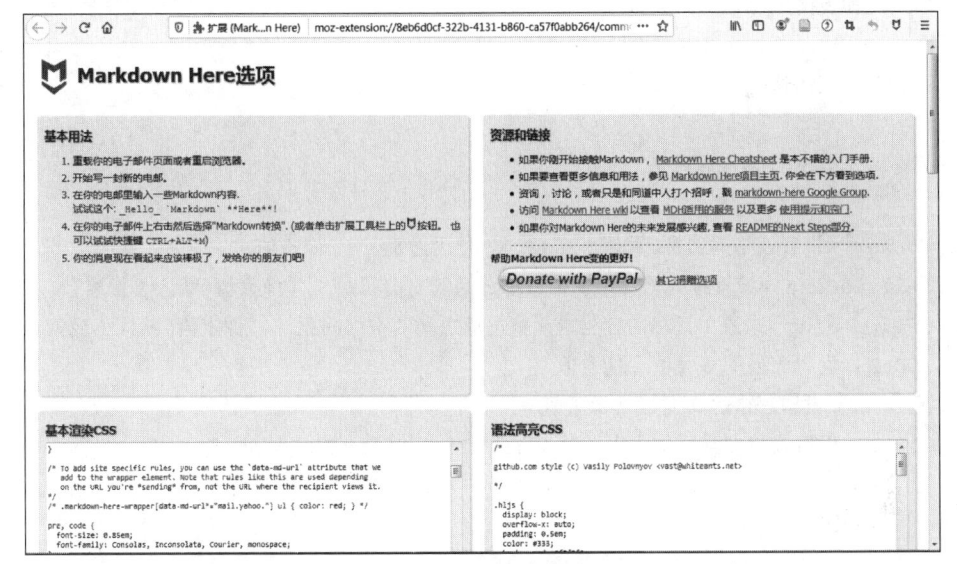

图 6.32 在 Firefox 浏览器中安装 Markdown Here 插件后的效果

2. 撰写电子邮件。安装完 Markdown here 插件后，在 Firefox 浏览器中打开电子邮件并开始利用 Markdown 代码进行"写信"，写信的内容如下：

Markdown here 渲染电子邮件

强调

利用 Markdown here 可以渲染文本加粗、倾斜和分割线等。

1. 文本加粗,例如：

    ** 这是加粗的文本。**

2. 文本倾斜,例如：

    * 这是倾斜的文本 *

3. 分割线,例如,下面是一条分割线：

列表

利用 Markdown here 可以渲染列表,包括符号列表和编号列表,例如：
- 符号列表第一级第一项
  - 符号列表第二级第一项
  - 符号列表第二级第二项
- 符号列表第一级第二项
1. 编号列表第一级第一项
   - 编号列表中嵌套符号列表
   - 编号列表中嵌套符号列表

2. 编号列表第一级第二项

***

引用和表格

利用 Markdown here 可以渲染引用和表格，例如：

> 下面是一张表格

属性名	含义	常用属性值
border	设置表格的边框(默认 border="0"无边框)	像素值
cellspacing	设置单元格与单元格边框之间的空白间距	像素值(默认 2 像素)
cellpadding	设置单元格内容与单元格边框之间的空白间距	像素值(默认 1 像素)
width	设置表格的宽度	像素值
height	设置表格的高度	像素值
align	设置表格在网页中的水平对齐方式	left、right、center

图片和链接

1. 利用 Markdown here 可以渲染图片，例如：

2. 利用 Markdown here 可以实现超级链接，例如以下超级链接：

[杜春涛老师主讲的"毕业论文排版"直播课](https://lc.zhihuishu.com/live/vod_room.html?liveId=10703541)

3. 单击浏览器右上角的"单击转换 Markdown"图标，或者在邮件中单击鼠标右键，在弹出的菜单中选择"Markdown 转换"菜单项，或者直接使用快捷键"Ctrl+Alt+M"，就可将 Markdown 代码转换为规范格式。

案例 6.27　使用 Markdown 渲染简书文章

6.27.1　案例描述

设计一个案例，在简书上写文章时采用 Markdown 代码，然后利用浏览器上的 Markdown Here 插件进行转换。

6.27.2　实现效果

利用 Markdown 渲染简书文章案例的实现效果如图 6.33 所示。从图中可以看出，

Markdown Here 插件可以渲染简书中的强调（包括文本加粗、文本倾斜、删除线和分隔线）、列表（包括符号列表和编号列表）、引用和表格、程序代码块、图片和链接等，但不能渲染数学公式和任务列表。数学公式可以通过简书中字典的功能来实现。

图 6.33 利用 Markdown 渲染简书文章案例的实现效果

图 6.33 利用 Markdown 渲染简书文章案例的实现效果（续）

6.27.3 案例实现

案例实现代码如下：

利用 Markdown 渲染简书文章

强调

利用 Markdown here 渲染文本加粗、倾斜和分割线等。

1. 文本加粗,例如： **这是加粗的文本。**

2．文本倾斜,例如： *这是倾斜的文本。*

3．删除线,例如:~~这是有删除线的文本。~~

4．分割线,例如,下面是一条分割线：

列表

利用 Markdown here 可以渲染列表,包括符号列表和编号列表,例如,

- 符号列表第一项
- 符号列表第二项

1. 编号列表第一项
2. 编号列表第二项

引用和表格

利用 Markdown here 可以渲染引用和表格,例如：
> 这是引用效果,下面是一张表格：

属性名	含义	常用属性值
border	设置表格的边框(默认 border="0"无边框)	像素值
cellspacing	设置单元格与单元格边框之间的空白间距	像素值(默认 2 像素)
cellpadding	设置单元格内容与单元格边框之间的空白间距	像素值(默认 1 像素)
width	设置表格的宽度	像素值
height	设置表格的高度	像素值
align	设置表格在网页中的水平对齐方式	left、right、center

程序代码

下面是C++程序代码：

```C++
int sum=0;
for(int i=1;i<10;i++){
    sum += i;
}
```

图片和链接

- 利用Markdown here渲染图片，例如：

![图片](http://edu-image.nosdn.127.net/C400754FE41D7D8F77F4B5AA60C55E2E.jpg?imageView&thumbnail=510y288&quality=100)

- 利用Markdown here实现超级链接，例如：

1. [《微信小程序开发》MOOC课程](https://www.icourse163.org/course/NCUT-1206419808)
2. [《新编大学计算机基础》MOOC课程](https://coursehome.zhihuishu.com/courseHome/2097307#teachTeam)

案例6.28　使用Markdown渲染有道云笔记

6.28.1　案例描述

设计一个案例，利用Markdown渲染有道云笔记。

有道云笔记（原有道笔记）是2011年6月28日网易旗下的有道推出的个人与团队的线上资料库，是国内用户最多的笔记软件，它功能全、速度快而且免费（针对大部分功能）。它对Markdown的支持比较全面，除支持Markdown基础语法外，还支持代码高亮显示、任务列表、表格、数学公式，能够高效绘制流程图、顺序图和甘特图等。在有道云笔记中，Markdown 预览界面可以直接进行演示，但只有会员才能上传本地图片。下划线语法符号为两对 ++ 包裹的文本，标记的语法符号是两对 == 包裹的文本。

程序代码、数学公式、各种图表语法符号为 ```。程序代码块可以在第一个 ``` 符号后面标记语言的名称，数学公式需要在第一个 ``` 符号后面标记 math，图表需要在第一个 ``` 符号的下一行标记图表类型。流程图的类型为 graph LR、时序图的类型为 sequenceDiagram、甘特图的类型为 gantt。

6.28.2 实现效果

利用 Markdown 渲染有道云笔记案例的实现效果如图 6.34 所示。从图中可以看出，Markdown Here 插件可以渲染有道云笔记中的强调（包括：文本加粗、文本倾斜、删除线、下划线、标记和分割线）、列表和任务列表、引用和表格、程序代码块和数学公式、图片和链接、图表（包括：流程图、时序图、甘特图）等。也就是说，有道云笔记几乎支持 Markdown 中的所有语法。

图 6.34 利用 Markdown 渲染有道云笔记案例的实现效果

引用和表格

引用

> 这是引用效果，下面是一张表格：

表格

属性名	含义	常用属性值
border	设置表格的边框（默认border="0"无边框）	像素值
width	设置表格的宽度	像素值
height	设置表格的高度	像素值
align	设置表格在网页中的水平对齐方式	left、right、center

程序代码和数学公式

出现代码块

```
int sum=0;
for(int i=1;i<10;i++){
    sum += i;
}
```

数学公式

$$\alpha^2 + \beta^2 = \gamma^2$$

图片和链接

图片

链接

1. 《微信小程序开发》MOOC课程
2. 《新编大学计算机基础》MOOC课程

图 6.34　利用 Markdown 渲染有道云笔记案例的实现效果（续）

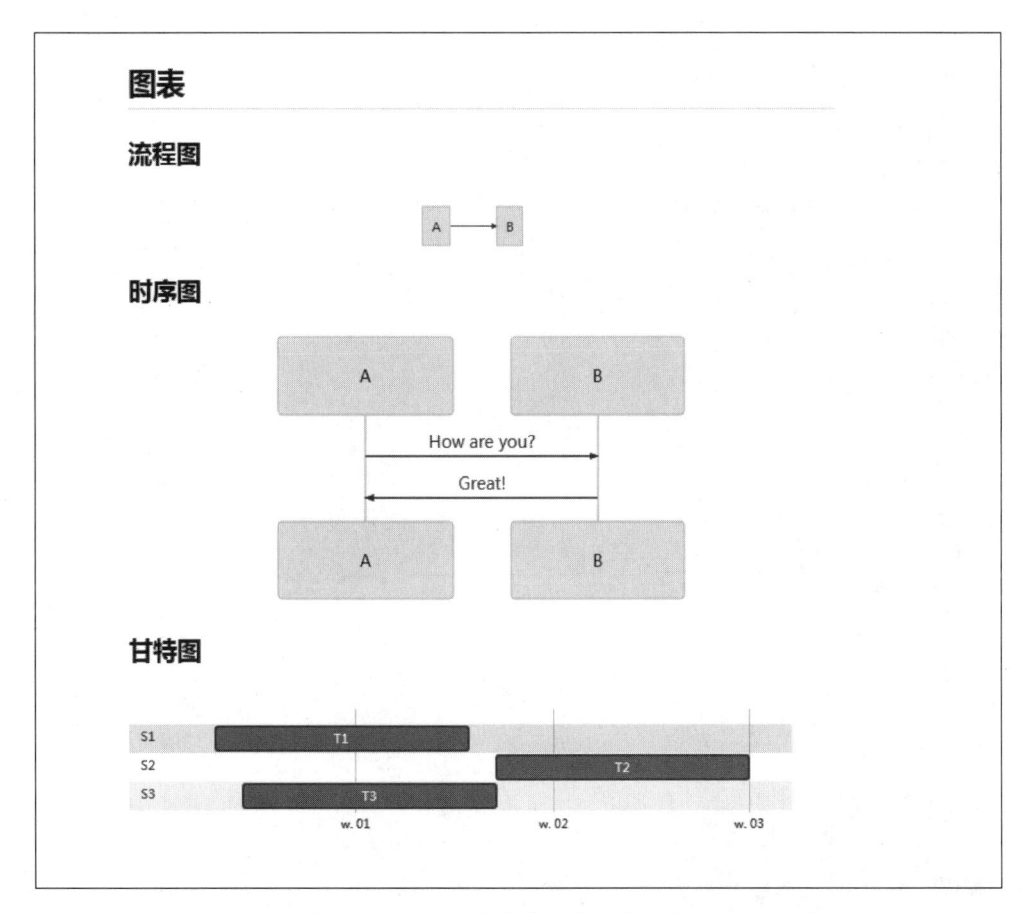

图 6.34 利用 Markdown 渲染有道云笔记案例的实现效果（续）

6.28.3 案例实现

1. 打开有道云笔记，单击"新文档"按钮，在弹出的菜单中选择"新建 Markdown"菜单项。

2. 在打开的编辑器中输入以下代码，此时在预览窗口中就能即时看到代码的预览效果。有道云笔记编辑器和游览器功能和 VS Code 的功能类似。

利用 Markdown 渲染有道云笔记

强调

利用 Markdown here 渲染文本加粗、倾斜和分割线等。

1. 文本加粗，例如：**这是加粗的文本。**

2．文本倾斜,例如： *这是倾斜的文本。*

3．删除线,例如:~~这是有删除线的文本。~~

4．下划线,例如:++这是有下划线的文本。++

5．标记,例如:==这是具有标记的文本。==

6．分割线,例如,下面是一条分割线:

列表和任务列表

符号列表

- 符号列表第一项
- 符号列表第二项

编号列表

1．编号列表第一项
2．编号列表第二项

任务列表

- [x] 中国
- [x] 美国
- [ ] 日本

引用和表格

引用

> 这是引用效果,下面是一张表格:

表格

属性名	含义	常用属性值	
--------	----------------------	-----------	
border	设置表格的边框(默认border="0"无边框)	像素值	

width	设置表格的宽度	像素值
height	设置表格的高度	像素值
align	设置表格在网页中的水平对齐方式	left、right、center

程序代码和数学公式

出现代码块

```C++
int sum=0;
for(int i=1;i<10;i++){
    sum+=i;
}
```

数学公式

```math
\alpha^2+\beta^2=\gamma^2
```

图片和链接

图片

![图片](http://edu-image.nosdn.127.net/C400754FE41D7D8F77F4B5AA60C55E2E.jpg?imageView&thumbnail=510y288&quality=100)

链接

1. [《微信小程序开发》MOOC课程](https://www.icourse163.org/course/NCUT-1206419808)
2. [《新编大学计算机基础》MOOC课程](https://coursehome.zhihuishu.com/courseHome/2097307#teachTeam)

图表

流程图

```
graph LR
A-->B
```

时序图

```
sequenceDiagram
A->>B: How are you?
B->>A: Great!
```

甘特图

```
gantt
dateFormat YYYY-MM-DD
section S1
T1: 2014-01-01, 9d
section S2
T2: 2014-01-11, 9d
section S3
T3: 2014-01-02, 9d
```

3. 分享或导出。编辑好的笔记可以直接在互联网上进行分享，也可以导出 PDF 文件（需要会员资格）等。

案例 6.29　利用 Markdown 渲染印象笔记

6.29.1　案例描述

设计一个案例，利用 Markdown 渲染印象笔记。

印象笔记支持 Markdown 基本语法和 GFM 语法，它还可以通过模板快速绘制数学公式、流程图、时序图、甘特图和各种图表。印象笔记 Markdown 语法与标准 Markdown 语法在某些方面略有区别，如符号列表在印象笔记中不能使用符号-，只能使用*，任务列表语法符号不能使用-[ ]，只能使用 * [ ] 等。印象笔记支持在 Markdown 中添加 4 种图表：饼图、折线图、柱状图和条形图，不同图表之间可以通过改变源码中的 type 进行切换，可选值分别为 pie、line、column 和 bar。有些元素在预览状态下能正常显示，但发布后演示状态下不能正常显示。这些元素包括数学公式、流程图、时序图、甘特图等。图像尺寸可以调整，修改方法为在图像后面添加@h=mw=n，其中 h 表示图像高度，w 表示图片宽度，m 和 n 表示数值。

6.29.2 实现效果

利用 Markdown 渲染印象笔记案例的实现效果如图 6.35 所示。从图中可以看出，印象笔记支持以下 Markdown 语法元素：强调（包括：文本加粗、文本倾斜、删除线和分割线）、列表和任务列表、引用和表格、程序代码块和数学公式、图片和链接、图表、流程图、时序图、甘特图等。

图 6.35 利用 Markdown 渲染印象笔记案例的实现效果

任务列表

- ☑ 中国
- ☐ 美国
- ☑ 日本

引用和表格

利用Markdown here可以渲染引用和表格，例如：

> 这是引用效果，下面是一张表格：

属性名	含义	常用属性值
border	设置表格的边框（默认border="0"无边框）	像素值
width	设置表格的宽度	像素值
height	设置表格的高度	像素值
align	设置表格在网页中的水平对齐方式	left、right、center

程序代码和数学公式

下面是C++程序代码：

```
int sum=0;
for(int i=1;i<10;i++){
    sum += i;
}
```

下面是数学公式：

$$\alpha^2 + \beta^2 = \gamma^2$$

图片和链接

- 利用Markdown here渲染图片，例如：

- 利用Markdown here实现超级链接，例如：
1. 《微信小程序开发》MOOC课程
2. 《新编大学计算机基础》MOOC课程

图 6.35　利用 Markdown 渲染印象笔记案例的实现效果（续）

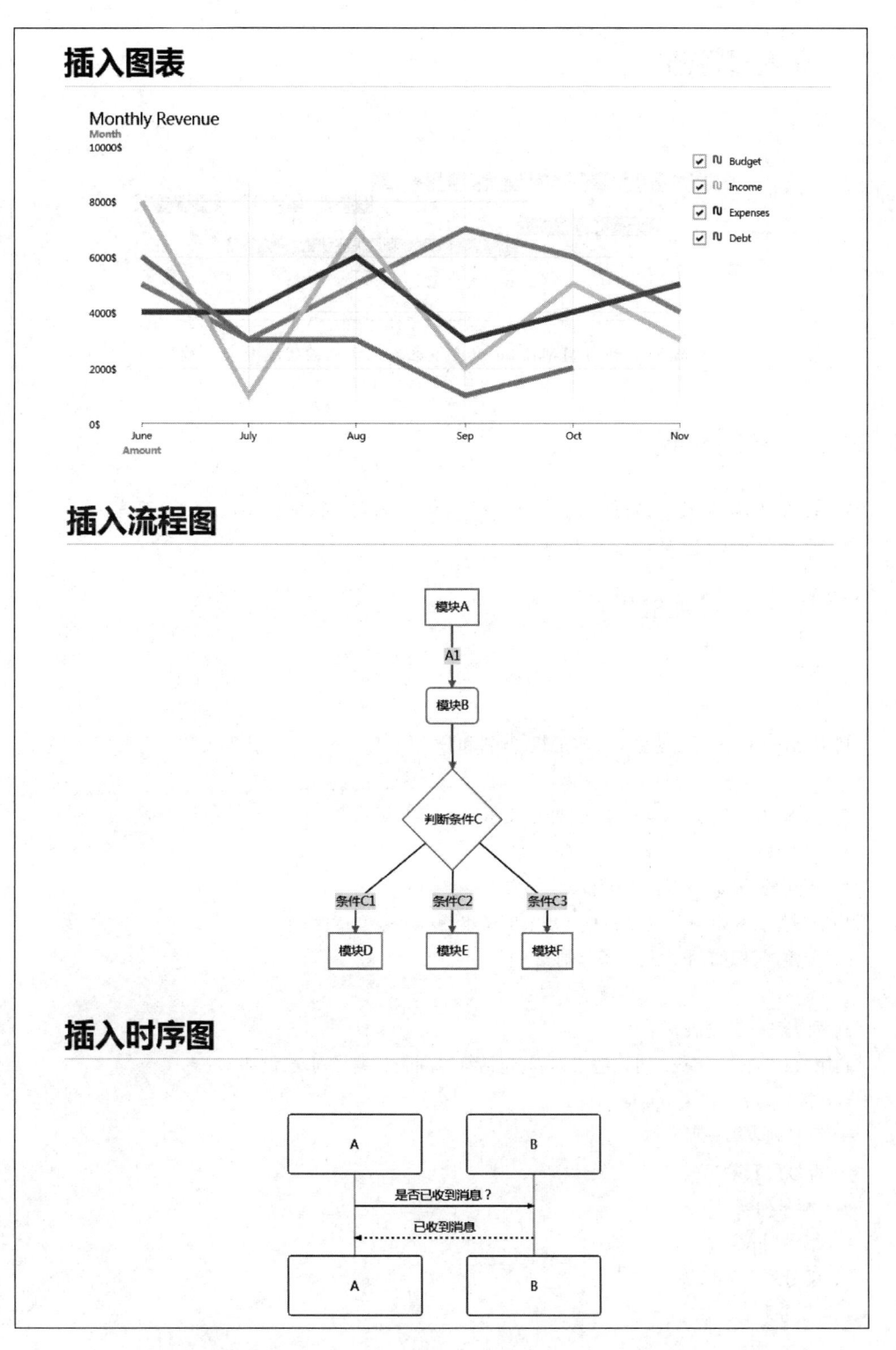

图 6.35 利用 Markdown 渲染印象笔记案例的实现效果（续）

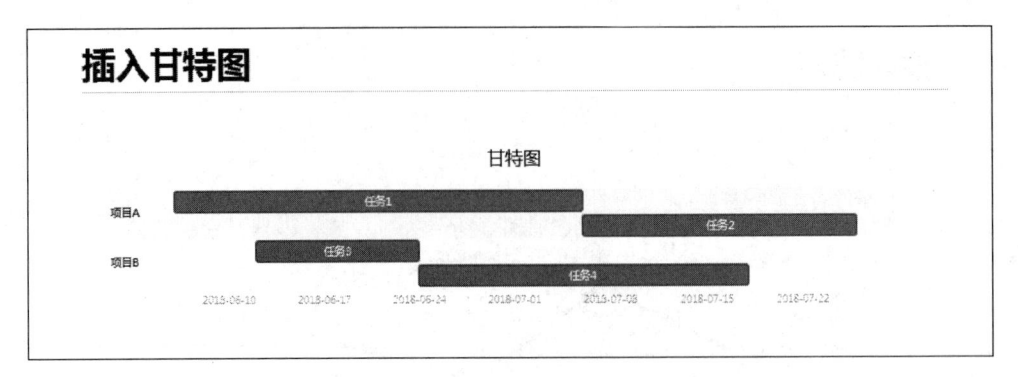

图 6.35 利用 Markdown 渲染印象笔记案例的实现效果（续）

6.29.3 案例实现

1. 打开印象笔记，选择"文件→新建笔记→新建 Markdown 笔记"菜单。
2. 在打开的编辑器中输入如下代码：

利用 Markdown 渲染印象笔记

强调

利用 Markdown here 渲染文本加粗、倾斜和分割线等。

1. 文本加粗,例如：**这是加粗的文本。**
2. 文本倾斜,例如：*这是倾斜的文本。*
3. 删除线,例如:~~这是有删除线的文本。~~
4. 下划线,例如:<u>这是具有下划线的文本。</u>
5. 分割线,例如,下面是一条分割线:

列表和任务列表
利用 Markdown here 可以渲染列表,包括符号列表和编号列表,例如,
符号列表
* 符号列表第一项
* 符号列表第二项
编号列表
1. 编号列表第一项
1. 编号列表第二项
任务列表
* [x] 中国
* [ ] 美国

* [x] 日本

引用和表格
利用 Markdown here 可以渲染引用和表格,例如:
> 这是引用效果,下面是一张表格:

属性名	含义	常用属性值
border	设置表格的边框(默认 border="0"无边框)	像素值
width	设置表格的宽度	像素值
height	设置表格的高度	像素值
align	设置表格在网页中的水平对齐方式	left、right、center

程序代码和数学公式
下面是 C++ 程序代码:
```C++
int sum=0;
for(int i=1;i<10;i++){
  sum += i;
}
```

下面是数学公式:
```math
\alpha^2+\beta^2 = \gamma^2
```

图片和链接
- 利用 Markdown here 渲染图片,例如:
![图片](http://edu-image.nosdn.127.net/C400754FE41D7D8F77F4B5AA60C55E2E.jpg?imageView&thumbnail=510y288&quality=100)@h=200
![图片](http://edu-image.nosdn.127.net/C400754FE41D7D8F77F4B5AA60C55E2E.jpg?imageView&thumbnail=510y288&quality=100)@w=200

- 利用 Markdown here 实现超级链接,例如:
1. [《微信小程序开发》MOOC 课程](https://www.icourse163.org/course/NCUT-1206419808)
2. [《新编大学计算机基础》MOOC 课程](https://coursehome.zhihuishu.com/

courseHome/2097307#teachTeam)

插入图表
```chart
,Budget,Income,Expenses,Debt
June,5000,8000,4000,6000
July,3000,1000,4000,3000
Aug,5000,7000,6000,3000
Sep,7000,2000,3000,1000
Oct,6000,5000,4000,2000
Nov,4000,3000,5000,

type: line
title: Monthly Revenue
x.title: Amount
y.title: Month
y.suffix: $
```

插入流程图
```mermaid
graph TD
A[模块 A] --> |A1| B(模块 B)
B --> C{判断条件 C}
C --> |条件 C1| D[模块 D]
C --> |条件 C2| E[模块 E]
C --> |条件 C3| F[模块 F]
```

插入时序图
```mermaid
sequenceDiagram
A->>B: 是否已收到消息？
B-->>A: 已收到消息
```

插入甘特图
```mermaid
```

```
gantt
title 甘特图
dateFormat  YYYY-MM-DD
section 项目A
任务1           :a1,2018-06-06,30d
任务2          :after a1  ,20d
section 项目B
任务3          :2018-06-12  ,12d
任务4         : 24d
```

3. 预览和共享。单击"预览"按钮后,可以查看预览效果,也可以共享笔记。单击"共享→共享笔记"菜单,将弹出对话框,如图6.36所示,可以与他人共享笔记。

图 6.36　共享笔记对话框

4. 分享。单击"分享"按钮,将会弹出窗口,如图6.37所示,可以将笔记分享到需要的地方,包括微信好友、微博、QQ空间、QQ等,也可以停止分享。

图 6.37　公开分享对话框

案例 6.30　利用 Markdown 渲染 Jupiter Notebook

6.30.1　案例描述

设计一个案例，利用 Markdown 渲染 Jupiter Notebook。

Jupyter Notebook 是一个非常强大的工具，常用于交互式地开发和展示数据科学项目。它将代码和输出集成到一个文档中，并且结合了可视的叙述性文本、数学方程和其他丰富的媒体。它直观的工作流促进了迭代和快速的开发，使 Notebook 在当代数据科学、分析和科学研究中越来越受欢迎。

Jupyter Notebook 的主要特点：编程时具有语法高亮、缩进、tab 补全的功能。可直接通过浏览器运行代码，同时在代码块下方展示运行结果，以富媒体格式展示计算结果。富媒体格式包括 HTML，LaTeX，PNG，SVG 等。对代码编写说明文档或语句时，支持 Markdown 语法。支持使用 LaTeX 编写数学性说明。

Jupyter Notebook 对 Markdown 的支持主要包括文本加粗、倾斜、删除线、下划线和分割线；符号列表、编号列表和任务列表；引用和表格；程序代码和数学公式；图片和链接。

6.30.2　实现效果

利用 Markdown 渲染 Jupiter Notebook 案例的实现效果，如图 6.38 所示。

图 6.38　利用 Markdown 渲染 Jupiter Notebook 案例实现效果

图 6.38　Markdown 渲染 Jupiter Notebook 案例实现效果（续）

6.30.3　案例实现

1. 安装与启动。最简单方法是安装 Anaconda（开源软件），打开 Anaconda 就可以看到 Jupiter Notebook，如图 6.39 所示，直接单击"Launch"即可打开"Jupiter Notebook"。

2. 打开 Jupiter Notebook 后，单击右上角的"New"下拉菜单，选择"Python 3"菜单项，如图 6.40 所示。

3. 在打开的 Python 3 界面中的右上角下拉菜单中选择"Markdown"，然后在下方的编辑器中输入"Markdown"代码，如图 6.41 所示。代码输入完成后，单击"运行"按钮即可显示运行结果。

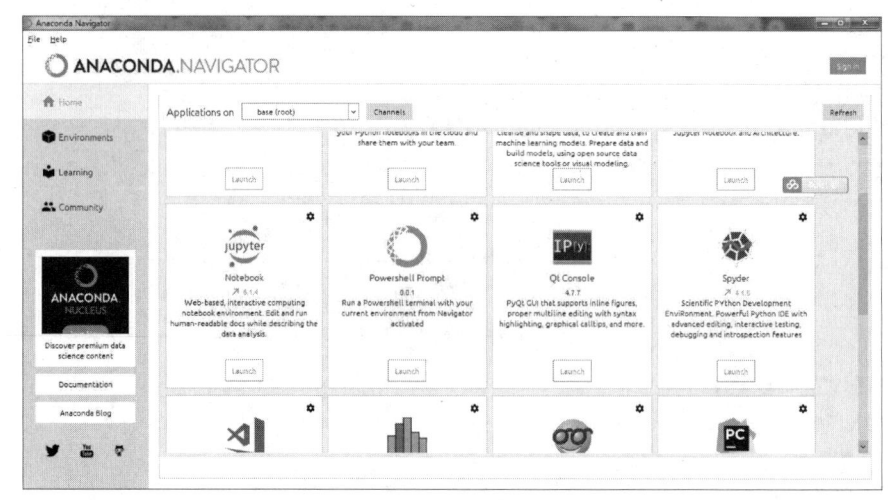

图 6.39 Anaconda 应用程序窗口

图 6.40 Jupiter Notebook 界面

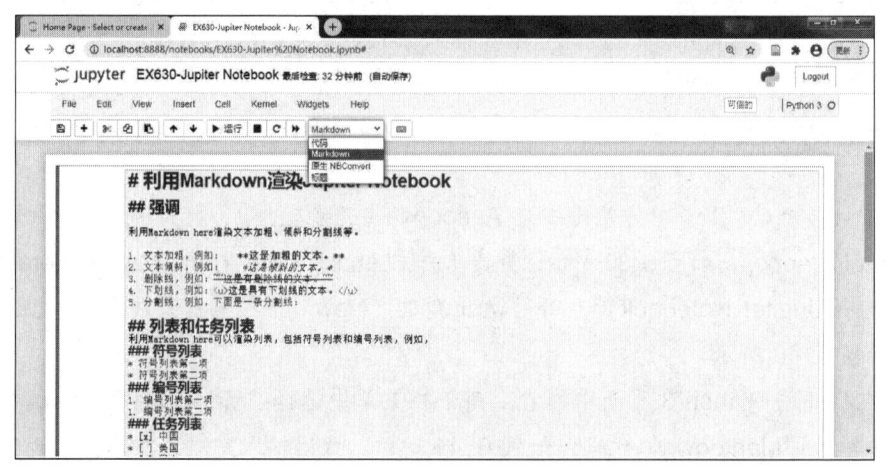

图 6.41 Markdown 编辑器界面

4. 在 Markdown 编辑器中输入如下代码：

`# 利用 Markdown 渲染 Jupiter Notebook`

`## 强调`

`利用 Markdown here 渲染文本加粗、倾斜和分割线等。`

`1. 文本加粗,例如： **这是加粗的文本。**`
`2. 文本倾斜,例如： *这是倾斜的文本。*`
`3. 删除线,例如:~~这是有删除线的文本。~~`
`4. 下划线,例如:<u>这是具有下划线的文本。</u>`
`5. 分割线,例如,下面是一条分割线:`

`## 列表和任务列表`
`利用 Markdown here 可以渲染列表,包括符号列表和编号列表,例如,`
`### 符号列表`
`* 符号列表第一项`
`* 符号列表第二项`
`### 编号列表`
`1. 编号列表第一项`
`1. 编号列表第二项`
`### 任务列表`
`* [x] 中国`
`* [ ] 美国`
`* [x] 日本`

`## 引用和表格`
`利用 Markdown here 可以渲染引用和表格,例如:`
`> 这是引用效果,下面是一张表格:`

`|属性名 |含义 |常用属性值 |`
`|--- |--- |--- |`
`|border |设置表格的边框(默认 border="0"无边框) |像素值 |`
`|width |设置表格的宽度 |像素值 |`
`|height |设置表格的高度 |像素值 |`

| |align | 设置表格在网页中的水平对齐方式 | left、right、center |

```
## 程序代码和数学公式
下面是C++程序代码：
```C++
int sum=0;
for(int i=1;i<10;i++){
    sum += i;
}
```
下面是数学公式：
$$ \alpha^2+\beta^2 = \gamma^2 $$

图片和链接
- 利用Markdown here渲染图片,例如：
![图片](http://edu-image.nosdn.127.net/C400754FE41D7D8F77F4B5AA60C55E2E.jpg?imageView&thumbnail=510y288&quality=100)

- 利用Markdown here实现超级链接,例如：
1. [《微信小程序开发》MOOC课程](https://www.icourse163.org/course/NCUT-1206419808)
2. [《新编大学计算机基础》MOOC课程](https://coursehome.zhihuishu.com/courseHome/2097307#teachTeam)
```

案例6.31 利用Markdown渲染知乎

6.31.1 案例描述

设计一个案例，利用Markdown语法符号撰写知乎文章，实现相应的排版效果。

6.31.2 实现效果

利用Markdown渲染知乎案例的实现效果如图6.42所示。从图中可以看出，可以利用Markdown的部分语法标记快速排版知乎文档，可以利用的Markdown语法标记包括文本加粗、文本倾斜、程序代码块、数学公式和引用块等，此外还可以直接导入Word文档和md文档，但导入的md文件以代码形式显示。

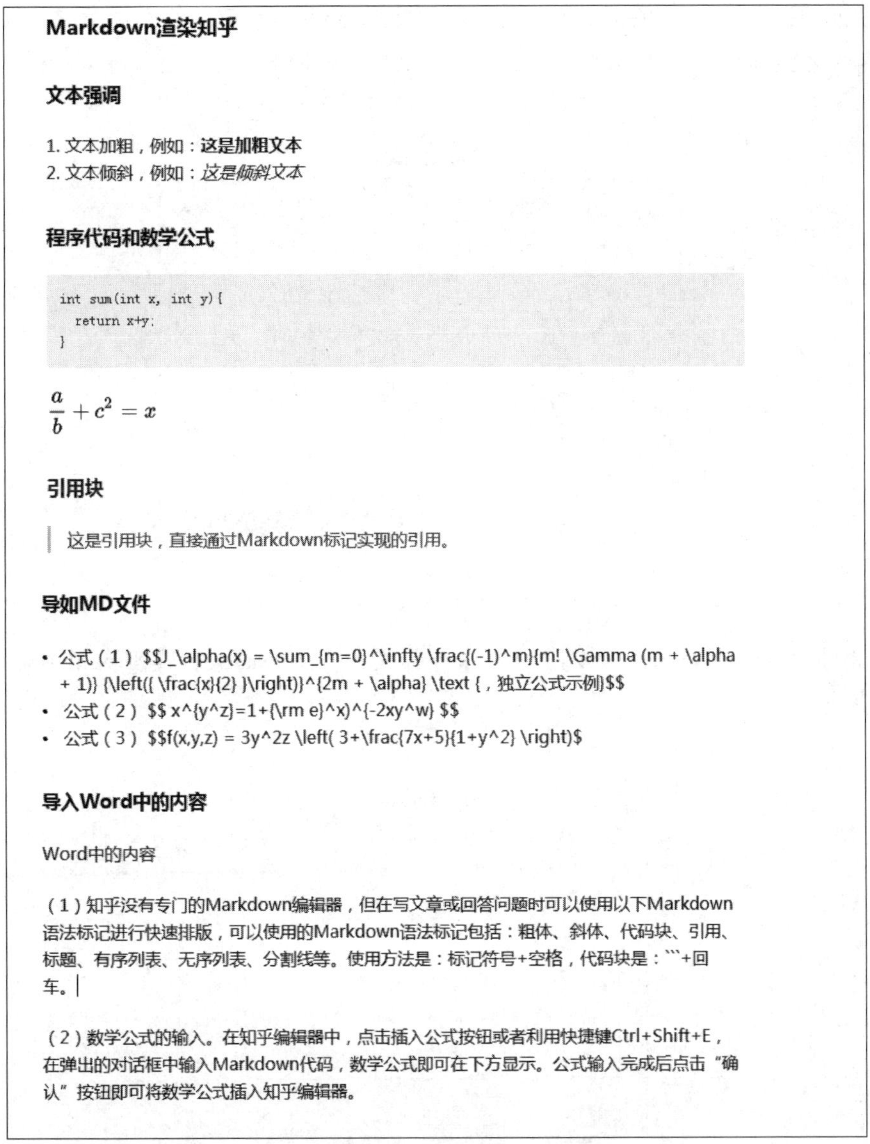

> **Markdown渲染知乎**
>
> **文本强调**
>
> 1. 文本加粗，例如：**这是加粗文本**
> 2. 文本倾斜，例如：*这是倾斜文本*
>
> **程序代码和数学公式**
>
> ```
> int sum(int x, int y){
>   return x+y;
> }
> ```
>
> $\frac{a}{b} + c^2 = x$
>
> **引用块**
>
> > 这是引用块，直接通过Markdown标记实现的引用。
>
> **导如MD文件**
>
> - 公式（1）`$$J_\alpha(x) = \sum_{m=0}^\infty \frac{(-1)^m}{m! \Gamma (m + \alpha + 1)} {\left({ \frac{x}{2} }\right)}^{2m + \alpha} \text {，独立公式示例}$$`
> - 公式（2）`$$ x^{y^z}=1+{\rm e}^x)^{-2xy^w} $$`
> - 公式（3）`$$f(x,y,z) = 3y^2z \left( 3+\frac{7x+5}{1+y^2} \right)$`
>
> **导入Word中的内容**
>
> Word中的内容
>
> （1）知乎没有专门的Markdown编辑器，但在写文章或回答问题时可以使用以下Markdown语法标记进行快速排版，可以使用的Markdown语法标记包括：粗体、斜体、代码块、引用、标题、有序列表、无序列表、分割线等。使用方法是：标记符号+空格，代码块是：``` +回车。
>
> （2）数学公式的输入。在知乎编辑器中，点击插入公式按钮或者利用快捷键Ctrl+Shift+E，在弹出的对话框中输入Markdown代码，数学公式即可在下方显示。公式输入完成后点击"确认"按钮即可将数学公式插入知乎编辑器。

图 6.42　利用 Markdown 渲染知乎案例的实现效果

6.31.3　案例实现

1. 知乎没有专门的 Markdown 编辑器，但在写文章或回答问题时可以使用以下 Markdown 语法标记进行快速排版，可以使用的 Markdown 语法标记包括粗体、斜体、代码块、引用、标题、有序列表、无序列表、分割线等。使用方法是标记符号+空格，代码块是 ``` +回车。

2. 数学公式的输入。在知乎编辑器中，单击插入公式按钮 Σ，或者利用快捷键

"Ctrl+Shift+E",在弹出的对话框中输入"Markdown"代码,数学公式即可在下方显示,如图 6.43 所示。公式输入完成后单击"确认"按钮即可将数学公式插入知乎编辑器。

图 6.43　知乎中插入数学公式的对话框

3. 文件导入。在知乎中可以直接导入外部文件,支持的文件类型包括 doc、docx、md,如图 6.44 所示。

图 6.44　知乎中导入文件对话框

案例 6.32　利用 Markdown 渲染 CSDN

6.32.1　案例描述

设计一个案例,在 CSDN 中利用 Markdown 编写文档,实现目录生成、各级标题、有序列表和无序列表，插入代码、链接、图片、表格、脚注、注释、数学公式、图表，改变文本样式（包括强调、加粗、标记、删除线、引用、上下标等）。

1. CSDN 的 Markdown 编辑器，如图 6.45 所示。上面是工具栏、左侧窗口是 Markdown 编辑器，中间是预览窗口，右侧窗口是目录或帮助。

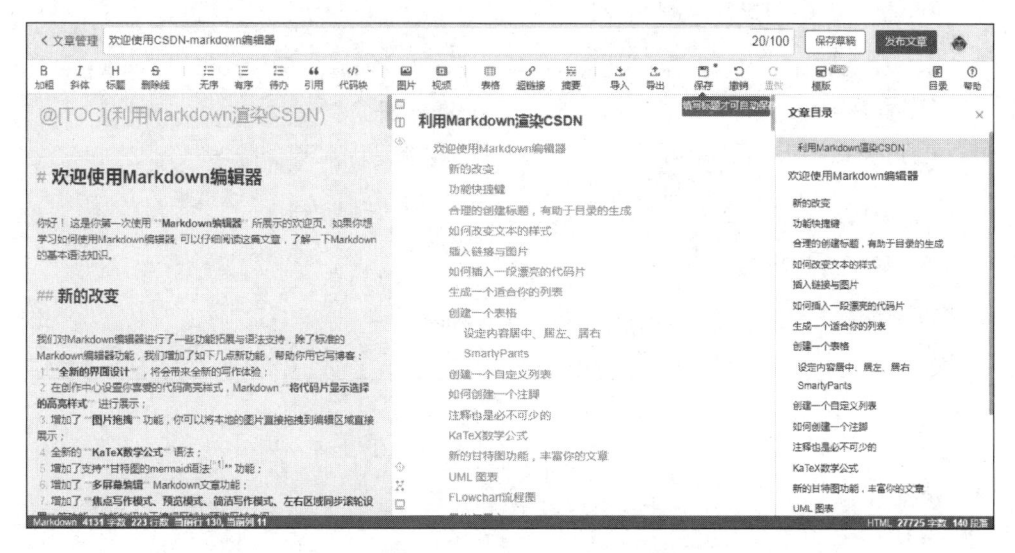

图 6.45　CSDN 的 Markdown 编辑器

2. CSDN 的 Markdown 编辑器功能非常齐全，使用 VS Code 编写的 Markdown 源码（包括：表格、公式、流程图、甘特图、脚注等）粘贴或导入 CSDN 基本都能正常显示。

3. 目录示例。以下是目录代码示例，显示效果如图 6.46 所示。

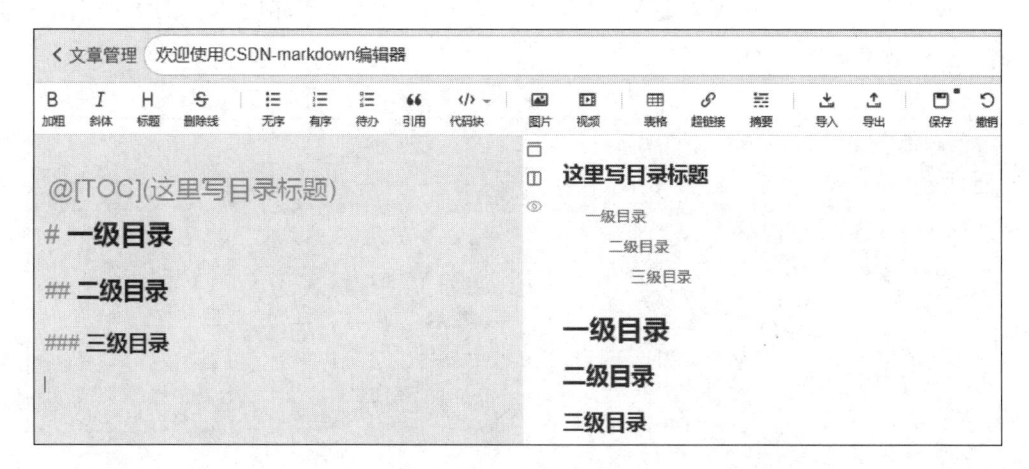

图 6.46　目录示例

@［TOC］（这里写目录标题）

一级目录

二级目录
三级目录

4. 标题。以下是 6 级标题代码示例，显示效果如图 6.47 所示。

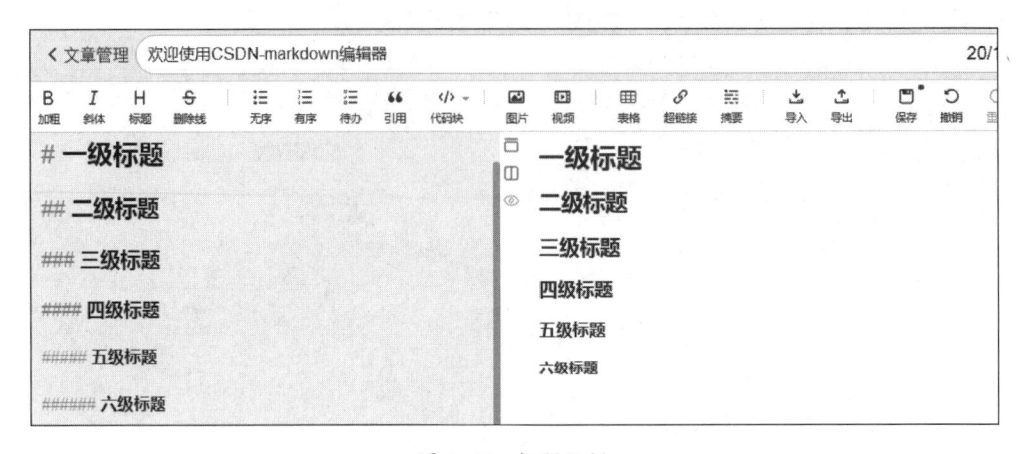

图 6.47　标题示例

一级标题
二级标题
三级标题
四级标题
五级标题
六级标题

5. 文本样式。以下是强调文本、加粗文本、删除文本、引用文本、上下标文本代码示例，显示效果如图 6.48 所示。

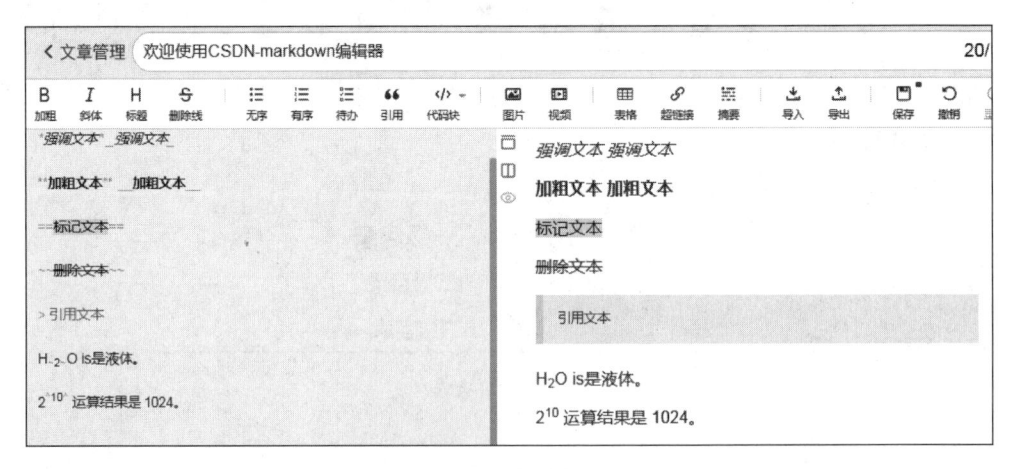

图 6.48　文本样式示例

强调文本 _强调文本_

加粗文本 __加粗文本__

==标记文本==

~~删除文本~~

>引用文本

H~2~O is 是液体。

2^10^运算结果是1024。

6. 列表。以下是无序列表、有序列表和任务列表代码示例，显示效果如图6.49所示。

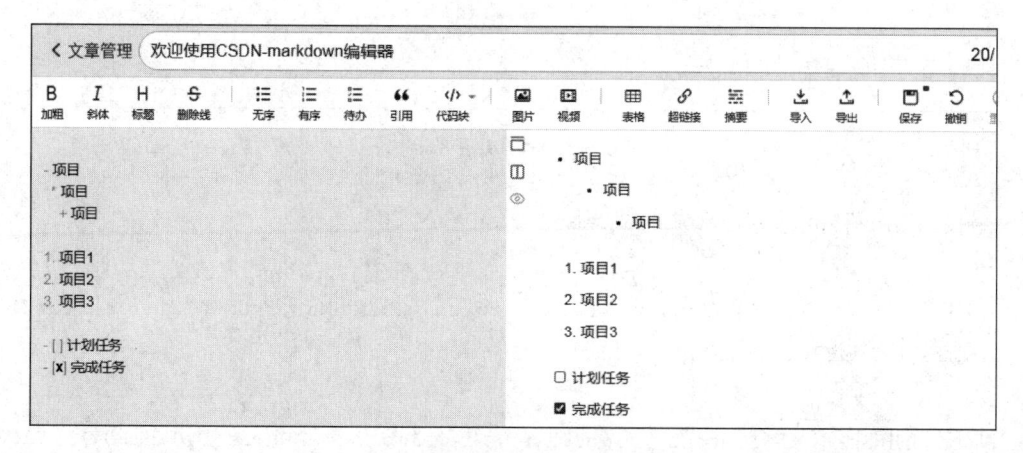

图6.49 列表示例

-项目
  *项目
    +项目

1. 项目1
2. 项目2
3. 项目3

- [ ] 计划任务
- [x] 完成任务

7. 链接及图片。以下是链接及图片代码示例，显示效果如图 6.50 所示。

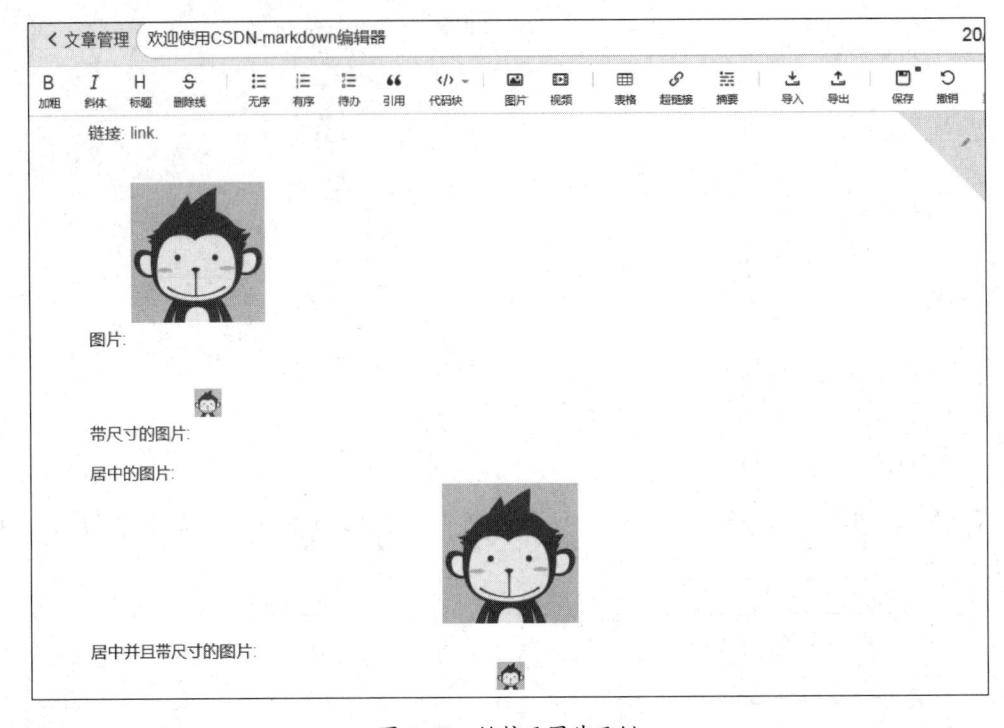

图 6.50　链接及图片示例

链接：[link](https://www.csdn.net/).

图片：![Alt](https://imgconvert.csdnimg.cn/aHR0cHM6Ly9hdmF0YXIuY3Nkbi5uZX-QvNy83L0IvMV9yYWxmX2h4MTYzY29tLmpwZw)

带尺寸的图片：![Alt](https://imgconvert.csdnimg.cn/aHR0cHM6Ly9hdmF0YXIuY3Nkbi5uY3N-kbi5uZXQvNy83L0IvMV9yYWxmX2h4MTYzY29tLmpwZw =30x30)

居中的图片：![Alt](https://imgconvert.csdnimg.cn/aHR0cHM6Ly9hdmF0YXIuY3Nkbi5uY3Nk-bi5uZXQvNy83L0IvMV9yYWxmX2h4MTYzY29tLmpwZw#pic_center)

居中并且带尺寸的图片：![Alt](https://imgconvert.csdnimg.cn/aHR0cHM6Ly9hdmF0YXIuY3NkbmltZy5jbi8-YXIuY3Nkbi5uY3Nkbi5uZXQvNy83L0IvMV9yYWxmX2h4MTYzY29tLmpwZw#pic_center =30x30)

8. 代码片段。以下是两个代码片段的代码示例，显示效果如图 6.51 所示。

```
//A code block
```

```
var foo = 'bar';
```

```javascript
// An highlighted block
var foo = 'bar';
```

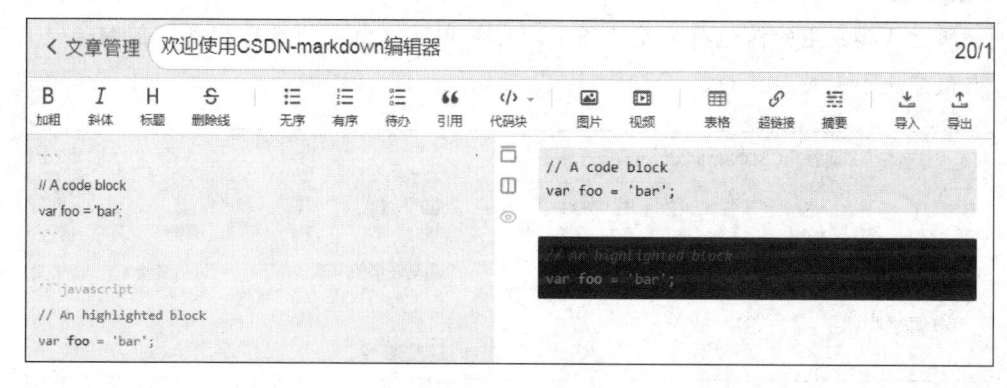

图 6.51　代码片段示例

9. 表格。以下是两个表格的代码示例，显示效果如图 6.52 所示。从图中可以看出：第一个表格的文本是居中对齐（默认），第二个表格第一列文本是居中对齐，第二列是右对齐。

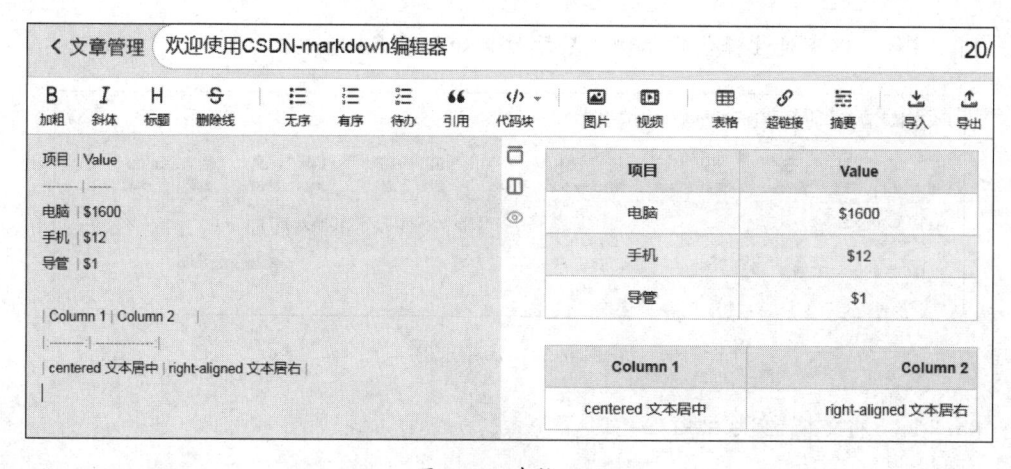

图 6.52　表格示例

```
项目     | Value
-------- | -----
电脑     | $1600
```

```
手机    | $12
导管    | $1


|Column 1 |Column 2       |
|:--------:|--------------:|
|centered 文本居中 |right-aligned 文本居右 |
```

10. 脚注。以下是脚注代码示例，显示效果如图 6.53 所示。从代码及显示结果可以看出：脚注代码采用的标记符号是［^3］，其中 3 可以由其他数字代替，但编号是自动的，与数字大小无关。

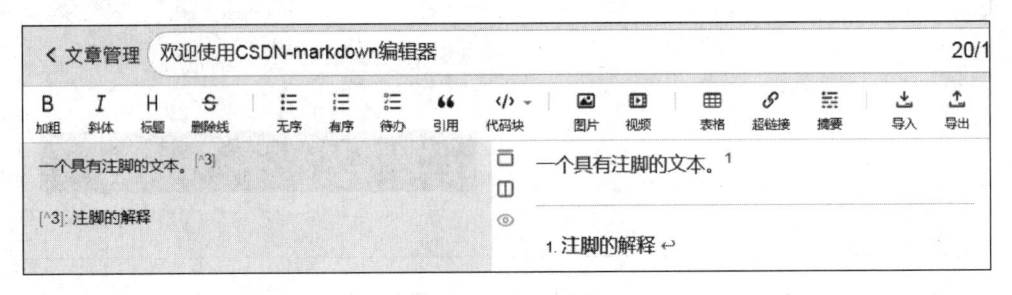

图 6.53　脚注示例

```
一个具有注脚的文本。[^3]

[^3]:注脚的解释
```

11. 注释。以下是注释代码示例，显示效果如图 6.54 所示。

图 6.54　注释示例

```
Markdown将文本转换为 HTML。

*[HTML]:超文本标记语言
```

12. 自定义列表。以下是自定义列表代码示例，显示效果如图 6.55 所示。

```
Markdown
:   Text-to-HTML conversion tool
```

```
Authors

: John

: Luke
```

图 6.55　自定义列表示例

13. 数学公式。以下是数学公式代码示例，显示效果如图 6.56 所示。

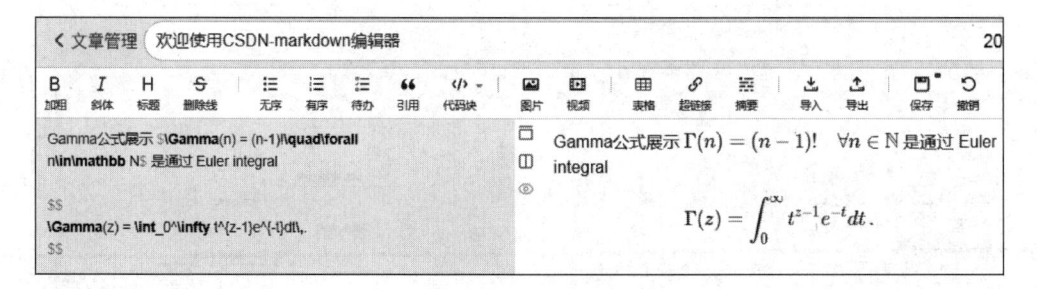

图 6.56　数学公式示例

```
Gamma 公式展示　$\Gamma(n) = (n-1)!\quad\forall
n\in\mathbb N$是通过 Euler integral


$$
\Gamma(z) = \int_0^\infty t^{z-1}e^{-t}dt\,.
$$
```

14. 甘特图示例。以下是甘特图代码示例，显示效果如图 6.57 所示。

```` 
```mermaid
gantt
        dateFormat   YYYY-MM-DD
        title Adding GANTT diagram functionality to mermaid
        section 现有任务
        已完成                  :done,    des1, 2014-01-06,2014-01-08
```
````

```
进行中              :active, des2,2014-01-09,3d
计划中              :         des3,after des2,5d
```

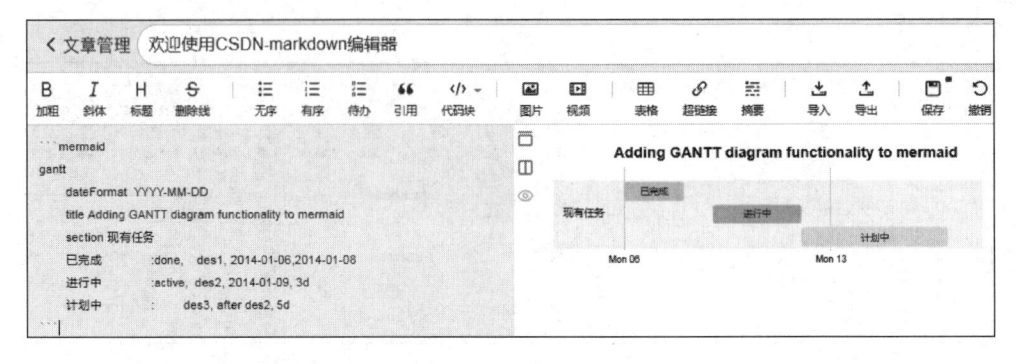

图 6.57　甘特图示例

15. UML 图示例。以下是 UML 图代码示例，显示效果如图 6.58 所示。

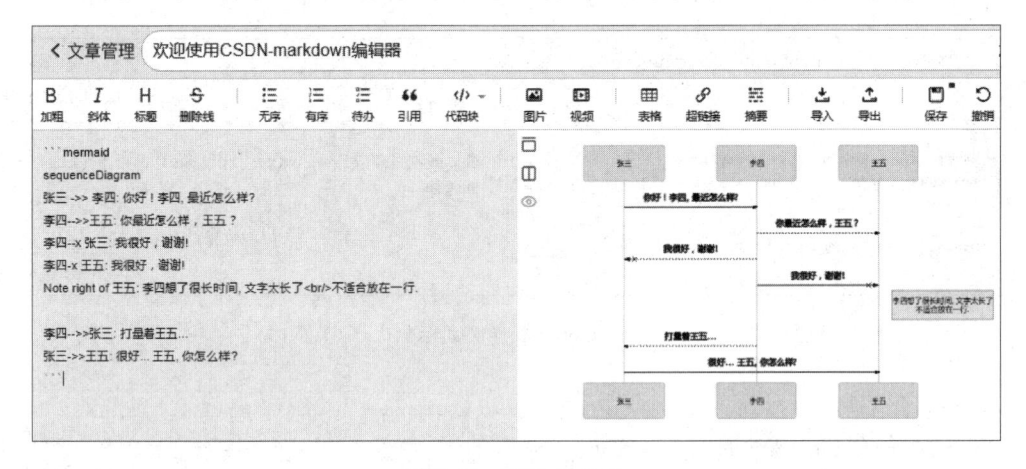

图 6.58　UML 图示例

````mermaid
sequenceDiagram
张三 ->>李四：你好！李四，最近怎么样？
李四-->>王五：你最近怎么样,王五？
李四--x 张三：我很好,谢谢!
李四-x 王五：我很好,谢谢!
Note right of 王五：李四想了很长时间,文字太长了<br/>不适合放在一行．

李四-->>张三：打量着王五...
张三->>王五：很好 ... 王五,你怎么样？
```

16. Mermaid 流程图示例。以下是 Mermaid 流程图代码示例，显示效果如图 6.59 所示。

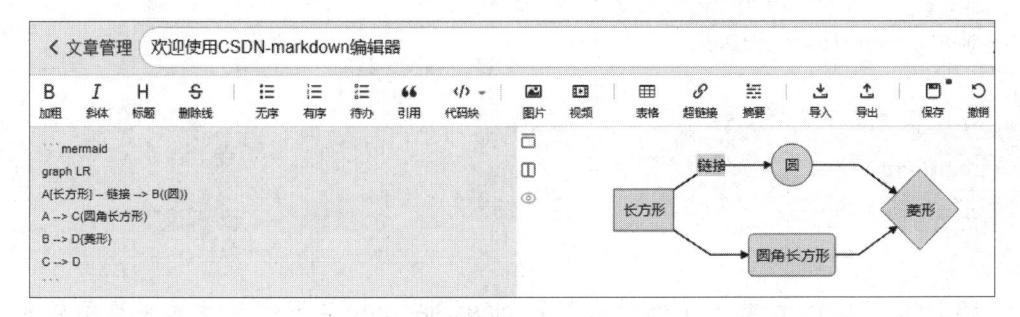

图 6.59  Mermaid 流程图示例

```mermaid
graph LR
A[长方形] -- 链接 --> B((圆))
A --> C(圆角长方形)
B --> D{菱形}
C --> D
```

17. Flowchart 流程图示例。以下是 Flowchart 流程图代码示例，显示效果如图 6.60 所示。

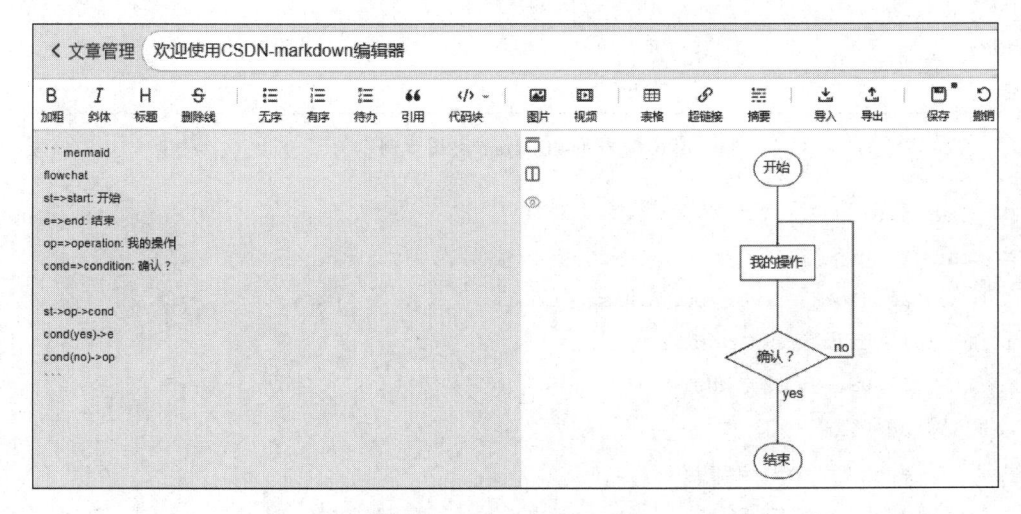

图 6.60  Flowchart 流程图示例

```mermaid
flowchat
st=>start:开始
```

```
e=>end:结束
op=>operation:我的操作
cond=>condition:确认?

st->op->cond
cond(yes)->e
cond(no)->op
```

18. classDiagram 类图示例。以下是 classDiagram 类图代码示例，显示效果如图 6.61 所示。

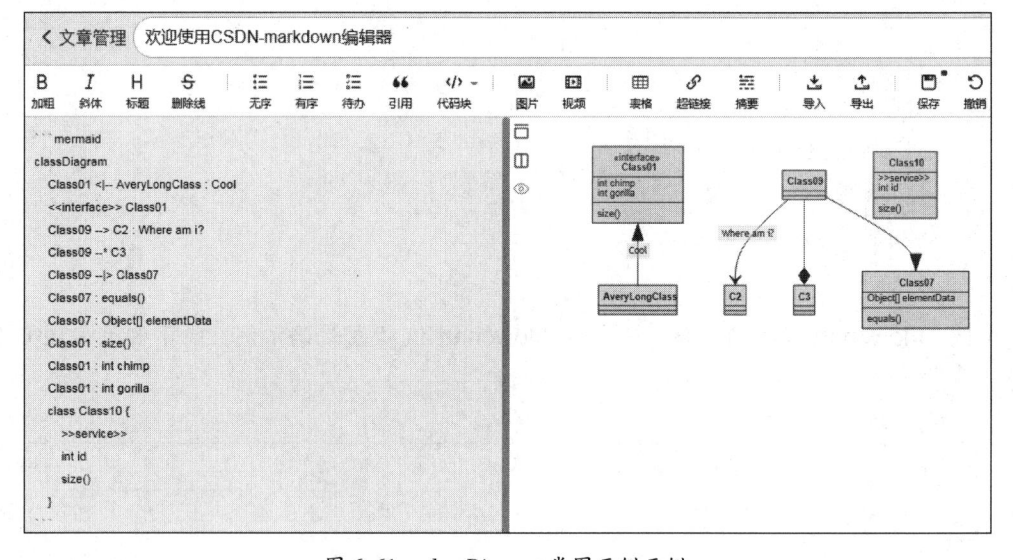

图 6.61  classDiagram 类图示例示例

```mermaid
classDiagram
    Class01 <|-- AveryLongClass : Cool
    <<interface>> Class01
    Class09 --> C2 : Where am i?
    Class09 --* C3
    Class09 --|> Class07
    Class07 : equals()
    Class07 : Object[] elementData
    Class01 : size()
    Class01 : int chimp
    Class01 : int gorilla
```

```
class Class10 {
    >>service>>
    int id
    size()
}
```

## 6.32.2 实现效果

利用 Markdown 渲染 CSDN 案例的实现效果如图 6.62 所示。

图 6.62 利用 Markdown 渲染 CSDN 案例的实现效果

6. 增加了 **多屏幕编辑** Markdown文章功能；

7. 增加了 **焦点写作模式、预览模式、简洁写作模式、左右区域同步滚轮设置** 等功能，功能按钮位于编辑区域与预览区域中间；

8. 增加了 **检查列表** 功能。

### 欢迎使用Markdown编辑器

你好！这是你第一次使用 **Markdown编辑器** 所展示的欢迎页。如果你想学习如何使用Markdown编辑器，可以仔细阅读这篇文章，了解一下Markdown的基本语法知识。

### 新的改变

我们对Markdown编辑器进行了一些功能拓展与语法支持，除了标准的Markdown编辑器功能，我们增加了如下几点新功能，帮助你用它写博客：

1. **全新的界面设计**，将会带来全新的写作体验；
2. 在创作中心设置你喜爱的代码高亮样式，Markdown **将代码片显示选择的高亮样式** 进行展示；
3. 增加了 **图片拖拽** 功能，你可以将本地的图片直接拖拽到编辑区域直接展示；
4. 全新的 **KaTeX数学公式** 语法；
5. 增加了支持**甘特图的mermaid语法**[1] 功能；
6. 增加了 **多屏幕编辑** Markdown文章功能；
7. 增加了 **焦点写作模式、预览模式、简洁写作模式、左右区域同步滚轮设置** 等功能，功能按钮位于编辑区域与预览区域中间；
8. 增加了 **检查列表** 功能。

### 功能快捷键

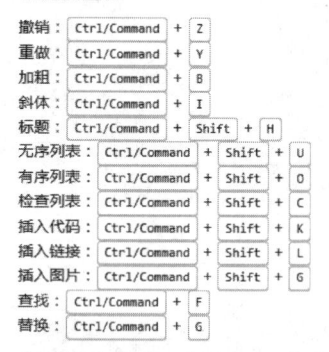

撤销：`Ctrl/Command` + `Z`
重做：`Ctrl/Command` + `Y`
加粗：`Ctrl/Command` + `B`
斜体：`Ctrl/Command` + `I`
标题：`Ctrl/Command` + `Shift` + `H`
无序列表：`Ctrl/Command` + `Shift` + `U`
有序列表：`Ctrl/Command` + `Shift` + `O`
检查列表：`Ctrl/Command` + `Shift` + `C`
插入代码：`Ctrl/Command` + `Shift` + `K`
插入链接：`Ctrl/Command` + `Shift` + `L`
插入图片：`Ctrl/Command` + `Shift` + `G`
查找：`Ctrl/Command` + `F`
替换：`Ctrl/Command` + `G`

### 合理的创建标题，有助于目录的生成

直接输入1次 `#`，并按下 `space` 后，将生成1级标题。
输入2次 `#`，并按下 `space` 后，将生成2级标题。
以此类推，我们支持6级标题。有助于使用 TOC 语法后生成一个完美的目录。

### 如何改变文本的样式

*强调文本* *强调文本*

**加粗文本** **加粗文本**

标记文本

删除文本

> 引用文本

$H_2O$ is是液体。

$2^{10}$ 运算结果是 1024.

图 6.62　利用 Markdown 渲染 CSDN 案例的实现效果（续）

**插入链接与图片**

链接: link.

图片:

带尺寸的图片:

居中的图片:

居中并且带尺寸的图片:

当然,我们为了让用户更加便捷,我们增加了图片拖拽功能。

**如何插入一段漂亮的代码片**

去博客设置页面,选择一款你喜欢的代码片高亮样式,下面展示同样高亮的 `代码片`.

```
// An highlighted block
var foo = 'bar';
```

**生成一个适合你的列表**

- 项目
  - 项目
    - 项目

1. 项目1
2. 项目2
3. 项目3

- [ ] 计划任务
- [x] 完成任务

**创建一个表格**

一个简单的表格是这么创建的:

| 项目 | Value |
| --- | --- |
| 电脑 | $1600 |
| 手机 | $12 |
| 导管 | $1 |

图 6.62  利用 Markdown 渲染 CSDN 案例的实现效果(续)

**设定内容居中、居左、居右**

使用 :---------: 居中
使用 :--------- 居左
使用 ---------: 居右

| 第一列 | 第二列 | 第三列 |
| :---: | ---: | :--- |
| 第一列文本居中 | 第二列文本居右 | 第三列文本居左 |

**SmartyPants**

SmartyPants将ASCII标点字符转换为"智能"印刷标点HTML实体。例如：

| TYPE | ASCII | HTML |
| :---: | :---: | :---: |
| Single backticks | `'Isn't this fun?'` | 'Isn't this fun?' |
| Quotes | `"Isn't this fun?"` | "Isn't this fun?" |
| Dashes | `-- is en-dash, --- is em-dash` | – is en-dash, — is em-dash |

填写标题才可自动保

**创建一个自定义列表**

**Markdown**
　　Text-to-HTML conversion tool
**Authors**
　　John
　　Luke

**如何创建一个注脚**

一个具有注脚的文本。[2]

**注释也是必不可少的**

Markdown将文本转换为 HTML。

**KaTeX数学公式**

您可以使用渲染LaTeX数学表达式 KaTeX:

Gamma公式展示 $\Gamma(n) = (n-1)!$ $\forall n \in \mathbb{N}$ 是通过欧拉积分

$$\Gamma(z) = \int_0^\infty t^{z-1} e^{-t} dt .$$

你可以找到更多关于的信息 LaTeX 数学表达式here。

**新的甘特图功能，丰富你的文章**

Adding GANTT diagram functionality to mermaid

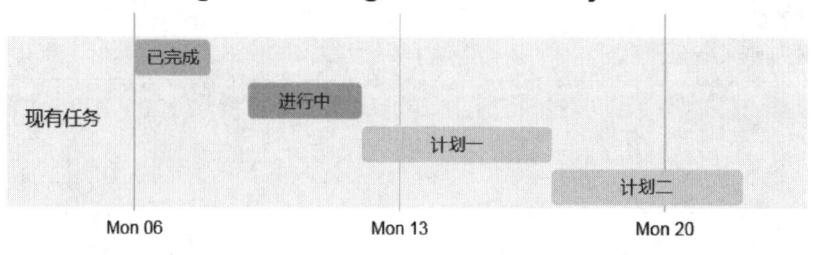

现有任务
　已完成
　　进行中
　　　计划一
　　　　计划二
Mon 06　　Mon 13　　Mon 20

- 关于 甘特图 语法，参考 这儿，

图 6.62　利用 Markdown 渲染 CSDN 案例的实现效果（续）

## UML 图表

可以使用UML图表进行渲染。Mermaid.例如下面产生的一个序列图：

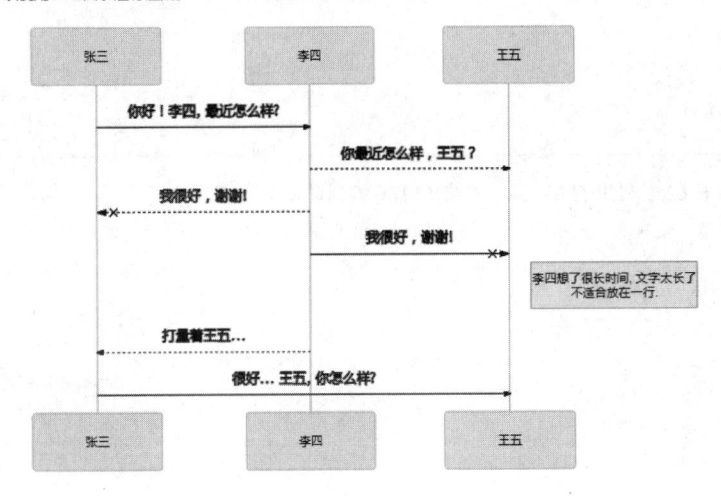

这将产生一个流程图。：

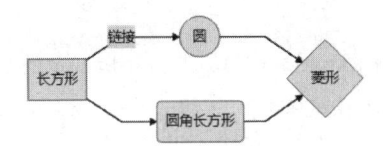

- 关于 **Mermaid** 语法，参考 这儿.

## FLowchart流程图

我们依旧会支持flowchart的流程图：

- 关于 **Flowchart流程图** 语法，参考 这儿.

## 导出与导入

### 导出

如果你想尝试使用此编辑器，你可以在此篇文章任意编辑。当你完成了一篇文章的写作，在上方工具栏找到 **文章导出**，生成一个.md文件或者.html文件进行本地保存。

图 6.62　利用 Markdown 渲染 CSDN 案例的实现效果（续）

```
导入
如果你想加载一篇你写过的.md文件，在上方工具栏可以选择导入功能进行对应扩展名的文件导入，
继续你的创作。

1. mermaid语法说明
2. 注脚的解释
```

图 6.62 利用 Markdown 渲染 CSDN 案例的实现效果（续）

## 6.32.3 案例实现

案例实现代码如下：

@[TOC](利用Markdown渲染CSDN)

# 欢迎使用Markdown编辑器

你好! 这是你第一次使用 \*\*Markdown编辑器\*\* 所展示的欢迎页。如果你想学习如何使用Markdown编辑器，可以仔细阅读这篇文章，了解一下Markdown的基本语法知识。

## 新的改变

我们对Markdown编辑器进行了一些功能拓展与语法支持,除了标准的Markdown编辑器功能,我们增加了如下几点新功能,帮助你用它写博客：
1. \*\*全新的界面设计\*\* ,将会带来全新的写作体验；
2. 在创作中心设置你喜爱的代码高亮样式,Markdown \*\*将代码片显示选择的高亮样式\*\* 进行展示；
3. 增加了 \*\*图片拖拽\*\* 功能,你可以将本地的图片直接拖拽到编辑区域直接展示；
4. 全新的 \*\*KaTeX数学公式\*\* 语法；
5. 增加了支持\*\*甘特图的mermaid语法[^1]\*\* 功能；
6. 增加了 \*\*多屏幕编辑\*\* Markdown文章功能；
7. 增加了 \*\*焦点写作模式、预览模式、简洁写作模式、左右区域同步滚轮设置\*\* 等功能,功能按钮位于编辑区域与预览区域中间；
8. 增加了 \*\*检查列表\*\* 功能。
[^1]:[mermaid语法说明](https://mermaidjs.github.io/)

## 功能快捷键

撤销：<kbd>Ctrl/Command</kbd> + <kbd>Z</kbd>
重做：<kbd>Ctrl/Command</kbd> + <kbd>Y</kbd>
加粗：<kbd>Ctrl/Command</kbd> + <kbd>B</kbd>
斜体：<kbd>Ctrl/Command</kbd> + <kbd>I</kbd>
标题：<kbd>Ctrl/Command</kbd> + <kbd>Shift</kbd> + <kbd>H</kbd>
无序列表：<kbd>Ctrl/Command</kbd> + <kbd>Shift</kbd> + <kbd>U</kbd>
有序列表：<kbd>Ctrl/Command</kbd> + <kbd>Shift</kbd> + <kbd>O</kbd>
检查列表：<kbd>Ctrl/Command</kbd> + <kbd>Shift</kbd> + <kbd>C</kbd>
插入代码：<kbd>Ctrl/Command</kbd> + <kbd>Shift</kbd> + <kbd>K</kbd>
插入链接：<kbd>Ctrl/Command</kbd> + <kbd>Shift</kbd> + <kbd>L</kbd>
插入图片：<kbd>Ctrl/Command</kbd> + <kbd>Shift</kbd> + <kbd>G</kbd>
查找：<kbd>Ctrl/Command</kbd> + <kbd>F</kbd>
替换：<kbd>Ctrl/Command</kbd> + <kbd>G</kbd>

## 合理的创建标题，有助于目录的生成

直接输入1次<kbd>#</kbd>，并按下<kbd>space</kbd>后，将生成1级标题。
输入2次<kbd>#</kbd>，并按下<kbd>space</kbd>后，将生成2级标题。
以此类推，我们支持6级标题。有助于使用`TOC`语法后生成一个完美的目录。

## 如何改变文本的样式

*强调文本* _强调文本_

**加粗文本** __加粗文本__

==标记文本==

~~删除文本~~

> 引用文本

H~2~O is 是液体。

2^10^运算结果是 1024.

## 插入链接与图片

链接：[link](https://www.csdn.net/).

图片：![Alt](https://imgconvert.csdnimg.cn/aHR0cHM6Ly9hdmF0YXIuY3Nkbi5uZXX-QvNy83L0IvMV9yYWxmX2h4MTYzY29tLmpwZw)

带尺寸的图片：![Alt](https://imgconvert.csdnimg.cn/aHR0cHM6Ly9hdmF0YXIuY3NkbmltY3N-kbi5uZXXQvNy83L0IvMV9yYWxmX2h4MTYzY29tLmpwZw =30x30)

居中的图片：![Alt](https://imgconvert.csdnimg.cn/aHR0cHM6Ly9hdmF0YXIuY3Nkbi5Nk-bi5uZXXQvNy83L0IvMV9yYWxmX2h4MTYzY29tLmpwZw#pic_center)

居中并且带尺寸的图片：![Alt](https://imgconvert.csdnimg.cn/aHR0cHM6Ly9hdmF0YXIuY3NkbmltY0-YXIuY3Nkbi5uZXXQvNy83L0IvMV9yYWxmX2h4MTYzY29tLmpwZw#pic_center =30x30)

当然，我们为了让用户更加便捷，我们增加了图片拖拽功能。

## 如何插入一段漂亮的代码片

去[博客设置](https://mp.csdn.net/console/configBlog)页面，选择一款你喜欢的代码片高亮样式，下面展示同样高亮的 `代码片`.
```javascript
// An highlighted block
var foo = 'bar';
```

## 生成一个适合你的列表

- 项目
  - 项目
    - 项目

1. 项目1
2. 项目2
3. 项目3

- [ ] 计划任务

- [x] 完成任务

## 创建一个表格
一个简单的表格是这么创建的：

| 项目 | Value |
| -------- | ----- |
| 电脑 | $1600 |
| 手机 | $12 |
| 导管 | $1 |

### 设定内容居中、居左、居右
使用`:---------:`居中
使用`:----------`居左
使用`----------:`居右

| 第一列 | 第二列 | 第三列 |
| :-----------: | ------------: | :------------- |
| 第一列文本居中 | 第二列文本居右 | 第三列文本居左 |

### SmartyPants
SmartyPants 将 ASCII 标点字符转换为"智能"印刷标点 HTML 实体。例如：

| TYPE | ASCII | HTML |
| --------- | ------------------ | ------------- |
| Single backticks | `'Isn't this fun?'` | 'Isn't this fun? ' |
| Quotes | `"Isn't this fun?"` | "Isn't this fun?" |
| Dashes | `-- is en-dash, --- is em-dash` | -- is en-dash, --- is em-dash |

## 创建一个自定义列表
Markdown
: Text-to-HTML conversion tool

Authors
: John
: Luke

## 如何创建一个注脚

一个具有注脚的文本。[^2]

[^2]：注脚的解释

## 注释也是必不可少的

Markdown 将文本转换为 HTML。

*[HTML]： 超文本标记语言

## KaTeX 数学公式

您可以使用渲染 LaTeX 数学表达式 [KaTeX](https://khan.github.io/KaTeX/)：

Gamma 公式展示 $\Gamma(n) = (n-1)!\quad\forall n\in\mathbb N$ 是通过欧拉积分

$$
\Gamma(z) = \int_0^\infty t^{z-1}e^{-t}dt\,.
$$

> 你可以找到更多关于的信息 **LaTeX** 数学表达式[here][1].

## 新的甘特图功能，丰富你的文章

```mermaid
gantt
        dateFormat  YYYY-MM-DD
        title Adding GANTT diagram functionality to mermaid
        section 现有任务
        已完成            :done,    des1, 2014-01-06,2014-01-08
        进行中            :active,  des2, 2014-01-09, 3d
        计划一            :         des3, after des2, 5d
        计划二            :         des4, after des3, 5d
```
- 关于 **甘特图** 语法，参考 [这儿][2],

## UML 图表

可以使用 UML 图表进行渲染。[Mermaid](https://mermaidjs.github.io/). 例如下面产生的一个序列图：

```mermaid
sequenceDiagram
张三 ->> 李四：你好！李四, 最近怎么样？
李四-->>王五：你最近怎么样,王五？
李四--x 张三：我很好,谢谢！
李四-x 王五：我很好,谢谢！
Note right of 王五：李四想了很长时间, 文字太长了<br/>不适合放在一行.

李四-->>张三：打量着王五...
张三->>王五：很好...王五,你怎么样？
```

这将产生一个流程图。：

```mermaid
graph LR
A[长方形] -- 链接 --> B((圆))
A --> C(圆角长方形)
B --> D{菱形}
C --> D
```

- 关于 **Mermaid** 语法,参考 [这儿][3],

## FLowchart 流程图

我们依旧会支持 flowchart 的流程图：
```mermaid
flowchat
st=>start：开始
e=>end：结束
op=>operation：我的操作
cond=>condition：确认？
```

```
st->op->cond
cond(yes)->e
cond(no)->op
```

- 关于 **Flowchart流程图** 语法,参考[这儿][4].

## 导出与导入

### 导出
如果你想尝试使用此编辑器,你可以在此篇文章任意编辑。当你完成了一篇文章的写作,在上方工具栏找到 **文章导出** ,生成一个 .md 文件或者 .html 文件进行本地保存。

### 导入
如果你想加载一篇你写过的 .md 文件,在上方工具栏可以选择导入功能进行对应扩展名的文件导入,继续你的创作。

[1]: http://meta.math.stackexchange.com/questions/5020/mathjax-basic-tutorial-and-quick-reference
[2]: https://mermaidjs.github.io/
[3]: https://mermaidjs.github.io/
[4]: http://adrai.github.io/flowchart.js/

# 案例6.33  微信公众号排版工具——Online-Markdown

## 6.33.1  案例描述

微信公众号编辑器有一个让人十分头疼的问题——粘贴出来的代码容易格式错乱,而且特别丑,利用Online-Markdown可以解决以上问题。Online-Markdown编辑器可以将Markdown代码直接渲染成适合微信公众号的格式,并且有多种主题可以选择。

设计一个案例,利用Online-Markdown编辑器渲染Markdown代码。

Online-Markdown在线编辑器网址https://www.flyzy2005.cn/tools/online-markdown/

Online-Markdown 在线编辑器如图 6.63 所示，左侧窗口是代码编辑器，右侧窗口是预览窗口。

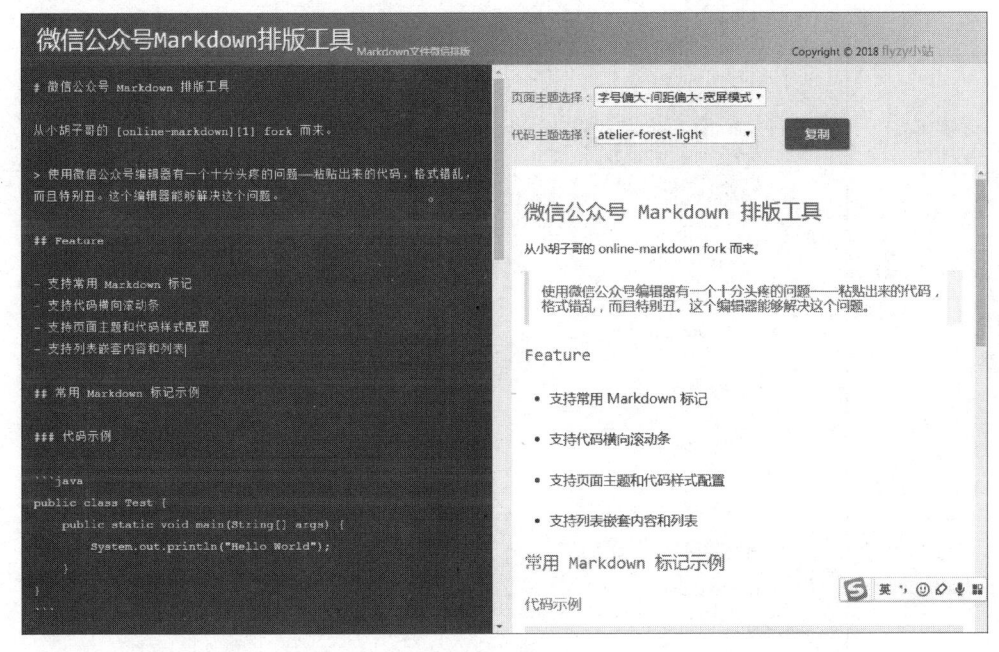

图 6.63　Online-Markdown 编辑器界面

## 6.33.2　实现效果

Online-Markdown 案例的实现效果如图 6.64 所示。

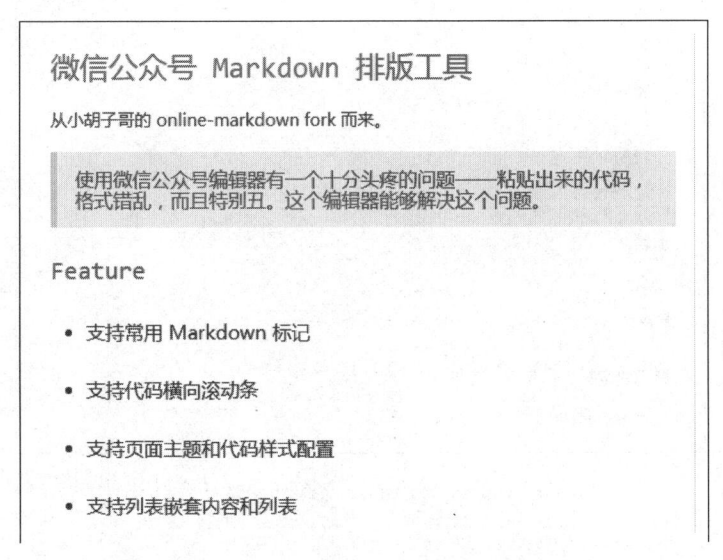

图 6.64　Online-Markdown 案例的实现效果

## 常用 Markdown 标记示例

### 代码示例

```
public class Test {
    public static void main(String[] args) {
        System.out.println("Hello World");
    }
}
```

### 列表示例

**有序列表**

1. 有序列表 one

   ○ 嵌套列表 a

   ○ 嵌套列表 b

2. 有序列表 two

   嵌套内容在此

3. 有序列表 three

**无序列表**

- 无序列表 one

- 无序列表 two

### 表格示例

| 品类 | 个数 | 备注 |
|------|------|------|
| 苹果 | 1 | nice |
| 橘子 | 2 | job |

### 字体标记示例

正文

**加黑**

*斜体*

~~删除线~~

### 图片示例

我的微信公众号

图 6.64　Online-Markdown 案例的实现效果（续）

图 6.64　Online-Markdown 案例的实现效果（续）

## 6.33.3　案例实现

案例实现代码如下：

\# 微信公众号 Markdown 排版工具

从小胡子哥的 [online-markdown][1] fork 而来。

> 使用微信公众号编辑器有一个十分头疼的问题——粘贴出来的代码，格式错乱，而且特别丑。这个编辑器能够解决这个问题。

\#\# Feature

- 支持常用 Markdown 标记
- 支持代码横向滚动条
- 支持页面主题和代码样式配置
- 支持列表嵌套内容和列表

\#\# 常用 Markdown 标记示例

\#\#\# 代码示例

```java
public class Test {
```

```
    public static void main(String[] args) {
        System.out.println("Hello World");
    }
}
```

### 列表示例

**有序列表**

1. 有序列表 one

    * 嵌套列表 a
    * 嵌套列表 b

2. 有序列表 two

    嵌套内容在此

3. 有序列表 three

**无序列表**

- 无序列表 one

- 无序列表 two

### 表格示例

|品类 |个数 |备注 |
|------|------|------|
|苹果 |1    |nice |
|橘子 |2    |job  |

### 字体标记示例

正文

\*\*加黑\*\*

\*斜体\*

~~删除线~~

### 图片示例

我的微信公众号

![微信公众号](https://www.flyzy2005.cn/wp-content/uploads/2017/12/flyzy.jpg)

### 链接示例

[@flyzy 小站](https://www.flyzy2005.cn)

[1]: https://github.com/barretlee/online-markdown

# 第 7 章  Word 文档排版

Word 是专业排版软件，具有强大的排版功能。目前国内论文和书籍等的排版主要使用 Word 软件进行。主要排版功能包括利用多级列表实现标题编号，利用分隔符实现文档分割，利用题注和交叉引用实现图形、表格和公式的自动编号和引用，利用域实现在页眉中插入标题编号及内容，利用样式实现标题、正文等样式设置等。

# 案例 7.1  标题编号和样式

## 7.1.1  案例描述

一篇学位论文一般包含章、节甚至小节等标题内容，通常情况下，章属于一级标题、节属于二级标题、小节属于三级标题。本案例将演示各级标题编号样式的设置方法、标题样式的修改方法以及标题的应用方法，从而实现标题的自动编号和样式的应用。

## 7.1.2  实现效果

标题编号和样式案例的实现效果如图 7.1 所示。本案例共设置了章、节和小节 3 级标题，"第 1 章"之前和"第 2 章"之后的标题没有编号。

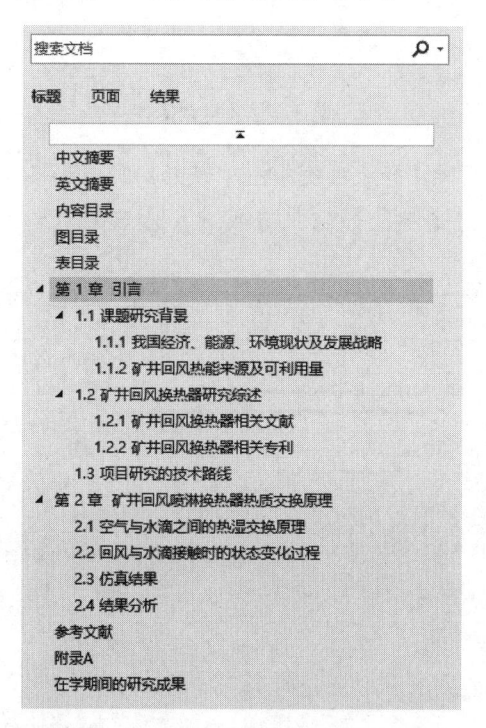

图 7.1  标题编号和样式案例的实现效果

## 7.1.3  实现过程

1. 设置标题自动编号。

1）将插入点放在标题所在行，单击"开始→段落→多级列表→列表库"选项中的带有编号的标题项，如图 7.2 所示，从而确定标题编号的基础样式。

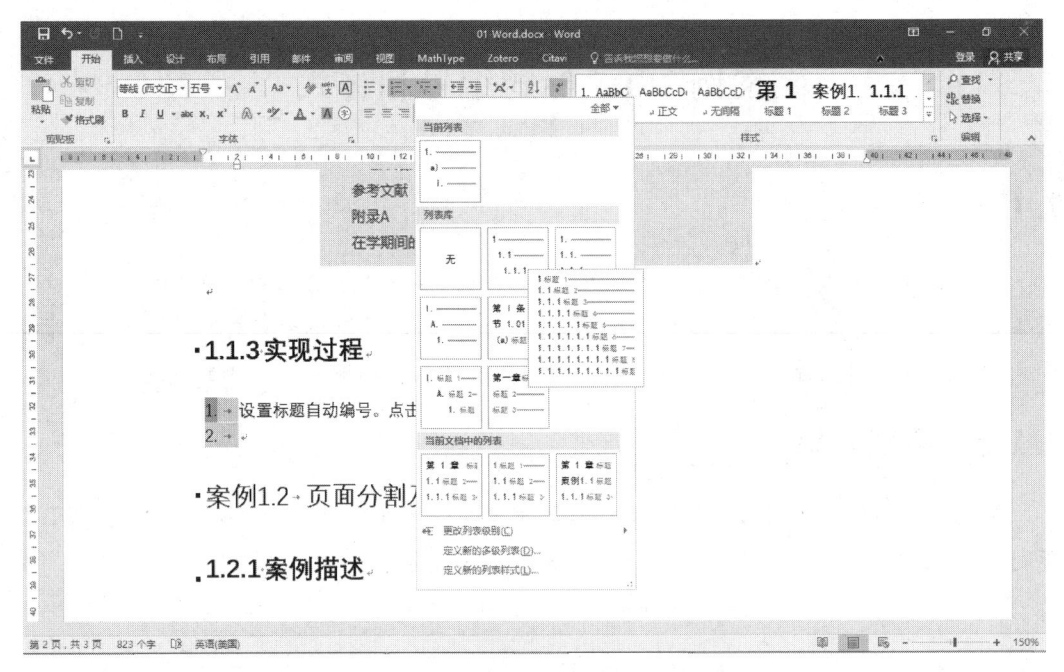

图 7.2　多级列表

2）将插入点放在标题所在行，再次单击"开始→段落→多级列表→定义新的多级列表（D）…"选项，弹出对话框，如图 7.3 所示。在该对话框中分别选择 1/ 2/ 3 级标题，设置要求如下：

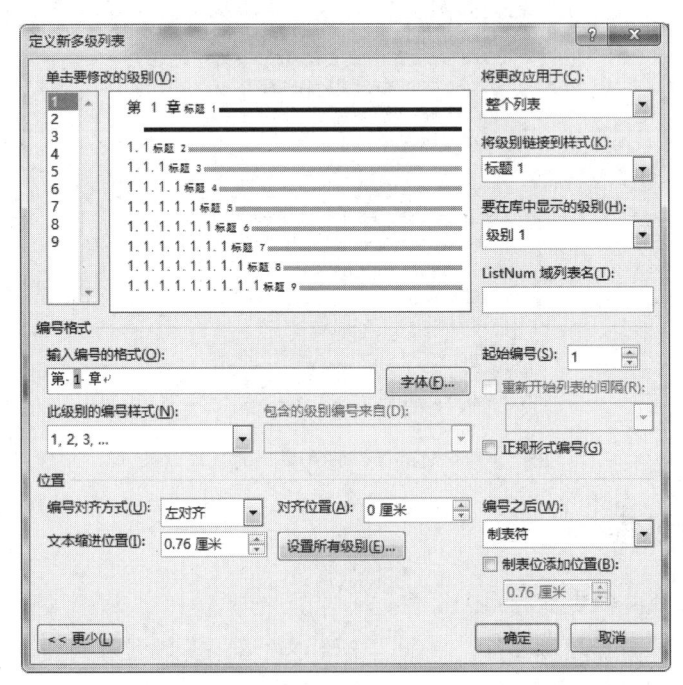

图 7.3　定义新多级列表对话框

（1）一级标题编号格式为：第 X 章（例第 1 章），其中：X 为阿拉伯数字序号。将级别链接到样式"标题 1"，编号对齐方式为"左对齐"，对齐位置"0 厘米"，其他默认。

（2）二级标题编号格式为：X.Y（例 1.1），X、Y 均为阿拉伯数字序号。将级别链接到样式"标题 2"，编号对齐方式为"左对齐"，对齐位置"0 厘米"，其他默认。

（3）三级标题编号格式为：X.Y.Z（例 1.1.1），X、Y、Z 均为阿拉伯数字序号。将级别链接到样式"标题 3"，编号对齐方式为"左对齐"，对齐位置"0 厘米"，其他默认。

2. 修改标题样式。

1）修改一级标题样式。右键单击"开始→样式→标题 1"选项，在弹出的快捷菜单中选择"修改"，弹出"修改样式"对话框如图 7.4 所示，利用该对话框"格式"按钮中的"字体""段落"等选项设置标题 1 的样式如下：黑体三号加粗居中，单倍行距，段前 24 磅，段后 18 磅。

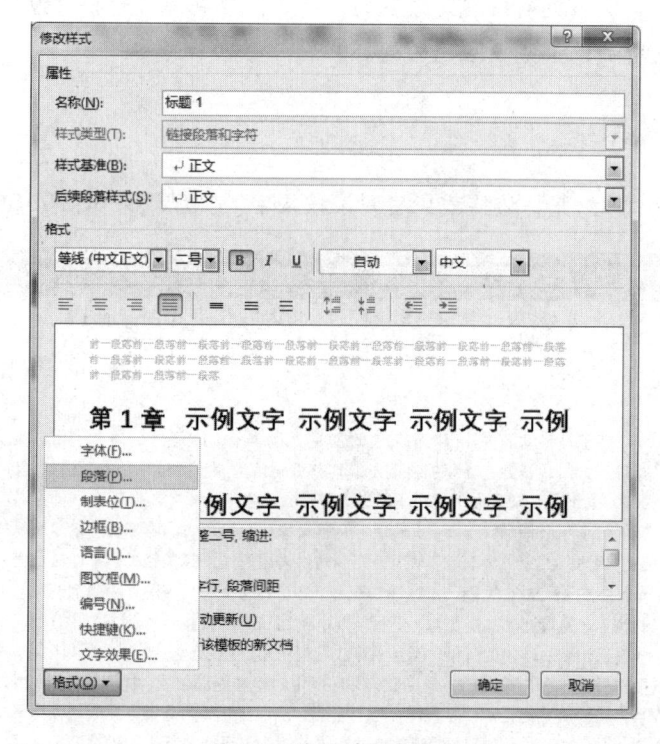

图 7.4 修改样式对话框

2）修改二级标题样式。利用修改一级标题样式的方法将二级标题的样式修改如下：黑体四号加粗左对齐，单倍行距，段前 24 磅，段后 6 磅。

3）修改三级标题样式。利用修改一级标题样式的方法将三级标题的样式修改如下：

黑体小四号加粗左对齐，行距固定值 20 磅，段前 12 磅，段后 6 磅。

3. 应用标题样式。

将 1/2/3 级标题样式分别应用到文章中的 1/2/3 级标题所在位置。应用方法如下：

1）将插入点放在标题行，单击"开始→样式"选项中相应标题样式即可，如果不需要编号，则单击"开始→段落→编号"选项，这样就可以控制标题编号是否保留。

2）设置好一个标题后，可以利用"格式刷"工具进行格式复制和应用，也可以利用快捷键"Ctrl+Shift+C"复制格式，利用快捷键"Ctrl+Shift+V"粘贴格式。

# 案例 7.2　正文样式设置

## 7.2.1　案例描述

一篇论文中，正文占据的内容是最多的，因此需要利用统一样式设置正文的格式。本案例主要演示正文样式的创建及应用方法。

## 7.2.2　实现效果

创建"正文样式"，并将该样式应用到某段文字，实现效果如图 7.5 所示。

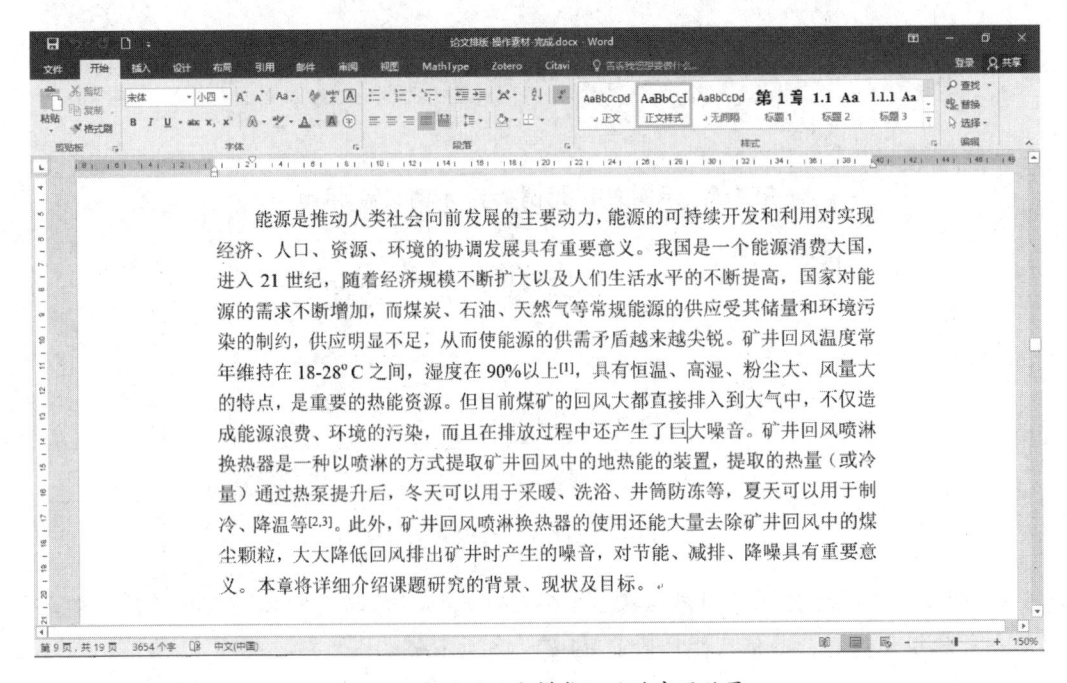

图 7.5　应用"正文样式"后的实现效果

## 7.2.3 实现过程

1. 正文样式的建立。通过单击"开始→样式"选项右下角的箭头,打开"样式"对话框,单击该对话框左下角的"新建样式"按钮打开"根据格式设置创建新样式"对话框,利用该对话框建立新样式,如图 7.6 所示。具体要求如下:

1)样式名称为"正文样式"。
2)样式类型为"段落",样式基准为"正文",后续段落样式为"正文样式"。
3)字体:中文字体为"宋体",西文字体为"Times New Roman",字号为"小四";
4)段落:两端对齐,首行缩进 2 个字符,行距 1.2 倍。

2. 正文样式应用。将插入点放在正文中的某一段落中,单击"开始→样式→正文样式"选项,就可以将"正文样式"应用到插入点所在的样式中。文章中的所有正文都可以这样应用,也可以利用"格式刷"或"Ctrl+Shift+C"和"Ctrl+Shift+V"快捷键进行格式复制。

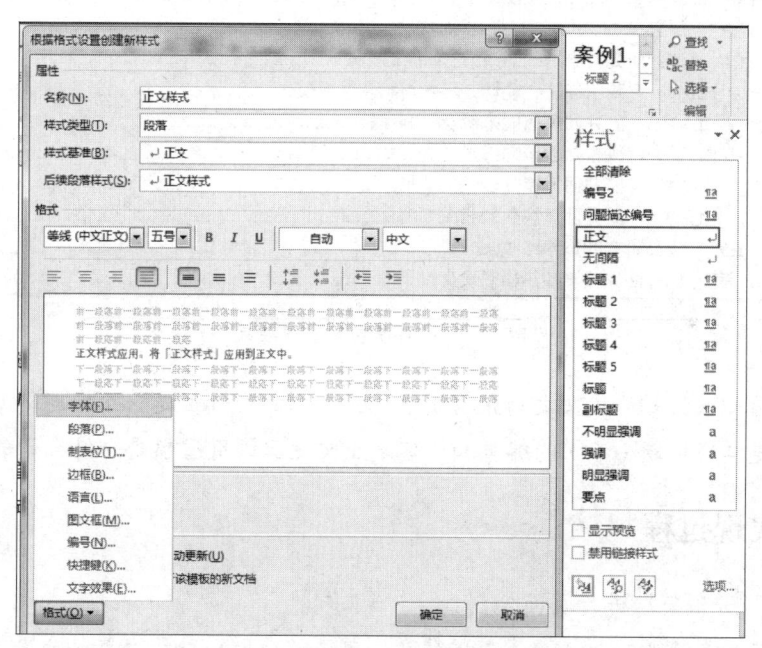

图 7.6 根据格式设置创建新样式对话框

# 案例 7.3 页面分割及页码页眉设置

## 7.3.1 案例描述

每篇学位论文都有封面、摘要、目录、正文、参考文献等内容,不同内容区域的页码格式和页眉要求往往不同，而且每一章的第一页往往要求是奇数页，这就需要使用"分隔符"对内容进行分割。此外，如果使页眉内容与标题有关联，就需要利用"域"来实现。本案例主要演示利用"分隔符"分割内容，并对不同内容区域设置不同页码格式和页眉内容，利用"域"设置页眉的方法和技巧。

### 7.3.2　实现效果

页码设置的实现效果如图 7.7 所示，其中正文之前的页码采用罗马数字格式，正文及正文之后的页码采用阿拉伯数字格式，每一章的首页都是奇数页。

```
中文摘要..........................................................................I
英文摘要..........................................................................II
内容目录..........................................................................III
图目录............................................................................IV
表目录............................................................................V
第 1 章    引言.................................................................1
        1.1    课题研究背景...................................................1
                1.1.1    我国经济、能源、环境现状及发展战略..........1
                1.1.2    矿井回风热能来源及可利用量......................2
        1.2    矿井回风换热器研究综述...................................3
                1.2.1    矿井回风换热器相关文献............................3
                1.2.2    矿井回风换热器相关专利............................3
        1.3    项目研究的技术路线...........................................4
第 2 章    矿井回风喷淋换热器热质交换原理.....................5
```

图 7.7　页码设置的实现效果

页眉设置的效果是：正文之前没有页眉，正文中的奇数页是一级标题（章）编号和内容，偶数页是二级标题（节）的编号和内容，正文之后的页眉都是一级标题的内容。

### 7.3.3　实现过程

1. 利用"分隔符"进行页面分割。

将插入点放置在需要插入分隔符的位置，单击"布局→页面设置→分隔符"选项，选择合适的分隔符类型就可以插入需要的分隔符，如图 7.8 所示。

为了使正文之前各内容项之间都在单独一页，需要在各内容项之间插入"分页符"。

为了使正文之前和正文的页码格式不同，以及实现正文之前没有页眉和正文及正文之后有页眉，需要在正文之前插入"下一页"分节符。

为了实现正文中的每一章都从奇数页开始，需要在每一章的第一页之前插入"奇数页"分节符。

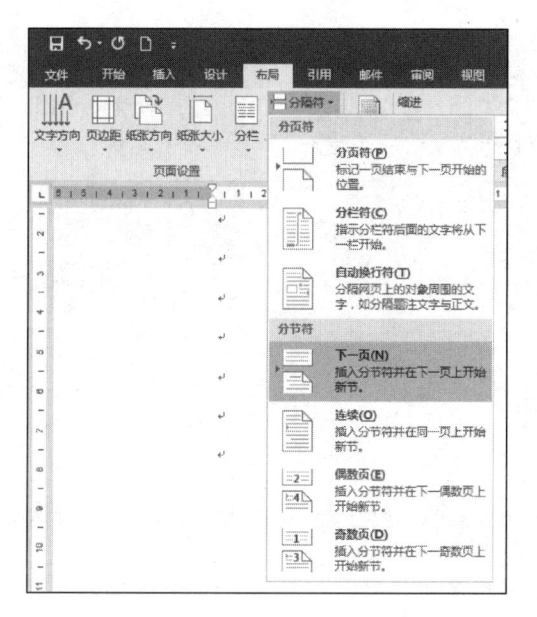

图7.8 分隔符类型

为了实现正文之后各部分的页眉与正文不同，需要在正文之后插入"下一页"分节符。

2. 页码设置。

单击"插入-页眉页脚→页码→页码格式"选项，打开"页码格式"对话框，如图7.9所示。通过设置"编号格式"和"起始页码"来设置页码格式，然后单击"插入-页眉页脚→页码→页面低段"选项插入页码。

设置正文之前部分采用罗马数字Ⅰ、Ⅱ……格式，页码居中；正文及其后面各部分采用阿拉伯数字1、2……格式，页码居中。当页码格式发生变化时，在插入下一节的页码时一定要单击"设计→导航→链接到前一条页眉"选项按钮，如图7.10所示。

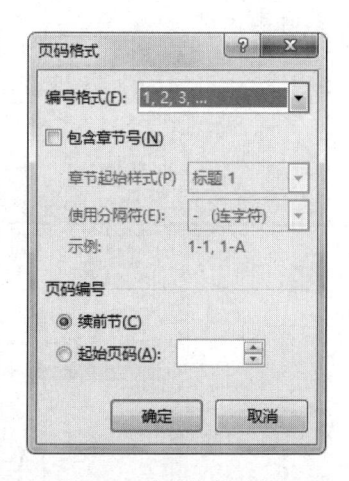

图7.9 页码格式对话框

3. 页眉设置。设置要求如下：

1）在正文各部分插入页眉，页眉居中显示，要求奇偶页页眉内容不同，奇数页页眉内容为"章序号+章名"，偶数页页眉内容为"节序号+节名"。设置方法如下：

（1）鼠标双击页眉区域，单击"设计→选项→奇偶页不同"选项，从而实现奇偶页页眉不同。

（2）插入点放在奇数页页眉处，单击"设计→插入→文档部件→域"选项，弹出"域"对话框，如图7.11所示。在该对话框的"类别"中选择"链接和引用"，在"域名"列表框中选择"StyleRef"，在"样式名"中选择"标题1"，在"域选项"中选择

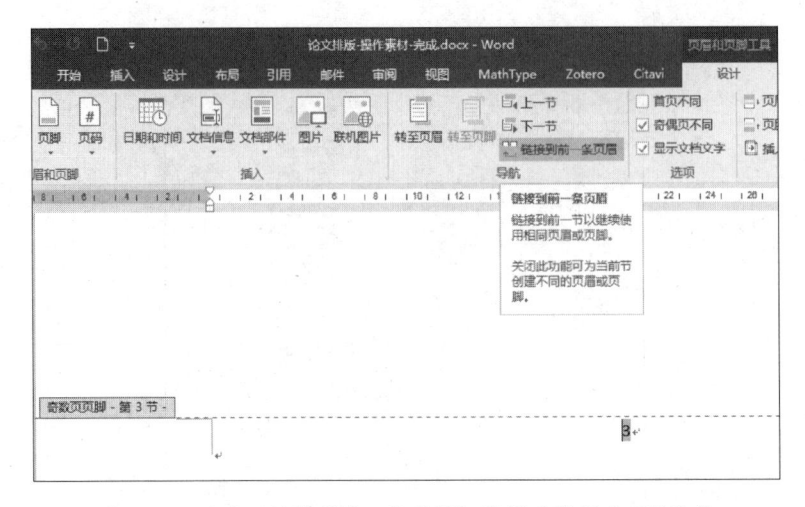

图 7.10 通过"链接到前一条页眉"设置两节页码不同格式

"插入段落编号"选项，单击"确定"按钮后在页眉处插入一级标题编号。重复以上过程，只是在"域选项"中选择"插入段落位置"选项，单击"确定"按钮后在页眉处插入一级标题内容。

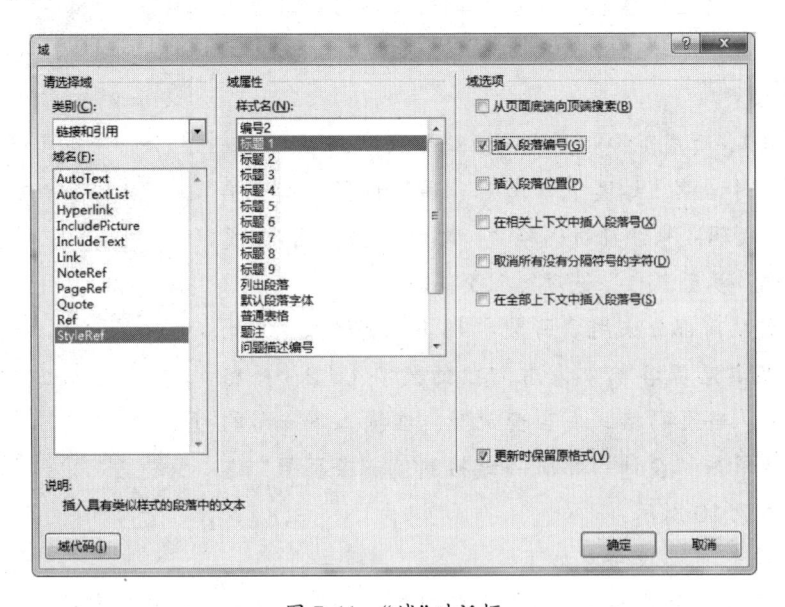

图 7.11 "域"对话框

（3）偶数页节编号和节内容的插入方法与奇数页基本相同，只是在"样式名"中选择"标题 2"即可。

2）在正文之后各部分，要求插入的页眉内容为"章名"。此时只是插入一级标题的内容即可，插入过程与奇数页页眉插入过程基本相同。

# 案例 7.4　题注与交叉引用

## 7.4.1　案例描述

　　一篇论文一般都会涉及图形、表格和公式，这些元素一般都会带有编号及其在正文中的引用。当文章中的图形、表格和公式比较多时，实现这些元素的自动编号和引用与编号始终保持一致是非常重要的。当编号发生变化时，实现编号和引用的自动更新也是非常重要的。本案例利用"题注"实现了图形、表格和公式的自动编号问题，利用"交叉引用"实现了这些元素在正文中的引用始终与编号保持一致的问题，利用"打印"实现了全文编号和引用的自动更新问题。

## 7.4.2　实现效果

　　图形编号及其引用的实现效果如图 7.12 所示。当利用"题注"插入图形编号时，该编号是自动生成的，当利用"交叉引用"插入引用时，该引用编号与图形编号将自动保持一致。当在该图前面增加一个图形并利用"题注"和"交叉引用"插入前面图形的编号和引用时，后面图形的编号和引用会自动更新。如果通过"拷贝"方式将其他图形编号"粘贴"到当前图形时，利用"打印"可以实现图形编号的自动更新。表格和公式编号及引用的插入与图形的完全一致，这里就不再赘述。

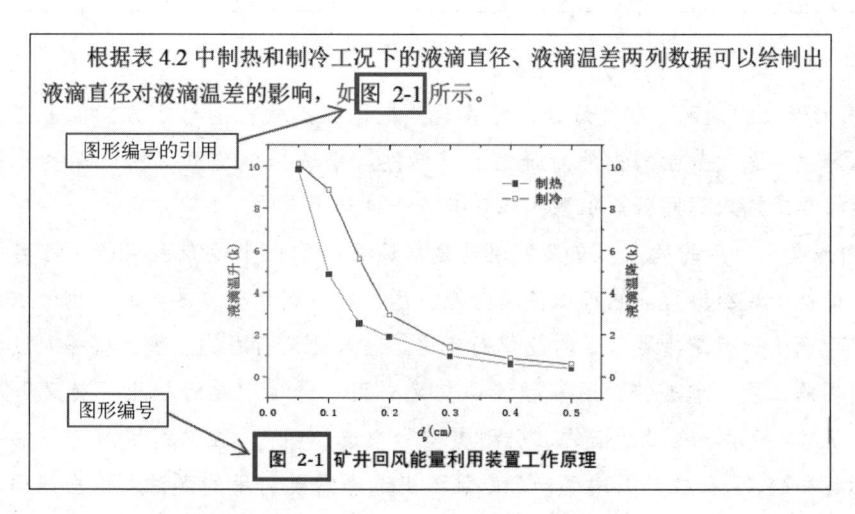

图 7.12　图形编号及其引用的实现效果

### 7.4.3　实现过程

1. 图形题注标签和题注编号的创建。单击"引用→题注→插入题注"选项，将会弹出"题注"对话框，如图 7.13（a）所示。单击"新建标签"按钮，将弹出"新建标签"对话框，如图 7.13（b）所示，在输入框中输入标签的名字，如"图"，单击"确定"按钮后就创建了新标签。单击"编号"按钮将会弹出"题注编号"对话框，如图 7.13（c）所示。在对话框中选择编号格式以及是否包含章节号等信息。

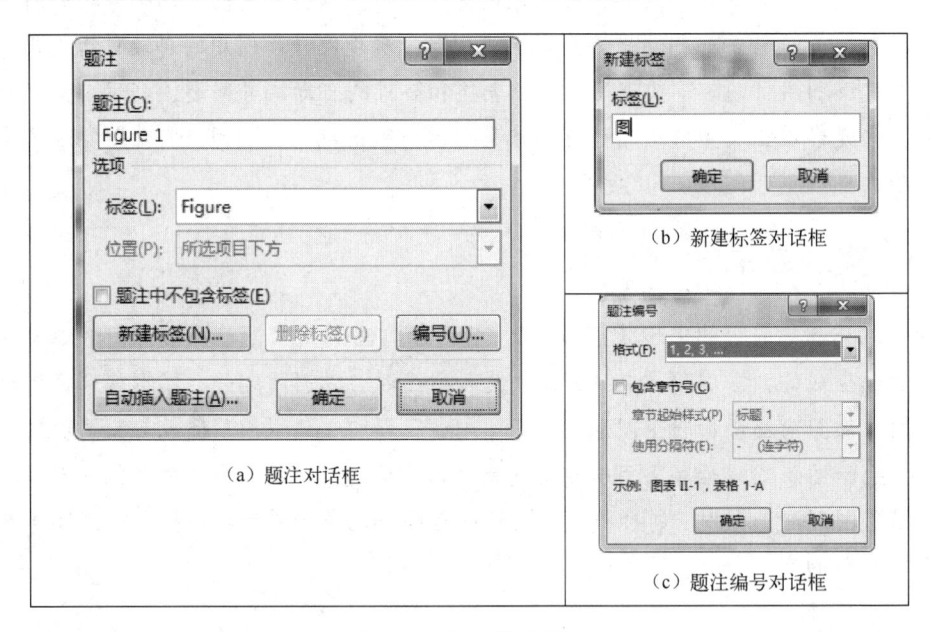

（a）题注对话框

（b）新建标签对话框

（c）题注编号对话框

图 7.13　题注样式设置

2. 图形题注的插入。创建好题注标签后，把插入点放在图形下方，单击"引用→题注→插入题注"选项，在弹出的对话框的"标签"中选择创建的"图"标签并单击确定后，题注将自动插入到插入点位置，而且编号是自动生成的。

3. 图形交叉引用的插入。交叉引用就是在该文档的一个位置引用该文档另一个位置的内容，类似于超级链接。它可以使读者能够尽快地找到想要找的内容，也可以使引用内容随着引用源（一般是指题注）的变化而变化。插入交叉引用的步骤：将插入点放在要插入交叉引用的位置，单击"引用→题注→交叉引用"选项，此时弹出"交叉引用"对话框，如图 7.14 所示。在对话框的"引用类型"中选"图"，在"引用内容"中一般选择"只有标签和编号"，在"引用哪一个题注"中选择需要引用的题注，单击"插入"即可完成图形交叉引用的插入。插入交叉引用后，其图形编号将随着题注编号的编号而自动更新，从而确保题注和交叉引用的编号始终保持一致。

4. 表格和公式的题注和交叉引用。表格和公式题注、交叉引用的插入过程和图形基本一样，只是创建的标签不同，在此就不再赘述。

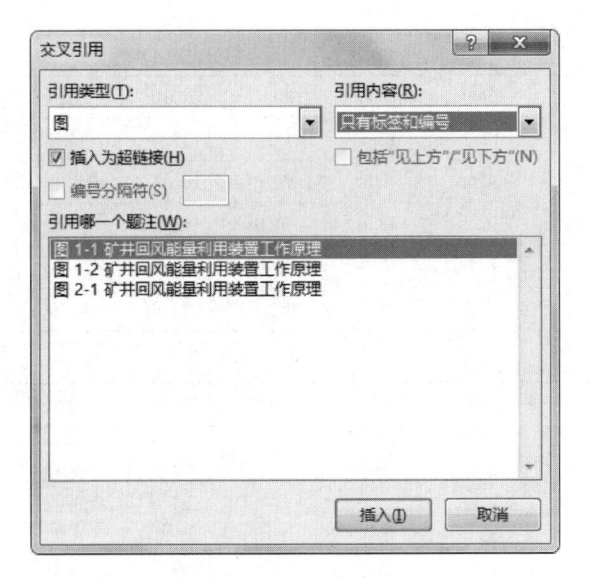

图 7.14　交叉引用对话框

# 案例 7.5　图像处理与表格设置

## 7.5.1　案例描述

　　论文中的图形有时候是通过相机拍摄的，例如作者的个人签名等，图像的背景往往带有颜色，使图像的背景透明是经常会遇到的问题。此外，论文中的表格往往涉及数值计算以及格式设计问题。本案例主要演示利用 Word 软件处理图像背景，以及实现表格数值计算和边框格式设置。

## 7.5.2　实现效果

1. 图像处理效果的实现效果如图 7.15 所示。

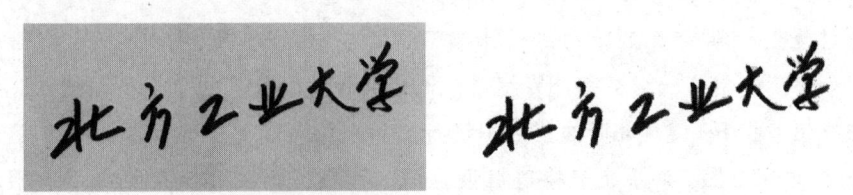

（a）处理前的图像　　　　　　　　　　（b）处理后的图像

图 7.15　图像处理效果的实现效果

2. 表格数值计算和边框设置。计算以下表格的平均值,并将表格设置为三线表,如图 7.16 所示。

| 年 份 | 2000 | 2005 | 2007 | 2010 | 2020 | 2035 | 平均值 |
|---|---|---|---|---|---|---|---|
| 总人口/亿 | 12.7 | 13.1 | 13.2 | 13.6 | 14.4 | 14.7 | |
| 城市人口/亿 | 4.6 | 5.6 | 5.9 | 6.4 | 8.1 | 9.6 | |
| 城市人口比重/% | 36.2 | 43.0 | 44.9 | 47.0 | 56.0 | 65.0 | |
| 农村人口/亿 | 8.1 | 7.5 | 7.3 | 7.2 | 6.3 | 5.2 | |
| 农村人口比重/% | 63.8 | 57 | 55.1 | 53.0 | 44.0 | 35.0 | |

(a)处理前的表格

| 年 份 | 2000 | 2005 | 2007 | 2010 | 2020 | 2035 | 平均值 |
|---|---|---|---|---|---|---|---|
| 总人口/亿 | 12.7 | 13.1 | 13.2 | 13.6 | 14.4 | 14.7 | 13.62 |
| 城市人口/亿 | 4.6 | 5.6 | 5.9 | 6.4 | 8.1 | 9.6 | 6.7 |
| 城市人口比重/% | 36.2 | 43.0 | 44.9 | 47.0 | 56.0 | 65.0 | 48.68 |
| 农村人口/亿 | 8.1 | 7.5 | 7.3 | 7.2 | 6.3 | 5.2 | 6.93 |
| 农村人口比重/% | 63.8 | 57 | 55.1 | 53.0 | 44.0 | 35.0 | 51.32 |

(b)处理后的表格

图 7.16 表格数值计算和边框格式设置

### 7.5.3 实现过程

1. 图像处理。选中待处理的图像,单击"格式→调整→演示→设置透明色"选项,利用光标单击图片的背景处,此时图像的背景将变为透明色。

2. 表格计算。把插入点放在要计算平均值的第一个单元格中,单击"布局→公式"选项,打开"公式"对话框,删除"公式"输入框中等号后面的内容,单击"粘贴函数"下拉框,选择"AVERAGE 函数",此时函数进入"公式"输入框,再在函数后面括号中输入"LEFT",如图 7.17 所示,最后单击"确定"按钮。第一个公式计算结果出来后,后面的公式可以通过复制、粘贴及更新的方法来实现,具体过程如下:复制第一个公式计算结果,选择其他需要计算的单元格并粘贴,选中这些刚粘贴的数值并按 F9 键,此时这些数据进行更新,从而计算出所有的平均值。

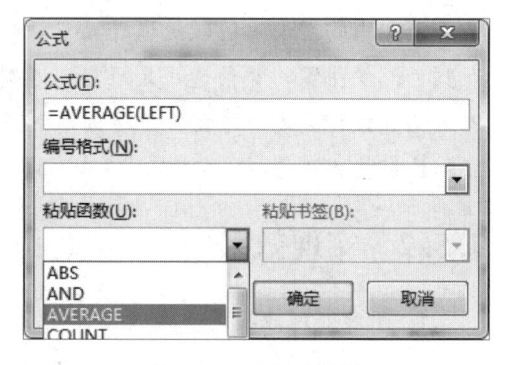

图 7.17 公式对话框

3. 表格边框设置。如果把表格边框设置成三线表,那么可以按照以下步骤进行:选中整个表格,单击"设计→边框→无边框"选项,把插入点放在某个单元格中,单击"设计→边框→画笔粗细"选项,选择一种合适粗细的画笔,此时光标变成一支画笔,直接在需要的边框位置绘制即可。

# 案例 7.6　目 录 生 成

## 7.6.1　案例描述

一篇学位论文的目录包括内容目录、图目录和表目录等。一般情况下,内容目录用于显示各级标题和位置(页码),因此需要利用多级列表、编号和样式在论文中设置好各级标题;图目录和表目录用于显示图、表的题注和位置(页码)等,因此需要利用插入图表题注。

## 7.6.2　实现效果

内容目录的实现效果如图 7.18 所示,图目录如图 7.19 所示,表目录如图 7.20 所示。单击目录中的某一行,可以直接跳转到该目录内容所在位置。

**内容目录**

| | |
|---|---|
| 中文摘要 | I |
| 英文摘要 | II |
| 内容目录 | III |
| 图目录 | IV |
| 表目录 | V |
| 第 1 章　引言 | 1 |
| 　　1.1　课题研究背景 | 1 |
| 　　　　1.1.1　我国经济、能源、环境现状及发展战略 | 1 |
| 　　　　1.1.2　矿井回风热能来源及可利用量 | 2 |
| 　　1.2　矿井回风换热器研究综述 | 3 |
| 　　　　1.2.1　矿井回风换热器相关文献 | 3 |
| 　　　　1.2.2　矿井回风换热器相关专利 | 3 |
| 　　1.3　项目研究的技术路线 | 4 |
| 第 2 章　矿井回风喷淋换热器热质交换原理 | 5 |
| 　　2.1　空气与水滴之间的热湿交换原理 | 5 |
| 　　2.2　回风与水滴接触时的状态变化过程 | 5 |
| 　　2.3　仿真结果 | 6 |
| 　　2.4　结果分析 | 6 |
| 参考文献 | 8 |
| 附录 A | 9 |
| 在学期间的研究成果 | 10 |
| 致谢 | 11 |

图 7.18　内容目录的实现效果

**图目录**

图 1-1 矿井回风能量利用装置工作原理..................................................4
图 1-2 矿井回风能量利用装置工作原理..................................................4
图 2-1 矿井回风能量利用装置工作原理..................................................6

图 7.19　图目录

**表目录**

表 1-1 中国城乡人口比重变化..................................................................2
表 1-2 中国城乡人口比重变化..................................................................2
表 2-1 不同液滴直径情况下得到的仿真数据..........................................6

图 7.20　表目录

### 7.6.3　实现过程

1. 内容目录的插入。论文中设置好各级标题后，单击"引用→目录→目录-自定义目录"选项，将弹出"目录"对话框，如图 7.21 所示。如果没有特殊设置，直接单击"确定"按钮即可生成目录；如果有特殊要求，可以单击"选项"或"修改"按钮进行修改。

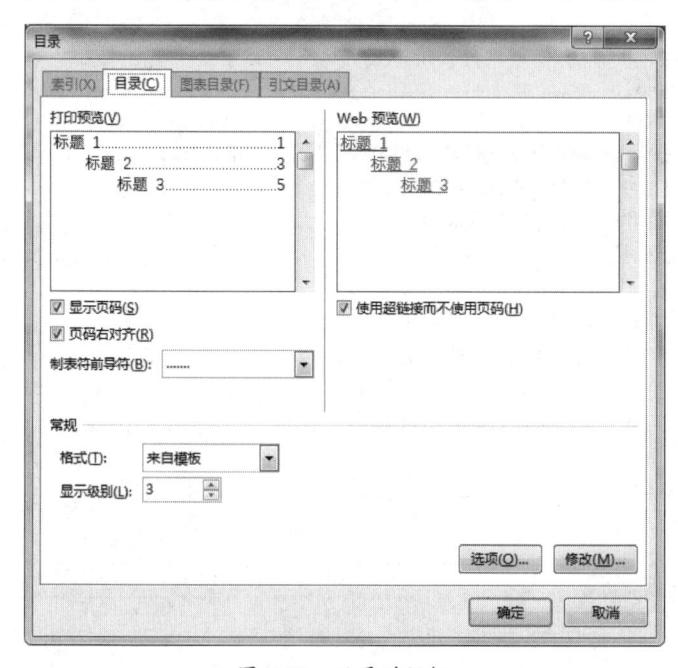

图 7.21　目录对话框

2. 图目录和表目录的插入。论文中所有图、表、题注都插入后，可以直接生成图目录和表目录。单击"引用→插入表目录"选项，将弹出"图表目录"对话框，如图 7.22 所示，在对话框的"题注标签"下拉框中选择"图"，则可以插入图目录，选择"表"则可以插入表目录。

图 7.22　图表目录对话框

## 案例 7.7　在页眉中添加标题编号和内容

### 7.7.1　案例描述

在正文及正文之后各部分插入页眉，要求页眉居中显示，奇偶页不同：
1. 对于奇数页，页眉中的文字为"章序号+章名"。
2. 对于偶数页，页眉中的文字为"节序号+节名"。
3. 在正文之后各部分，页眉中的文字为"章名"。

### 7.7.2　实现效果

在页眉中添加标题编号和内容的实现效果如图 7.23 所示。第 1 章奇数页的页眉如

图7.23（a）所示，正文中每一章的奇数页都显示该页所在的一级标题的编号和内容。第1.1节所在的偶数页的显示效果如图7.23（b）所示，正文中每一章的偶数页都会显示该页面所在的二级标题的编号及内容。参考文献所在页面的页眉如图7.23（c）所示，正文之后的页眉显示的都是该页面所在的一级标题内容。

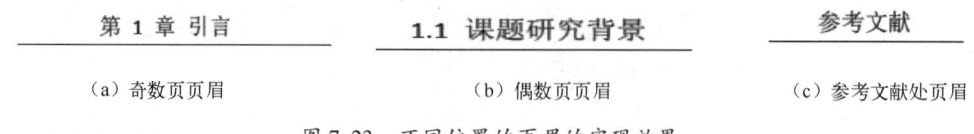

| 第 1 章 引言 | 1.1 课题研究背景 | 参考文献 |
|---|---|---|
| （a）奇数页页眉 | （b）偶数页页眉 | （c）参考文献处页眉 |

图7.23 不同位置的页眉的实现效果

## 7.7.3 实现过程

1. 插入页眉前的基本设置。双击正文中"第1章"所在页面的页眉处，此时出现"页眉页脚工具→设计"选项卡，首先勾选"奇偶页不同"复选框，并把"链接到前一条页眉"工具用鼠标点起来，如图7.24所示，这样就可以实现页眉在奇数页和偶数页中的不同，并且在本节输入的页眉不会在前面的节中出现。

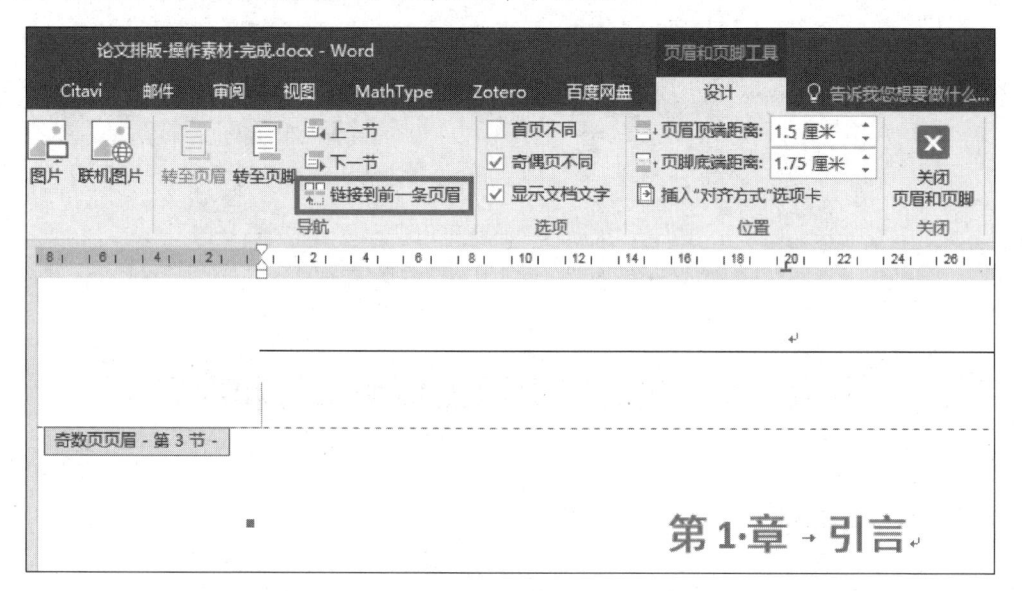

图7.24 添加页眉

2. 插入一级标题编号。把插入点放在页眉处，选择菜单"页眉页脚工具→设计→文档部件→域"，弹出"域"对话框，如图7.25所示。在"类别"下拉列表中选择"链接和引用"，在"域名"列表框中选择"StyleRef"，在中间的"样式名"列表框中选择"标题1"，在右侧的"域选项"中选择"插入段落编号"复选框，然后单击"确定"按钮，此时一级标题的编号就插入到了页眉处。

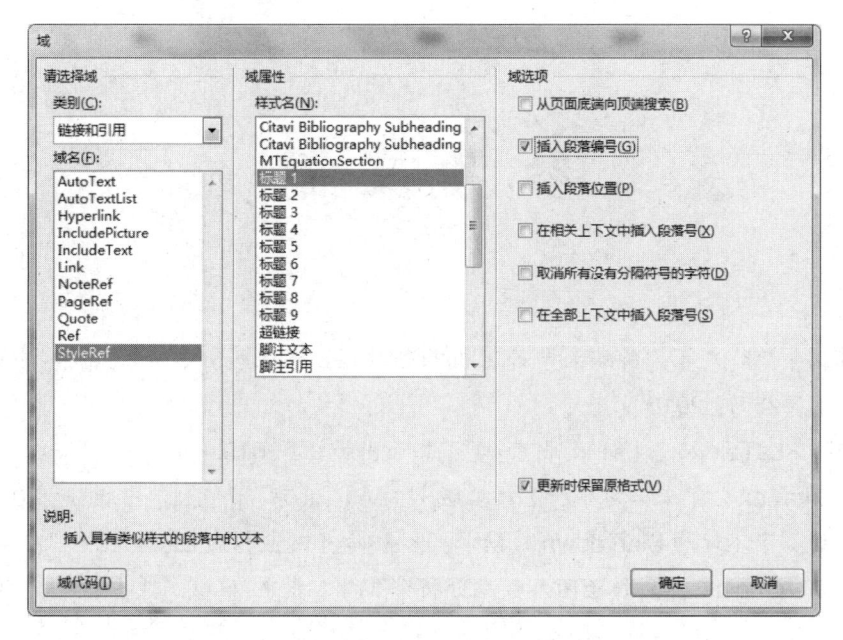

图 7.25 在页眉中添加一级标题编号

3. 插入一级标题内容。在刚刚插入的一级标题编号后面添加一个"空格",再次选择菜单"页眉页脚工具→设计→文档部件→域",弹出"域"对话框,在"类别"下拉列表中选择"链接和引用",在"域名"列表框中选择"**StyleRef**",在中间的"样式名"列表框中选择"标题 1",在右侧的"域选项"中只选择"插入段落位置"复选框,然后单击"确定"按钮,此时一级标题的内容就插入了。

4. 在偶数页页眉处插入二级标题编号和内容的过程与在奇数页插入一级标题过程基本相同,只是在"域"对话框中的"样式名"中选择"标题 2",这里就不再赘述。

5. 在正文之后页眉处插入一级标题的过程与在奇数页插入一级标题内容过程完全相同,注意不要插入一级标题编号。

# 参 考 文 献

[1] 杜春涛,付瑞平,等. 新编大学计算机基础教程（慕课版）[M]，北京:中国铁道出版社有限公司，2018.
[2] 刘海洋. LaTex 入门 [M]，北京:电子工业出版社，2019.
[3] 胡伟. LaTex 2 完全学习手册（第二版）[M]，北京:清华大学出版社，2019.
[4] 毕小朋. 了不起的 Markdown [M]，北京:电子工业出版社，2020.
[5] 叶卫平. Origin9.1 科技绘图及数据分析 [M]，北京:机械工业出版社，2015.